高效能MySQL

提升MySQL性能的技术与技巧

[美]丹尼尔·尼希特（Daniel Nichter）著

赵利通 译

Beijing · Boston · Farnham · Sebastopol · Tokyo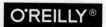

O'Reilly Media, Inc. 授权机械工业出版社出版

机械工业出版社
CHINA MACHINE PRESS

北京市版权局著作权合同登记　图字：01-2022-0844 号。

图书在版编目（CIP）数据

高效能 MySQL：提升 MySQL 性能的技术与技巧 /（美）丹尼尔·尼希特（Daniel Nichter）著；赵利通译 . —北京：机械工业出版社，2023.9
书名原文：Efficient MySQL Performance: Best Practices and Techniques
ISBN 978-7-111-73793-3

Ⅰ.①高…　Ⅱ.①丹…②赵…　Ⅲ.① SQL 语言 – 数据库管理系统
Ⅳ.① TP311.132.3

中国国家版本馆 CIP 数据核字（2023）第 167881 号

机械工业出版社（北京市百万庄大街 22 号　邮政编码 100037）
策划编辑：王春华　　　　　责任编辑：王春华
责任校对：张爱妮　陈　越　责任印制：郜　敏
三河市国英印务有限公司印刷
2023 年 11 月第 1 版第 1 次印刷
178mm×233mm·18.75 印张·374 千字
标准书号：ISBN 978-7-111-73793-3
定价：129.00 元

电话服务　　　　　　　　　　网络服务
客服电话：010-88361066　　机 工 官 网：www.cmpbook.com
　　　　　010-88379833　　机 工 官 博：weibo.com/cmp1952
　　　　　010-68326294　　金　书　网：www.golden-book.com
封底无防伪标均为盗版　　　机工教育服务网：www.cmpedu.com

O'Reilly Media, Inc.介绍

O'Reilly以"分享创新知识、改变世界"为己任。40多年来我们一直向企业、个人提供成功所必需之技能及思想,激励他们创新并做得更好。

O'Reilly业务的核心是独特的专家及创新者网络,众多专家及创新者通过我们分享知识。我们的在线学习(Online Learning)平台提供独家的直播培训、互动学习、认证体验、图书、视频,等等,使客户更容易获取业务成功所需的专业知识。几十年来O'Reilly图书一直被视为学习开创未来之技术的权威资料。我们所做的一切是为了帮助各领域的专业人士学习最佳实践,发现并塑造科技行业未来的新趋势。

我们的客户渴望做出推动世界前进的创新之举,我们希望能助他们一臂之力。

业界评论

"O'Reilly Radar博客有口皆碑。"

——*Wired*

"O'Reilly凭借一系列非凡想法(真希望当初我也想到了)建立了数百万美元的业务。"

——*Business 2.0*

"O'Reilly Conference是聚集关键思想领袖的绝对典范。"

——*CRN*

"一本O'Reilly的书就代表一个有用、有前途、需要学习的主题。"

——*Irish Times*

"Tim是位特立独行的商人,他不光放眼于最长远、最广阔的领域,并且切实地按照Yogi Berra的建议去做了:'如果你在路上遇到岔路口,那就走小路。'回顾过去,Tim似乎每一次都选择了小路,而且有几次都是一闪即逝的机会,尽管大路也不错。"

——*Linux Journal*

目录

前言

在讲解 MySQL 的图书中，有介绍 MySQL 基础知识的，也有介绍关于 MySQL 性能的高级知识的 [比如 Silvia Botros 和 Jeremy Tinley 撰写的 *High Performance MySQL*，*Fourth Edition*（O'Reilly）一书]，但这两者之间存在空白，本书填补了这种空白。

之所以存在这种空白，是因为 MySQL 很复杂。不讨论这种复杂性，就很难讲解性能——这就是俗语所说的"房间里的大象"（指事实上存在但没人愿意谈论的大问题）。然而，使用（而不是管理）MySQL 的工程师并不需要成为 MySQL 专家就能够实现出色的 MySQL 性能。为了填补这一空白，本书关注高效率：不必关心那头大象，它对我们很友好。

本书"专注"于学习和应用直接影响 MySQL 性能的最佳实践和技术。专注，能够显著减少需要关心的 MySQL 的复杂性，从而找到一条简单得多，也快得多的路径，帮助你在庞大而复杂的 MySQL 性能世界中穿行。这场旅程从第 1 章的第一句开始："性能是查询响应时间。"自此，我们将陆续学习索引、数据、访问模式等大量知识。

如果用数字 1~5 进行评级，其中 1 代表适合任何人阅读的入门介绍，5 代表适合专家阅读的深入探索，则本书的内容等级在 3~4 之间：深入，但远没到最底层。我假定你是一位有经验的工程师，了解 MySQL 或其他关系型数据库的基础知识，并使用过关系型数据库，所以我不会解释 SQL 或者数据库的基础知识。我假定你是一位熟练的程序员，负责开发或维护一个或多个使用 MySQL 的应用程序，所以我会一直使用"应用程序"这个词，相信你熟悉自己的应用程序的细节。我还假定你熟悉一般的计算机知识，所以我会自由地谈论硬件、软件、网络等。

本书在讨论 MySQL 性能时，因为针对的是使用 MySQL 而不是管理 MySQL 的工程师，所以在必要时会提到 MySQL 的配置，但是不会解释这些配置。如果有配置方面的问题，可以寻求 DBA 的帮助。如果你的公司没有 DBA，则可以聘用一位 MySQL 顾问——有许多好顾问可以提供你所需的服务。或者也可以通过阅读 *MySQL Reference Manual* （MySQL 参考手册；*https://oreil.ly/Y1W2r*）来自行学习 MySQL 的配置。MySQL 参考手册非常有帮助，专家们也一直在使用它，所以不用担心你走在一条孤单的路上。

排版约定

本书中使用以下排版约定：

斜体（*Italic*）
　　表示新的术语、URL、电子邮件地址、文件名和文件扩展名。

等宽字体（Constant width）
　　用于程序清单，以及段落中的程序元素，例如变量名、函数名、数据库、数据类型、环境变量、语句以及关键字。

等宽粗体（**Constant width bold**）
　　表示应由用户直接输入的命令或其他文本。

等宽斜体（*Constant width italic*）
　　表示应由用户提供的值或由上下文确定的值替换的文本。

该图示表示提示或建议。

该图示表示一般性说明。

该图示表示警告或注意。

示例代码

可以从 *https://github.com/efficient-mysql-performance* 下载补充材料（示例代码、练习、勘误等）。

这里的代码是为了帮助你更好地理解本书的内容。通常，可以在程序或文档中使用本书中的代码，而不需要联系 O'Reilly 获得许可，除非需要大段地复制代码。例如，使用本书中所提供的几个代码片段来编写一个程序不需要得到我们的许可，但销售或发布 O'Reilly 的示例代码则需要获得许可。引用本书的示例代码来回答问题也不需要许可，将本书中的很大一部分示例代码放到自己的产品文档中则需要获得许可。

非常欢迎读者使用本书中的代码，希望（但不强制）注明出处。注明出处时包含书名、作者、出版社和 ISBN，例如：

Efficient MySQL Performance，作者 Daniel Nichter，由 O'Reilly 出版，书号 978-1-098-10509-9

如果读者觉得对示例代码的使用超出了上面所给出的许可范围，欢迎通过 *permissions@oreilly.com* 联系我们。

O'Reilly 在线学习平台（O'Reilly Online Learning）

O'REILLY® 40 多年来，O'Reilly Media 致力于提供技术和商业培训、知识和卓越见解，来帮助众多公司取得成功。

我们拥有独一无二的专家和革新者组成的庞大网络，他们通过图书、文章、会议和我们的在线学习平台分享他们的知识和经验。O'Reilly 的在线学习平台允许你按需访问现场培训课程、深入的学习路径、交互式编程环境，以及 O'Reilly 和 200 多家其他出版商提供的大量文本和视频资源。有关的更多信息，请访问 *http://oreilly.com*。

如何联系我们

对于本书，如果有任何意见或疑问，请按照以下地址联系本书出版商。

美国：

O'Reilly Media，Inc.
1005 Gravenstein Highway North
Sebastopol，CA 95472

中国：

北京市西城区西直门南大街 2 号成铭大厦 C 座 807 室（100035）
奥莱利技术咨询（北京）有限公司

要询问技术问题或对本书提出建议，请发送电子邮件至 *errata@oreilly.com.cn*。

本书配套网站 *https://oreil.ly/efficient-mysql-performance* 上列出了勘误表、示例以及其他信息。

关于书籍、课程、会议和新闻的更多信息，请访问我们的网站 *http://oreilly.com*。

我们在 Twitter 上的地址：*http://twitter.com/oreillymedia*

我们在 YouTube 上的地址：*http://www.youtube.com/oreillymedia*

致谢

感谢审校本书全部内容的各位 MySQL 专家：Vadim Tkachenko、Frédéric Descamps 和 Fernando Ipar。感谢审校本书部分内容的专家：Marcos Albe、Jean-François Gagné 和 Kenny Gryp。感谢帮助过我、教导过我以及为我提供过机会的 MySQL 专家：Peter Zaitsev、Baron Schwartz、Ryan Lowe、Bill Karwin、Emily Slocombe、Morgan Tocker、Shlomi Noach、Jeremy Cole、Laurynas Biveinis、Mark Callaghan、Domas Mituzas、Ronald Bradford、Yves Trudeau、Sveta Smirnova、Alexey Kopytov、Jay Pipes、Stewart Smith、Aleksandr Kuzminsky、Alexander Rubin、Roman Vynar 和 Vadim Tkachenko。

感谢 O'Reilly 出版社和各位编辑：Corbin Collins、Katherine Tozer、Andy Kwan。还感谢在幕后工作的所有人。

感谢我的妻子 Moon，撰写这本书是一个漫长的过程，她在这段时间里一直支持着我。

## 第 1 章

查询响应时间

性能是查询响应时间。

本书从多个角度探讨这种思想，目的只有一个，帮助你实现出色的 MySQL 性能。"高效的" MySQL 性能意味着专注于直接影响 MySQL 性能的最佳实践和技术，不关心多余的细节，也不探讨 DBA 和专家需要知道的、深入的内部知识。我假定你是一名繁忙的专业人员，只需要使用 MySQL，而无须管理它，并且你需要用最少的精力来获得最多的结果。这不是懒惰，这是效率。为了实现这个目的，本书不会兜来绕去，而是直接切题。学习完本书后，你将能够实现出色的 MySQL 性能。

MySQL 性能是一个复杂的、涉及面广泛的主题，但你无须成为专家就能够实现出色的 MySQL 性能。我通过只关注必要的知识，减小了 MySQL 的复杂性。谈论 MySQL 性能，首先需要谈论查询响应时间。

查询响应时间指的是 MySQL 执行一个查询的时间。有几个术语的含义与它相同：响应时间、查询时间、执行时间以及（不太精确的）查询时延[注1]。从 MySQL 收到查询开始计时，到它把结果集发送给客户端结束。查询响应时间涉及多个阶段（查询执行期间的步骤）和多种等待（锁等待、I/O 等待等），但是无法也没有必要进行详细的分类。与许多系统一样，基本的故障排查和分析能够揭示大部分问题。

 查询响应时间降低时，性能会提升。改进查询响应时间其实就是降低查询响应时间。

注 1：时延是系统中固有的延迟。查询响应时间不是 MySQL 中固有的延迟，它包括多种时延：网络、存储等。

本章为后面的内容打下基础。本章详细解释了查询响应时间，从而使你能够在后续章节中学习如何改进查询响应时间。本章主要分为 7 节。1.1 节讲述一个真实的故事，旨在激励你。1.2 节讨论查询响应时间为什么是 MySQL 性能的北极星。1.3 节概述如何把查询指标转换为有意义的报告：查询报告。1.4 节讨论查询分析：使用查询指标和其他信息来理解查询执行。1.5 节讨论如何改进查询响应时间：查询优化。1.6 节为优化查询提供一个坦诚的、适度的时间表。1.7 节讨论为什么 MySQL 不能更快，为什么有必要进行查询优化。

1.1 假性能的一个真故事

2004 年，我在一个数据中心上夜班，从下午 2 点一直上到午夜。这是一个很棒的工作，原因有两个。首先，下午 5 点过后，数据中心只剩下几个工程师，为数量不详的客户和网站（可能几万个网站）监控和管理着几千个物理服务器。对于工程师来说，这简直是梦想中的工作。其次，有数不清的 MySQL 服务器总是存在需要修复的问题。这是学习和提升自己的宝库。但是，在当时，关于 MySQL 的图书、博客或者工具很少。（不过，就在那一年，O'Reilly 出版了 *High Performance MySQL* 的第 1 版。）这导致的结果是，"修复"MySQL 性能问题的先进技术是"向客户销售更多 RAM"。从销售和管理的角度看，这总是能够解决问题，但从 MySQL 的角度看，结果并不稳定。

一天晚上，我决定不再向客户销售更多 RAM，而是在技术上深潜下去，找出和修复 MySQL 性能问题的真正根本原因。他们的数据库驱动着一个电子布告栏，但随着这个电子布告栏越来越成功，它变得越来越慢——在几乎 20 年后的今天，这仍然是一个常见的问题。长话短说，我发现有一个查询少了一个关键的索引。恰当地添加了索引后，性能得到显著提升，网站得救了。客户一分钱没花。

并不是所有性能问题和解决方案都这么简单、这么光鲜亮丽。但是，接近 20 年的 MySQL 使用经验告诉我（和其他许多人），MySQL 性能问题常常可以通过本书介绍的最佳实践和技术解决。

1.2 北极星

我是一名 MySQL DBA（数据库管理员），也是一名软件工程师，所以我知道软件工程师使用 MySQL 时会遇到什么场景。特别是，对于性能，我们（软件工程师）只是想让它（MySQL）能够工作。在交付功能和灭火救急之间，谁有时间改进 MySQL 的性能？当 MySQL 的性能不佳时——或者更糟的情况是，当性能突然变得不佳时——很难看清楚下一步应该做什么，因为要考虑的东西很多：从哪里入手？我们需要更多 RAM 吗？

需要更快的 CPU 吗？需要更多的存储 IOPS 吗？这个问题是近期的代码修改导致的吗？[事实上，过去部署的代码修改可能在将来（有时是几天后）导致性能问题。] 这个问题是其他程序的干扰导致的吗？ DBA 对数据库做了调整吗？应用程序变得流行起来了吗（这造成了问题，但却是一种好的问题）？

当一名工程师的专业技能是应用程序开发，而不是 MySQL 时，这种情况会令人难以应付。为了能够自信地进行下一步处理，首先关注查询响应时间，因为它是有意义的、可行动的。这是两个强大的属性，能够引导我们找出真正的解决方案：

有意义的

> 查询响应时间是人们唯一真正关心的指标，因为坦白说，当数据库很快时，没有人去检查它，或者提出一些问题。为什么呢？因为查询响应时间是我们唯一体验到的指标。当一个查询执行了 7.5 s 时，我们就体验了 7.5 s 不耐烦的情绪。这个查询可能检查了 100 万行，但我们体验不到 100 万行被检查的过程。我们的时间很宝贵。

可行动的

> 对于改进查询响应时间，让每个人再次变得高兴起来，有太多可做的东西，所以你的手里才会拿着这本书（未来人们还会拿着书读吗？我希望如此）。针对查询响应时间可以采取直接行动，因为代码是你的，你可以修改查询。即使你不是代码的所有者（或者无法访问代码），也仍然可以间接地优化查询响应时间。1.5 节将介绍直接查询优化和间接查询优化。

关注改进查询响应时间，这是 MySQL 性能的北极星。不要一开始就通过增加硬件来解决问题。首先应该使用查询指标，判断 MySQL 正在做些什么，然后通过分析并优化慢查询来减小响应时间，然后再重复这个过程。性能会得到改进。

1.3 查询报告

查询指标提供了关于查询执行情况的宝贵的洞察信息：响应时间、锁时间、检查的行数等。但是，与其他指标一样，查询指标是原始值，需要收集和聚合它们，并以对工程师有意义和易读的方式进行报告。本节将概述这些内容：查询指标工具如何把查询指标转换为查询报告。但是，正如 1.4 节所述，查询报告只是实现目的的一种手段。

后面会看到，查询分析才是真正的工作：分析报告的查询指标和其他信息，以便理解查询的执行。要改进 MySQL 性能，必须优化查询。要优化查询，必须理解查询如何执行。而为了理解查询的执行，必须使用相关信息（包括查询报告和元数据）分析查询。

但是，首先需要理解查询报告，因为查询报告代表查询指标的集合，这些指标提供了关于查询执行情况的宝贵的洞察信息。接下来的 3 小节将介绍如下内容：

- 来源：查询指标有两个来源，并且会随着 MySQL 的发行版和版本不同而有所变化。

- 聚合：通过规范化的 SQL 语句分组和聚合查询指标值。

- 报告：通过一个高级的概要文件和一个特定于查询的报告来组织查询报告。

然后，你就为学习 1.4 节的内容做好了准备。

 本书的主题不是数据库管理，所以本节没有讨论如何在 MySQL 中设置和配置查询指标。我假定你已经或者将会完成这些设置和配置。如果不是这样，也不用担心：你可以咨询 DBA、聘用一个顾问或者通过阅读 MySQL 手册来学习如何配置。

1.3.1 来源

查询指标来自慢查询日志（*https://oreil.ly/Glss3*）或 Performance Schema（*https://oreil.ly/FNXRq*）。顾名思义，前者是磁盘上的一个日志文件，后者是一个同名的数据库：`performance_schema`。尽管二者在本质上完全不同（一个是磁盘上的日志文件，一个是数据库中的表），但它们都提供了查询指标。它们之间的重要区别在于提供了多少指标：除了查询响应时间（二者都提供）之外，它们提供的指标数在 3 个和 20 多个之间。

 慢查询日志这个名称有其历史背景。很久以前，MySQL 只记录执行时间超过 N s 的查询，N 的最小值是 1。老版本的 MySQL 不会记录执行 900 ms 的查询，因为它们认为这种查询是"快"的查询。当时，慢查询日志这个名称名副其实。如今，最小值是 0，解析度为毫秒。当设置为 0 时，MySQL 会记录每一个执行的查询。因此，这个名称现在带有误导性，现在你知道原因了。

综合考虑的话，Performance Schema 是查询指标的最佳来源，因为它在 MySQL 当前的每个版本和发行版中都存在，在本地和云端都能够工作，它提供了 1.4.1 节提到的全部 9 个指标，而且一致性最好。另外，Performance Schema 还包含可用于深度 MySQL 分析的其他许多数据，所以其有用性远超出查询指标。慢查询日志也是一个很好的来源，但它有着相当大的变化：

MySQL

在 MySQL 8.0.14 中，如果启用系统变量 `log_slow_extra`（*https://oreil.ly/ibfRK*），慢查询日志会提供 1.4.1 节介绍的 9 个指标中的 6 个，只少了 `Rows_affected`、`Select_scan` 和 `Select_full_join`。它仍然是一个很好的来源，但如果可以，就使用 Performance Schema。

在 MySQL 8.0.14 之前，包括 MySQL 5.7 在内，慢查询日志非常基础，只提供了 Query_time、Lock_time、Rows_sent 和 Rows_examined。只使用这 4 个指标，也能分析查询，但分析得到的洞察结果并不那么好。因此，对于 MySQL 8.0.14 之前的版本，应该避免使用慢查询日志，而使用 Performance Schema。

Percona Server

当启用系统变量 log_slow_verbosity 时，Percona Server（*https://oreil.ly/ILyh2*）在慢查询日志中提供了多得多的指标：1.4.1 节介绍的全部 9 个指标，以及其他一些指标。当配置了系统变量 log_slow_rate_limit 的时候，它还支持查询采样（记录一部分查询），这对于繁忙的服务器有帮助。这些特性使得 Percona Server 的慢查询日志成为一个很好的来源。更多细节请参考 Percona Server 手册中的"Slow Query Log"部分（*https://oreil.ly/5JQ06*）。

MariaDB Server

MariaDB Server（*https://oreil.ly/oeGJO*）10.x 使用了 Percona Server 的慢查询日志增强，但有两个显著的区别：在 MariaDB 中，系统变量 log_slow_verbosity 的配置方式不同，并且没有提供 Rows_affected 指标。除此之外，基本上是一样的，所以它也是一个很好的来源。更多细节请参考 MariaDB 知识库中的"Slow Query Log Extended Statistics"（*https://oreil.ly/oOVe7*）一文。

默认情况下禁用了慢查询日志，但是可以动态启用它（无须重启 MySQL）。Performance Schema 在默认情况下应该是启用的，不过一些云提供商默认禁用了它。与慢查询日志不同，不能动态启用 Performance Schema——要启用它，必须重启 MySQL。

确保使用并恰当配置了最合适的查询指标来源。可以咨询你的 DBA、聘用一个顾问或者通过阅读 MySQL 手册来自己学习如何配置。

 当把 long_query_time（*https://oreil.ly/NUmuA*）设置为 0 时，慢查询日志可以记录全部查询，但这么做时要小心：在一个繁忙的服务器上，这可能增加磁盘 I/O，并使用大量磁盘空间。

1.3.2 聚合

查询指标按查询分组和聚合。这似乎显而易见，因为它们的名称就是"查询"指标，但是，一些查询指标工具可能按用户名、主机名、数据库等分组。这种分组极为少见，并且对应一种不同类型的查询分析，所以本书中不讨论它们。因为查询响应时间是 MySQL 性能的北极星，所以按查询来分组查询指标是查看哪些查询的响应时间最慢的最佳方式，这构成了查询报告和分析的基础。

这里有一个小问题：如何唯一标识查询，以判断它们属于哪个组？例如，系统指标（CPU、内存、存储等）按主机名分组，因为主机名是唯一的、有意义的。但是，查询没有像主机名这样的唯一标识属性。解决方案是使用经过规范化的 SQL 语句的 SHA-256 哈希。示例 1-1 显示了如何规范化一个 SQL 语句。

示例 1-1：规范化 SQL 语句

```
SELECT col FROM tbl WHERE id=1 ❶

SELECT `col` FROM `tbl` WHERE `id` = ? ❷

f49d50dfab1c364e622d1e1ff54bb12df436be5d44c464a4e25a1ebb80fc2f13 ❸
```

❶ SQL 语句（样本）

❷ 摘要文本（规范化后的 SQL 语句）

❸ 摘要哈希（摘要文本的 SHA-256）

MySQL 将 SQL 语句规范化为摘要文本，然后计算摘要文本的 SHA-256 哈希，得到摘要哈希。（现在不需要理解规范化的完整过程，只需要知道规范化将所有值替换为 ?，并将多个空格压缩为一个空格。）因为摘要文本是唯一的，所以摘要哈希也是唯一的（尽管可能存在哈希碰撞）。

 MySQL 手册中使用的术语"摘要"可以表示"摘要文本"，也可以表示"摘要哈希"。因为摘要哈希是从摘要文本中计算出来的，所以这种二义性只是在用语上有些模糊，并不是技术错误。请允许我也使用这种模糊的表达，在技术差异不重要的地方，使用"摘要"来表示"摘要文本"或者"摘要哈希"。

关于查询指标的术语发生了一个重要的变化："查询"这个术语变得与"摘要文本"具有相同的含义。这种术语变化符合关注点的变化：按查询分组指标。要按查询分组，查询必须是唯一的，只有对于摘要，这一点才成立。

SQL 语句也被称为查询样本（或者简称为样本），它们可能会，也可能不会被报告。为安全起见，大部分查询指标工具在默认情况下会丢弃样本（因为它们包含真正的值），而只报告摘要文本和哈希。在查询分析中，之所以需要样本，是因为可以对它们执行 EXPLAIN（*https://oreil.ly/YSnio*），这会生成理解查询执行所不可或缺的元数据。一些查询指标工具对样本执行 EXPLAIN，然后丢弃样本，报告 EXPLAIN 计划（EXPLAIN 的输出）。其他查询指标工具只是报告样本，这仍然很方便：只需要把样本复制粘贴到 EXPLAIN 中。如果二者都没有，就需要手动从来源提取样本，或者在需要时手动编写查询。

我保证，再对术语做两点解释后，我们就会开始介绍更有趣的内容。首先，在不同的查询指标工具中，术语存在很大的变化，如表 1-1 所示。

表 1-1：查询指标的术语

官方（MySQL）	其他术语
SQL 语句	查询
样本	查询
摘要文本	类、系列、指纹、查询
摘要哈希	类 ID、查询 ID、签名

其次，Percona（*https://www.percona.com*）还定义了另外一个术语：查询抽象。查询抽象是一个被高度抽象化为其 SQL 命令和表列表的 SQL 语句。示例 1-2 是 SELECT col FROM tbl WHERE id=1 的查询抽象。

示例 1-2：查询抽象

```
SELECT tbl
```

查询抽象不是唯一的，但由于它们十分简洁，所以也很有用。通常，开发人员只需要查看一个查询抽象，就能够知道它代表的完整查询。

> 简洁是智慧的灵魂。
>
> ——威廉·莎士比亚

之所以规范化 SQL 语句，是因为你写的查询和你看到的查询并不相同，理解这一点很重要。大多数时候，这并不是问题，因为摘要文本很接近 SQL 语句。但是，规范化过程引出了另外一个要点：不要使用不同的语法动态生成相同的逻辑查询，否则规范化过程将为这个逻辑查询生成不同的摘要，并报告不同的查询。例如，假如通过程序代码生成一个查询，使其根据用户输入修改 WHERE 子句：

```
SELECT name FROM captains WHERE last_name = 'Picard'
SELECT name FROM captains WHERE last_name = 'Picard' AND first_name = 'Jean-Luc'
```

对你和应用程序来说，这两个查询在逻辑上可能是相同的，但对于报告而言，它们是不同的查询，因为它们会规范化为不同的摘要。据我所知，没有查询指标工具会允许合并查询。而且，从技术上讲，把这两个查询报告为不同的查询是正确的，因为每个条件——特别是 WHERE 子句中的条件——都会影响查询的执行和优化。

关于查询的规范化，有一点需要知道：值会被移除，所以下面的两个查询会规范化为相同的摘要：

```
-- SQL statements
SELECT `name` FROM star_ships WHERE class IN ('galaxy')
SELECT `name` FROM star_ships WHERE class IN ('galaxy', 'intrepid')

-- Digest text
SELECT `name` FROM `star_ships` WHERE `class` IN (...)
```

因为两个查询的摘要相同，所以它们的指标会分组和聚合到一起，并报告为一个查询。

关于术语和规范化，已经讲得够多了。下面来介绍报告。

1.3.3 报告

报告是一项挑战，也是一种艺术形式，因为一个应用程序可能有几百个查询。每个查询有许多指标，每个指标有几个统计数据：最小值、最大值、平均值、百分位等。除此之外，每个查询还有元数据：样本、EXPLAIN 计划、表结构等。存储、处理和展示全部这些数据是一项挑战。几乎每个查询指标工具都使用一个两层结构来展示数据：查询概要文件和查询报告。不同的查询指标工具可能使用不同的术语，但是在看到那些术语时，你能够轻易地识别它们。

查询概要文件

查询概要文件显示了慢查询。它是查询报告的顶层组织方式，在查询指标工具中，通常会首先看到查询概要文件。它展示了查询摘要，以及查询指标的一个有限子集，所以才会被叫作"概要文件"。

慢是相对于排序指标的：排序指标是排序查询时使用的查询指标的聚合值。排序后的第一个查询被称为最慢的查询，即使排序指标不是查询时间（或任何时间）。例如，如果排序指标是发送的平均行数，那么排序后的第一个查询仍然被称为"最慢的查询"。

尽管任何查询指标都可以作为排序指标，但查询时间是普遍使用的默认排序指标。减少查询执行时间时，就节省了一些时间，使 MySQL 能够执行更多工作，或者可能更快地执行其他工作。按查询时间排序查询，能够告诉你从哪里入手：最慢的、消耗时间最长的查询。

关于如何把查询时间聚合起来，则没有普遍适用的方式。最常用的聚合值包括：

总查询时间

总查询时间是执行时间（针对每个查询）的和。这是最常用的聚合值，因为它回答了一个重要的问题：MySQL 在执行哪个查询时用的时间最多？为了回答这个问题，查询指标工具将 MySQL 执行每个查询所花费的时间加了起来。总时间最大的查询是最慢的、消耗时间最多的查询。下面用一个例子来说明为什么这很重要。假设查询 A 的响应时间为 1 s，执行了 10 次，查询 B 的响应时间为 0.1 s，执行了 1000 次。查询 A 的响应时间慢得多，但查询 B 消耗的时间是查询 A 的 10 倍：查询 A 总共用了 10 s，而查询 B 总共用了 100 s。在按总查询时间排序的查询概要文件中，查询 B 是最慢的查询。这一点很重要，因为优化查询 B 能够为 MySQL 释放最多的时间。

百分比执行时间

百分比执行时间是将总查询时间（针对每个查询）除以总执行时间（针对全部查询）。例如，如果查询 C 的总查询时间是 321 ms，查询 D 的总查询时间是 100 ms，则总执行时间是 421 ms。单独来看，查询 C 占总执行时间的（321 ms/421 ms）× 100 = 76.2%，查询 D 占总执行时间的（100 ms/421 ms）× 100 = 23.8%。换句话说，MySQL 用了 421 ms 来执行查询，其中 76.2% 的时间用来执行查询 C。在按百分比执行时间排序的查询概要文件中，查询 C 是最慢的查询。一些查询指标工具使用了百分比执行时间，但并不是所有查询指标工具都使用。

查询负载

查询负载是将总查询时间（针对每个查询）除以时钟时间，这里时钟时间是使用的时间范围的秒数。如果时间范围是 5 min，则时钟时间是 300 s。例如，如果查询 E 的总查询时间是 250.2 s，则其负载为 250.2 s/300 s=0.83；如果查询 F 的总查询时间是 500.1 s，则其负载为 500.1 s/300 s=1.67。在按查询负载排序的查询概要文件中，查询 F 是最慢的查询，因为它的负载最大。

负载与时间相关，但也能够以微妙的方式指示并发性：一个查询的多个实例同时执行。小于 1.0 的查询负载意味着查询通常没有并发执行。大于 1.0 的查询负载说明存在并发查询。例如，查询负载为 3.5 意味着在任何时候查看，你都可能看到该查询有 3.5 个实例正在执行（在现实中，会看到该查询的 3 个或 4 个实例，因为不会存在 0.5 个查询实例）。如果查询访问相同或者邻近的行，则查询负载越高，发生争用的可能性越大。大于 10 的查询负载很高，很可能是一个慢查询，但也有例外。在写这段内容时，我正在看着一个负载为 5962 的查询。怎么可能这么大？我将在 3.2.1 节揭晓答案。

当排序指标使用一个非时间查询指标时，例如发送的行数，根据你想要诊断的内容，可能使用另外一种聚合值（平均值、最大值等）更合适。这远不如总查询时间常见，但它有时能够揭示值得优化的有趣查询。

查询报告

查询报告（指报告本身）显示了关于查询的所有信息。它是查询报告（指创建报告的机制）的第二层组织方式，通常通过在查询概要文件中选择一个慢查询来访问。它展示所有查询指标和元数据。通过查看概要文件就能够了解一些信息（哪些查询最慢），而查询报告则是系统的信息转储，用于查询分析。因此，信息越多越好，因为这些信息有助于理解查询的执行。

在不同的查询指标工具中，查询报告有很大的区别。一个基本的报告包含来源中的所有查询指标，以及这些指标的基础统计数据：最小值、最大值、平均值、百分位等。一个全面的报告包含元数据：查询样本、EXPLAIN 计划、表结构等。（样本包含真正的值，所以可能会受安全原因影响而被禁用。）一些查询指标工具还更进一步，添加了额外的信息：指标图形、直方图（分布）、异常检测、时移对比（现在与上周）、开发人员备注、从 SQL 注释中提取的键值等。

查询分析只需要报告中的查询指标。元数据是可以手动收集的。如果你使用的查询指标工具只报告查询指标，不用担心：这是一个起点，不过你至少需要手动收集 EXPLAIN 计划和表结构。

有了查询报告，就可以进行查询分析了。

1.4 查询分析

查询分析的目标是理解查询执行，不是解决慢响应时间的问题。你可能会感到惊讶，但解决慢响应时间的工作发生在查询分析之后，进行查询优化的时候。首先，需要理解你试图改变什么：查询执行。

查询执行就像一个故事，有着开头、中间部分和结尾：你读完全部 3 个部分，才能理解故事。理解了 MySQL 如何执行一个查询后，就能够理解如何优化查询。通过分析来理解，然后通过优化来行动。

 我帮助过许多工程师分析查询，发现他们遇到的主要困难不在于理解指标，而是卡在分析上：盯着数字看，等待有用的信息自己暴露出来。不要卡在分析上。应该仔细地审查所有指标和元数据——阅读整个故事，然后将注意力放到查询优化上，目标是改进响应时间。

接下来的几小节介绍高效的、富有洞察力的查询分析的关键方面。有时候，慢响应时间的原因十分明显，读起来就像一条推文，而不是一个故事。但当不是这种情况时——当分析读起来就像一篇关于法国存在主义的毕业论文时——理解这些关键方面有助于找出慢响应时间的原因，并确定解决方案。

1.4.1 查询指标

1.3.1 节讲到，查询指标随着来源、MySQL 发行版和 MySQL 版本的不同而有所变化。所有查询指标都很重要，因为它们可以帮助你理解查询的执行，但接下来详细介绍的 9 个指标对于每个查询分析都不可缺少。

Performance Schema 提供了全部 9 个必要的查询指标。

 查询指标的名称也会随着来源不同而发生变化。在慢查询日志中，查询时间是 Query_time，但在 Performance Schema 中是 TIMER_WAIT。我不使用这两种约定，而是使用对人友好的名称，如"查询时间"或"发送的行数"。查询报告也几乎总是使用对人友好的名称。

查询时间

查询时间是最重要的指标，这一点你已经知道。但你可能不知道，查询时间还包含另外一个指标：锁时间。

锁时间是查询时间的一个固有部分，所以"查询时间包含锁时间"这一点并不奇怪。奇怪的是，查询时间和锁时间是仅有的两个基于时间的查询指标，不过有一个例外：Percona Server 慢查询日志拥有针对 InnoDB 读时间、读锁等待时间和队列等待时间的指标。锁时间很重要，但在技术上有一个让人意外的地方：只有在慢查询日志中，它才是精确的。后面将更加详细地介绍这一点。

使用 Performance Schema 时，能够看到查询执行的许多部分（但并非全部）。这有点离题，也不在本书讨论范围内，但知道这一点是有帮助的，这样当你需要了解更加深入的信息时，知道去哪里寻找。MySQL 插桩了一些事件，但具体数量令人困惑。手册将这类事件定义为："服务器执行的任何操作，这些操作需要花费时间，并且已被插桩，以便能够收集时间信息。"事件按层次结构组织：

```
事务
└── 语句
    └── 阶段
        └── 等待
```

事务

事务（transaction）是顶层事件，因为每个查询都在一个事务内执行（第 8 章将介绍事务）。

语句

语句（statement）是查询，查询指标就是针对它们的。

阶段

阶段（stage）是"语句执行过程的步骤"，例如解析一条语句、打开一个表或者执行一个文件排序操作。

等待

等待（wait）是"需要花费时间的事件"。（这个定义让我觉得好笑。它算是"同义反复"，但如此简单，令人莫名地感到满意。）

示例 1-3 显示了一个 UPDATE 语句的各个阶段（在 MySQL 8.0.22 中）。

示例 1-3：一条 UPDATE 语句的各个阶段

```
+--------------------------------+------------------------------------+-----------+
| stage                          | source:line                        | time (ms) |
+--------------------------------+------------------------------------+-----------+
| stage/sql/starting             | init_net_server_extension.cc:101   |     0.109 |
| stage/sql/Executing hook on trx| rpl_handler.cc:1120                 |     0.001 |
| stage/sql/starting             | rpl_handler.cc:1122                 |     0.008 |
| stage/sql/checking permissions | sql_authorization.cc:2200          |     0.004 |
| stage/sql/Opening tables       | sql_base.cc:5745                   |     0.102 |
| stage/sql/init                 | sql_select.cc:703                  |     0.007 |
| stage/sql/System lock          | lock.cc:332                        |     0.072 |
| stage/sql/updating             | sql_update.cc:781                  | 10722.618 |
| stage/sql/end                  | sql_select.cc:736                  |     0.003 |
| stage/sql/query end            | sql_parse.cc:4474                  |     0.002 |
| stage/sql/waiting handler commit| handler.cc:1591                   |     0.034 |
| stage/sql/closing tables       | sql_parse.cc:4525                  |     0.015 |
| stage/sql/freeing items        | sql_parse.cc:5007                  |     0.061 |
| stage/sql/logging slow query   | log.cc:1640                        |     0.094 |
| stage/sql/cleaning up          | sql_parse.cc:2192                  |     0.002 |
+--------------------------------+------------------------------------+-----------+
```

真正的输出要更加复杂，为了方便阅读，我在这里做了简化。UPDATE 语句执行了 15 个阶段。实际执行 UPDATE 发生在第 8 个阶段：**stage/sql/updating**。总共有 42 次等待，但是它们跟我们的主题没有太大关系，所以我删除了它们。

Performance Schema 事件（事务、语句、阶段和等待）是查询执行的细节。查询指标应用于语句。如果需要深入检查查询，可以查看 Performance Schema。

我们的工作方式讲求效率，所以除非有必要，否则不要陷入 Performance Schema 的细节。可能你永远都不必查看 Performance Schema。查询时间够用了。

锁时间

锁时间是在查询执行过程中获得锁需要的时间。理想情况下，锁时间只占查询时间的一个极小的百分比，但具体的值是相对的（参见 1.4.3 节）。例如，在我管理的一个优化程度极高的数据库中，对于最慢的查询，锁时间是查询时间的 40%～50%。听起来很糟糕，不是吗？但其实并不是那样：最慢查询的最大查询时间为 160 μs，最大锁时间为 80 μs——数据库每秒执行超过 20 000 个查询（Query Per Second，QPS）。

尽管值是相对的，但我可以确信地说，如果锁时间超过查询时间的 50%，就会造成问题，因为 MySQL 应该将大部分时间用来工作，而不是等待。在理论上，一次完美的查询执行没有等待时间，但在现实中，由于资源共享、并发和系统固有的时延，做不到完全没有等待。

MySQL 的存储引擎和数据锁

在对锁时间和锁进行一般性的介绍之前，先来澄清一些背景信息。

MySQL 有许多存储引擎，而且这些存储引擎都有自己的历史渊源，这里不详细讲解了。MySQL 的默认存储引擎是 InnoDB。其他存储引擎包括：MyISAM、MEMORY、TempTable（*https://oreil.ly/Ubz65*）、MariaDB 使用的 Aria（*https://oreil.ly/VVAjG*）、Percona Server 和 MariaDB 使用的 MyRocks（*https://myrocks.io*）、Percona Server 使用的 XtraDB（*https://oreil.ly/jrGlq*）等。（趣味知识：Performance Schema 被实现为一个存储引擎。）在本书中，除非另外说明，否则认为使用的存储引擎是 InnoDB。

锁分为表锁和行锁。服务器（MySQL）管理表和表锁。表是使用一种存储引擎（默认为 InnoDB）创建的，但是与存储引擎无关，这意味着可以把表从一个存储引擎转换为另一个存储引擎。如果存储引擎支持行级锁，就会管理行级锁。MyISAM 不支持行级锁，所以使用表锁管理数据访问。InnoDB 支持行级锁，所以使用行锁管理数据访问。因为 InnoDB 是默认的存储引擎，所以除非另外说明，否则认为支持行级锁。

 InnoDB 还有称为意向锁（*https://oreil.ly/XYLnq*）的表锁，但是对于这里的讨论来说，它们并不重要。

服务器还管理元数据锁，它们控制着对模式、表、存储过程等的访问。表锁和行锁控制着对表数据的访问，而元数据锁控制着对表结构（列、索引等）的访问，以防止在查询访问表的时候，表结构发生变化。每个查询都会获得它访问的每个表的一个元数据锁。在事务结束，而不是查询结束时，释放元数据锁。

 记住：除非另外说明，否则认为使用 InnoDB，并且支持行级锁。

还记得前面提到的让人意外的技术问题吗？这里进行解释：Performance Schema 中的锁时间不包含行锁等待，只包含表和元数据锁的等待。行锁等待是锁时间中最重要的部分，这就意味着 Performance Schema 中的锁时间几乎没用。与之相对，慢查询日志中的锁时间包含全部锁等待：元数据、表和行。两个来源的锁时间都没有指出锁等待的类型。在 Performance Schema 中，肯定是元数据锁等待；在慢查询日志中，很可能是行锁等待，但也有可能是元数据锁等待。

 Performance Schema 中的锁时间不包含行锁等待。

锁主要用于写操作（INSERT、UPDATE、DELETE、REPLACE），因为在写入行之前，必须先锁住它们。写操作的响应时间在一定程度上取决于锁时间。获得行锁需要的时间取决于并发程度：有多少查询同时访问相同（或邻近）的行。如果某行的并发程度是 0（一次只被一个查询访问），则锁时间小到可以忽略不计。但是，如果某行很"热"——表示"被很频繁地访问"的一个术语——则锁时间可能占响应时间的一大部分。并发访问是几种数据访问模式之一（参见 4.4 节）。

对于读操作（SELECT），分为非锁定和锁定读取（*https://oreil.ly/WcyD3*）。进行区分很容易，因为只有两种锁定读取：SELECT...FOR UPDATE 和 SELECT...FOR SHARE。如果不是这两种，那么 SELECT 就是非锁定的，这是正常情况。

尽管 SELECT...FOR UPDATE 和 SELECT...FOR SHARE 是仅有的锁定读取，但不要忘记，有些写入带有可选的 SELECT。在下面的 SQL 语句中，SELECT 获得了表 s 上的共享行锁：

- INSERT...SELECT FROM s
- REPLACE...SELECT FROM s
- UPDATE...WHERE...(SELECT FROM s)
- CREATE TABLE...SELECT FROM s

严格来讲，这些 SQL 语句是写入语句，不是读取语句，但可选的 SELECT 获得了表 s 上的共享行锁。更多细节请参见 MySQL 手册中的"Locks Set by Different SQL Statements in InnoDB"（*https://oreil.ly/SJXcq*）一文。

应该避免锁定读取，特别是 SELECT...FOR UPDATE，因为它们无法缩放，常常导致问题，并且通常会有一个非锁定的解决方案可以实现相同的结果。对于锁时间，锁定读取就像是一次写入：锁时间取决于并发程度。要小心使用 SELECT...FOR SHARE：共享锁与其他共享锁是兼容的，但与排他锁不兼容，这意味着共享锁会阻塞对相同（或邻近）行的写入。

对于非锁定读取，尽管不会获得行锁，但锁时间也不会是 0，因为会获得元数据和表锁。但是，获得这两种锁的过程应该会非常快：小于 1 ms。例如，我管理的另一个数据库执行超过 34 000 QPS，但最慢的查询是一个非锁定的 SELECT，它执行全表扫描，每次执行读取 600 万行，并且有非常高的并发：查询负载为 168。尽管存在这些大值，但它的最大锁时间是 220 ms，平均锁时间是 80 ms。

非锁定读取不意味着非阻塞。SELECT 查询必须获得其访问的所有表上的共享"元数据锁"（MetaData Lock，MDL）。正如锁的常见情况，共享 MDL 与其他共享 MDL 兼容，但一个排他的 MDL 会阻塞其他所有 MDL。ALTER TABLE 是获得排他 MDL 的常见操作。即使使用 ALTER TABLE...ALGORITHM=INPLACE，LOCK=NONE 或第三方在线模式修改工具，如 pt-online-schema-change（*https://oreil.ly/EzcrU*）和 gh-ost（*https://oreil.ly/TeHjG*），也必须在最后获得一个排他的 MDL，以便把旧的表结构替换为新的表结构。虽然交换表的操作很快，但当 MySQL 正在处理大量负载的时候，可能出现明显的干扰，因为在持有排他 MDL 时，会阻塞全部对表的访问。这个问题会显示为锁时间的一个短暂增加，对于 SELECT 语句尤其如此。

 SELECT 可能会阻塞，等待元数据锁。

锁可能是 MySQL 最复杂、最细微的方面。为了避免进入谚语所称的"兔子洞"（指复杂的、令人不知所措的场景），我来说明 5 个要点，但现在先不解释它们。仅知道这 5 点，就能够显著增强你的 MySQL 技能：

- 锁时间可能比 innodb_lock_wait_timeout（*https://oreil.ly/HlWwX*）大得多，因为这个系统变量应用于每个行锁。

- 锁和事务隔离级别是相关的。

- InnoDB 会锁住它访问的每一行，包括它没有写入的行。

- 在事务提交或回滚时，以及有时在查询执行期间，都会释放锁。

- InnoDB 有不同类型的锁：记录锁、临键锁等。

本书 8.1 节将进行详细介绍。现在，我们把这些信息放到一起，用图示的方式来看看查询时间如何包含锁时间。如图 1-1 所示，在查询执行期间获得并释放了锁。

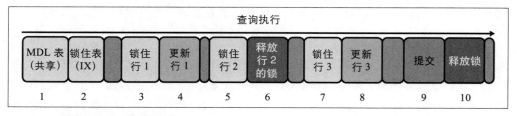

图 1-1：查询执行期间的锁时间

标签 1 到标签 10 标记了与锁有关的事件和细节：

1. 获得表的共享元数据锁

2. 获得表的意向排他（IX）锁

3. 获得行锁 1

4. 更新（写入）行 1

5. 获得行锁 2

6. 释放行锁 2

7. 获得行锁 3

8. 更新（写入）行 3

9. 提交事务

10. 释放所有锁

这里有两点值得注意：

- Performance Schema 中的锁时间只包含标签 1 和 2。慢查询日志中的锁时间包含标签 1、2、3、5 和 7。

- 虽然行 2 被锁住（标签 5），但没有被写入，并且在事务提交（标签 9）之前，它的锁就被释放了（标签 6）。这种情况可能出现，但并非总是会出现。这取决于查询和事务隔离级别。

关于锁时间和锁，上面讲了很多，现在你已经做好了准备，能够很好地理解查询分析中的锁时间了。

检查的行数

检查的行数是指 MySQL 访问了多少行才找到匹配的行。它说明了查询和索引的选择性。两者的选择性越好，MySQL 就会在检查不匹配的行时浪费更少的时间。这适用于读取和写入，但 INSERT 是一个例外，除非它是一个 INSERT...SELECT 语句。

为了理解检查的行数，我们来看两个例子。首先，我们使用下面的表 t1 和 3 行：

```
CREATE TABLE `t1` (
  `id` int NOT NULL,
  `c` char(1) NOT NULL,
  PRIMARY KEY (`id`)
) ENGINE=InnoDB;
```

```
+----+---+
| id | c |
+----+---+
|  1 | a |
|  2 | b |
|  3 | c |
+----+---+
```

列 id 是主键，列 c 没有索引。

查询 SELECT c FROM t1 WHERE c = 'b' 匹配一行，但会检查 3 行，因为列 c 上没有唯一索引。因此，MySQL 不知道有多少行匹配 WHERE 子句。我们能够看到，只有一行匹配，但 MySQL 没有眼睛，它有的是索引。与之相对，查询 SELECT c FROM t1 WHERE id = 2 匹配并只检查一行，因为列 id（主键）上有一个唯一索引，并且表条件使用了整个索引。现在，MySQL 可以"看到"只有一行匹配，所以它只检查一行。第 2 章将讲解索引，到时候会解释表条件和更多内容。

对于第二个示例，我们使用下面的表 t2 和 7 行：

```
CREATE TABLE `t2` (
  `id` int NOT NULL,
  `c` char(1) NOT NULL,
  `d` varchar(8) DEFAULT NULL,
  PRIMARY KEY (`id`),
  KEY `c` (`c`)
) ENGINE=InnoDB;
```

```
+----+------+--------+
| id | c    | d      |
+----+------+--------+
|  1 | a    | apple  |
|  2 | a    | ant    |
|  3 | a    | acorn  |
|  4 | a    | apron  |
|  5 | b    | banana |
|  6 | b    | bike   |
|  7 | c    | car    |
+----+------+--------+
```

列 id 与之前相同（主键）。列 c 有一个非唯一索引。列 d 没有索引。

查询 SELECT d FROM t2 WHERE c = 'a' AND d = 'acorn' 会检查多少行呢？答案是：
4 行。MySQL 使用列 c 上的非唯一索引，查找与条件 c = 'a' 匹配的行，这会匹配 4 行。
为了匹配另外那个条件 d = 'acorn'，MySQL 会检查这 4 行的每一行。结果，查询检查
了 4 行，但只匹配（并返回）一行。

查询检查的行数比期望的行数多，这并不罕见。原因通常在于查询或索引（或两者同时）
的选择性，但有时是因为表相比预期增大了很多，导致要检查的行数多了许多。第 3 章
将进一步讨论这种现象。

检查的行数只是说明了故事的一半，另一半是发送的行数。

发送的行数

发送的行数指的是返回给客户端的行数，即结果集的大小。将发送的行数与检查的行数
放到一起比较，才是最有意义的。

发送的行数 = 检查的行数

在理想情况下，发送的行数和检查的行数相等，并且这个数字相对来说很小，特别
是作为总行数的百分比，并且查询响应时间是可以接受的。例如，从包含 100 万行
的表中返回 1000 行是一个合理的 0.1%。如果响应时间是可以接受的，这就很理想。
但是，从只包含 10 000 行的表中返回 1000 行时是 10%，此时即使响应时间可以接
受，这个数量也是应该受到质疑的。无论百分比是多少，只要发送的行数和检查的
行数相当，并且数值大到令人生疑，就说明查询导致一次表扫描，这通常会导致糟
糕的性能，本书 2.2.2 节的"表扫描"部分将解释原因。

发送的行数 < 检查的行数

发送的行数比检查的行数少，能够可靠地说明查询或索引的选择性不好。如果差异
很大，很可能就是慢响应时间的原因。例如，发送 1000 行和检查 100 000 行并不是
很大的值，但意味着 99% 的行没有匹配——查询导致 MySQL 浪费了大量时间。即
使响应时间可以接受，使用索引也能够显著减少浪费的时间。

发送的行数 > 检查的行数

发送的行数比检查的行数多，这有可能会发生，但很少会真的发生。在特殊条件下，
有可能发生这种现象，例如 MySQL 可能"优化掉"查询。例如，对上文的表执行
SELECT COUNT(id) FROM t2，这会为 COUNT(id) 的值发送一行，但检查 0 行。

发送的行数自身很少会造成问题。现代网络很快，MySQL 协议很高效。如果你的 MySQL
发行版和版本在慢查询日志中提供了发送的字节数指标（Performance Schema 没有提供这
个查询指标），则可以通过两种方式使用它。首先，最小值、最大值和平均值揭示了结果

集的字节大小。这个值通常很小，但如果查询返回了 BLOB 或 JSON 列，则也可能很大。其次，可以把发送的总字节转换为网络吞吐量（Mbps 或 Gbps），以揭示查询的网络使用率，这通常也是很小的。

影响的行数

影响的行数是指插入、更新或删除的行数。工程师非常小心，以便只影响正确的行。改变错误的行是一个严重的 bug。从这个角度看，影响的行数的值总是正确的。但是，如果值大到令人感到意外，则可能说明一个新的或者修改后的查询影响了超过预期的行数。

查看影响的行数的另外一种方式是查看批处理操作的批大小。批量的 INSERT、UPDATE 和 DELETE 是几个问题的常见来源：复制延迟、历史列表长度、锁时间和整体性能降级。还有一个问题也很常见："批大小应该是多少？"这个问题并没有一个普遍适用的正确答案。你必须确定在不影响查询响应时间的情况下，MySQL 和应用程序能够承受的批大小和速率。3.3.2 节将进行解释，那里将关注 DELETE，但讲解的知识也适用于 INSERT 和 UPDATE。

select 扫描

select 扫描是对访问的第一个表执行的全表扫描次数（如果查询扫描了两个或更多个表，则适用下一个指标：select 全连接）。对于性能来说，这通常不是一个好现象，因为这说明查询没有使用索引。第 2 章将讲解索引。学习完该章后，添加索引来修复表扫描问题应该会很简单。如果 select 扫描不是 0，那么强烈建议优化查询。

一个查询有时会导致表扫描，有时则不会，这是有可能发生的，但很少见。为了确定原因，需要获得这两种情况下的查询样本和 EXPLAIN 计划，即导致表扫描的一个查询样本和没有导致表扫描的一个查询样本。一种可能的原因在于，相对于索引的基数（索引中唯一值的个数）、表中的总行数和其他成本（MySQL 查询优化器使用一个成本模型），MySQL 估测该查询会检查多少行。估测并不是完美的，有时 MySQL 也会出错，从而导致表扫描或者次优的执行计划，但再说一次：这种情况极为少见。

更可能的情况是，select 扫描要么是 0，要么是 1（它是一个二进制值）。如果是 0，那就开心了。如果不是 0，就需要优化查询。

select 全连接

select 全连接是对连接的表执行的全表扫描次数。这与 select 扫描相似，但是要更加糟糕，稍后将解释原因。select 全连接应该总是 0；如果不是 0，就必须优化查询。

对访问多个表的查询执行 EXPLAIN 时（*https://oreil.ly/sRswS*），MySQL 按从上（第一个

表）到下（最后一个表）的顺序输出表连接顺序。select 扫描只适用于第一个表。select 全连接只适用于第二个和后续的表。

表连接顺序是由 MySQL 而不是查询决定的[注2]。示例 1-4 显示了 SELECT...FROM t1, t2, t3 的 EXPLAIN 计划：MySQL 并没有使用查询中隐含的 3 个表的连接顺序，而是使用了一个不同的连接顺序。

示例 1-4：连接 3 个表的 EXPLAIN 计划

```
*************************** 1. row ***************************
           id: 1
  select_type: SIMPLE
        table: t3
   partitions: NULL
         type: ALL
possible_keys: NULL
          key: NULL
      key_len: NULL
          ref: NULL
         rows: 3
     filtered: 100.00
        Extra: NULL
*************************** 2. row ***************************
           id: 1
  select_type: SIMPLE
        table: t1
   partitions: NULL
         type: range
possible_keys: PRIMARY
          key: PRIMARY
      key_len: 4
          ref: NULL
         rows: 2
     filtered: 100.00
        Extra: Using where
*************************** 3. row ***************************
           id: 1
  select_type: SIMPLE
        table: t2
   partitions: NULL
         type: ALL
possible_keys: NULL
          key: NULL
      key_len: NULL
          ref: NULL
         rows: 7
     filtered: 100.00
        Extra: NULL
```

MySQL 首先读取表 t3，然后连接表 t1，接着连接表 t2。这个连接顺序与查询（FROM

注 2：除非使用了 STRAIGHT_JOIN——但是不要使用它。让 MySQL 查询优化器选择连接顺序，以实现最优的查询执行计划。它几乎总是正确的，所以可以信任它，除非你能证明它错了。

t1，t2，t3）不同，这说明了为什么必须对查询执行 EXPLAIN 来查看其连接顺序。

要查看查询的连接顺序，总是需要对查询执行 EXPLAIN。

select 扫描应用于表 t3，因为它是连接顺序中的第一个表，并且导致了表扫描（由 type：ALL 表明）。如果表 t1 导致一次表扫描，则会应用 select 全连接，但表 t1 没有导致表扫描：MySQL 连接该表时，在其主键上应用了范围扫描（分别由 key：PRIMARY 和 type：range 表明）。select 全连接应用到表 t2，因为 MySQL 使用一个全表扫描（由 type：ALL 表明）来连接它。

t2 上的表扫描被称为一次"全连接"，因为 MySQL 在连接时会扫描整个表。select 全连接比 select 扫描更糟糕，因为在查询执行期间，一个表上发生的全连接的次数等于之前的表的行数的乘积。MySQL 估测表 t3 中有 3 行（由 rows：3 表明），表 t1 中有两行（由 rows：2 表明）。因此，在查询执行期间，表 t2 上会发生 3×2＝6 次全连接。但是，select 全连接指标值会是 1，因为它统计的是执行计划中的全连接，而不是查询执行中的全连接，但这已经足够了，因为即使只有一次全连接，也已经太多。

在 MySQL 8.0.18 中，哈希连接优化（*https://oreil.ly/zf7Rs*）改进了某些连接的性能，但避免全连接仍然是最佳实践。2.5 节将简单概述哈希连接。

创建的磁盘临时表数

创建的磁盘临时表数是在磁盘上创建的临时表的个数。查询在内存中创建临时表是很正常的。但是，当内存临时表变得太大时，MySQL 会把它们写到磁盘上。这可能影响响应时间，因为磁盘访问比内存访问慢几个数量级。

但是，磁盘上的临时表不是常见的问题，因为 MySQL 会避免创建它们。过多的磁盘临时表说明可以优化查询，或者（可能）系统变量 tmp_table_size（*https://oreil.ly/8exZw*）太小了。总是应该首先尝试优化查询。将修改系统变量作为最后的手段，对于影响内存分配的变量更应该如此。

更多信息请参见 MySQL 手册中的"Internal Temporary Table Use in MySQL"（*https://oreil.ly/CeCSv*）一文。

查询计数

查询计数是查询的执行次数。这个值可以是任意值，除非它极小，并且查询很慢。"小和慢"是一个有必要调查的奇怪组合。

在我写这段话时，正在查看的一个查询概要文件是一个完美示例：最慢的查询执行了一次，但占用了 44% 的执行时间。其他指标包括：

- 响应时间：16 s

- 锁时间：110 μs

- 检查的行数：132 000

- 发送的行数：13

这不是一个普通的查询。看起来有名工程师手动执行了这个查询，但我可以从摘要文本中知道，它是由程序生成的。这个查询背后有什么故事呢？为了了解这一点，我必须询问应用程序的开发人员。

1.4.2 元数据和应用程序

对于查询分析，除了查询指标之外，还有元数据可以查看。事实上，要完成查询分析，至少需要两种元数据：EXPLAIN 计划（也称为查询执行计划）和每个表的表结构。一些查询指标工具自动收集元数据，并在查询报告中进行显示。如果你的查询指标工具不这么做，也不用担心：收集元数据很容易。EXPLAIN（*https://oreil.ly/AZvGt*）和 SHOW CREATE TABLE（*https://oreil.ly/Wwp8f*）分别报告 EXPLAIN 计划和表结构。

元数据对于查询分析、查询优化和一般意义上的 MySQL 性能不可或缺。EXPLAIN 在你的 MySQL 工具库中是一个不可或缺的重要工具。2.2.4 节将解释 EXPLAIN。本书中将大量使用这个工具。

除了查询指标和元数据，查询分析还涉及应用程序。指标和元数据对于任何查询分析都不可或缺，但只有知道了查询要实现什么目的，故事才变得完整：应用程序为什么执行这个查询？知道这一点，你就可以评估对应用程序所做的修改，这是第 4 章的关注点。我不止一次看到过，工程师意识到某个查询可以变得简单许多，甚至可以被完全移除。

查询指标、元数据和应用程序应该会完成该故事。但是，必须要指出，有时 MySQL 和应用程序外部的问题可能会影响该故事，并且常常是以不好的方式影响故事。9.6 节是一个典型的案例。如果响应时间很慢，而详尽的分析不能揭示原因，就可以考虑外部问题。但是，不要太急于得出这个结论，外部问题只会是例外情况，而不会是正常情况。

1.4.3 相对值

对于每个查询指标，唯一客观上好的值是 0，因为正如俗话所说，做一件事最快的方式是不做它。非 0 值总是相对于查询和应用程序而言的。例如，发送 1000 行一般来说没有问题，但如果查询只应该返回一行，这就很糟糕。在考虑完整故事（指标、元数据和应用程序）时，相对值才有意义。

下面用另外一个真实的故事，说明值是相对的，并且在考虑完整故事时才有意义。我接手了一个变得越来越慢的应用程序。这是一个内部的应用程序，没有客户使用它，所以修复它一开始不是高优先级的任务，直到它后来慢得让人无法忍受。在查询概要文件中，最慢的查询检查和返回超过 1 万行——没有进行全表扫描，只不过是确实有大量的行。我没有一直盯着这个值看，而是在源代码中进行摸索，发现执行这个查询的函数只是在统计行的个数，而没有使用这些行。之所以慢，是因为它不必要地访问并返回了几千行，而之所以变得越来越慢，是因为随着数据库增长，行数也在增加。考虑这个完整故事时，优化方法变得十分明显和简单：SELECT COUNT(*)。

1.4.4 平均值、百分位和最大值

在谈论查询响应时间时，常把它当作一个值，但它并不是一个值。从 1.3.2 节，你知道了查询指标是按查询分组和聚合的。查询指标因而被报告为单独的统计值：最小值、最大值、平均值和百分位。你无疑熟悉这些常用的统计值，但是具体到查询响应时间，下面这一点可能让你感到意外：

* 平均值过于乐观

* 百分位是一个假定值

* 最大值是最佳表示

下面进行解释。

平均值

不要被平均值误导：如果查询计数很小，则几个极大的或者极小的值可能扭曲平均响应时间（或任何指标）。而且，如果不知道值的分布，就无法知道平均值代表多大百分比的值。例如，如果平均值等于中值，则平均值代表后 50% 的值，这是更好（更快）的响应时间。在这种情况下，平均值过于乐观（如果忽略最坏的一半值，大部分值都是过于乐观的）。平均值只是在你一眼看过去时，告诉你查询通常在几微秒、几毫秒还是几秒内执行。不要对这个数字做更多的解读。

百分位

百分位解决了平均值的问题。简单来说，P95 是这样的一个值：95% 的样本小于或等于这个值[注3]。例如，如果 P95 等于 100 ms，则 95% 的值小于或等于 100 ms，5% 的值大于 100 ms。因此，P95 代表 95% 的值，这比平均值更具代表性，也没有平均值那么乐观。使用百分位还有另外一个原因：被忽略的少量值被视为离群值。例如，网络抖动和偶发事件可能导致少量查询使用比正常情况更多的执行时间。因为这不是 MySQL 的错，所以我们会忽略这些执行时间，认为它们是离群值。

百分位是标准实践，但也是一个假定值。的确可能有离群值，但应该证明它们存在，而不是假定它们存在。在证明前 N% 的值不是离群值之前，它们是最值得注意的值，这正是因为它们不正常。什么导致它们出现？回答这个问题很难，所以百分位才是标准实践：忽略前 N% 的值，要比深入调查并找到答案更加容易。

最佳百分位是 P999（99.9%），因为丢弃 0.1% 的值是"假定它们是离群值"和"离群值确实存在这一事实"之间的一个可以接受的折中[注4]。

最大值

最大查询时间解决了百分位的问题，它不丢弃任何值。最大值不是虚构的东西，也不像平均值一样是统计上才存在的虚幻数字。在世界上的某个位置，某个应用程序用户遇到了最大查询响应时间——或者在几秒过后放弃并离开。你应该想知道原因，也能够找到答案。解释前 N% 的值很难，因为存在的值很多，所以可能有不同的答案。但是，解释最大值只需要一个值，只有一个答案。查询指标工具常常使用常有最大响应时间的查询作为样本，这就让解释最大值变得很简单，因为证据很明显。对于这样的样本，会发生下面两种情况中的一种：它重现了问题，此时你继续分析；它没有重现问题，此时你就证明了它是一个可以忽略的离群值。

这里有关于前一种情况的另外一个真实的故事。有一个应用程序正常情况下运行得很好，但在随机的时刻会响应得很慢。最小值、平均值和 P99 查询时间都在毫秒级，但最大查询时间达到了几秒。我没有忽略最大值，而是收集了正常执行时间和最大执行时间的查询样本。差异在于 WHERE 子句的 IN 列表的大小：正常查询时间有几百个值，而最大查询时间有几千个值。获得更多的值需要更长的执行时间，但即使对于几千个值，从几毫秒变为几秒也是不正常的。EXPLAIN 提供了答案：正常查询时间使用了索引，但最大查询时间导致了全表扫描。MySQL 可能会切换查询执行计划（参见 2.4.4 节）。这可以解释 MySQL，但是怎么解释应用程序呢？长话短说，

注 3：关于百分位的详细解释，请参见 HackMySQL（*https://hackmysql.com/p95*）。

注 4：P95、P99 和 P999 是传统上采用的值。我从未见过 MySQL 中使用其他百分位——中值（P5）和最大值（P100）除外。

这个查询用于查找数据，以进行欺诈检测，偶尔会发生一次查询几千行的情况，这导致 MySQL 切换查询执行计划。正常情况下，查询没有问题，但是调查最大响应时间不只揭示了 MySQL 的一个令人意外的地方，也提供了一个通过更高效地处理大查找来改进应用程序和用户体验的机会。

平均值、百分位和最大值很有用，但需要了解它们代表和不代表什么。

另外，考虑最小值和最大值之间的值分布。如果你够幸运，查询报告中会包含直方图，但不要指望它：计算任意时间范围的直方图很困难，所以几乎没有查询指标工具会这么做。基本统计值（最小值、最大值、平均值和百分位）提供了关于值分布的足够信息，能够用来判断查询是否稳定：对于每次执行，指标都大致相同。（第 6 章将继续讨论稳定性。参见 6.2 节）。不稳定的查询让分析变得更加复杂：是什么导致查询以不同的方式执行？原因很可能在 MySQL 外部，这就更难找出来，但是又必须找出来，因为稳定的查询更容易分析、理解和优化。

1.5 改进查询响应时间

改进查询响应时间是一个叫作查询优化的旅程。使用"旅程"这个词，是为了让你有合适的期望。查询优化需要时间和精力，并且有一个目的地：更快的查询响应时间。为了让这个旅程更加高效——不浪费时间和精力——可以把它分为两个部分：直接查询优化和间接查询优化。

1.5.1 直接查询优化

直接查询优化是对查询和索引进行修改。这些修改能够解决大量性能问题，所以性能优化的旅程从直接查询优化开始。由于这些修改非常强大，旅程也常常在这里结束。

我用一个比喻来进行说明。现在看来，这个比喻有点简单，但到了后面，它会更具指导意义。可以把查询想象成一辆汽车。当汽车出现问题时，修理工有修车的工具来修复问题。一些工具很常见（如扳手），一些则是专用工具（如双顶置凸轮锁）。修理工打开引擎盖并找到问题后，知道需要使用什么工具来修复问题。类似地，当查询运行缓慢时，工程师可以使用工具来修复查询。常用的工具包括查询分析、EXPLAIN（*https://oreil.ly/oB3q9*）和索引。专用的工具是特定于查询的优化。MySQL 手册中的"Optimizing SELECT Statements"（*https://oreil.ly/dqEWw*）列出了优化方法，下面摘出了一部分：

- 范围优化

- 索引合并优化

- 哈希连接优化

- 索引条件下推优化

- 多范围读取优化

- 常量折叠优化

- IS NULL 优化

- ORDER BY 优化

- GROUP BY 优化

- DISTINCT 优化

- LIMIT 查询优化

本书不解释特定于查询的优化，因为 MySQL 手册的第 8 章（*https://oreil.ly/03htc*）已经详细解释了它们，那里的内容是权威性的，并且会经常更新。而且，特定于查询的优化会因 MySQL 版本和发行版的不同而有所变化。因此，本书选择在第 2 章讲解索引和编制索引：了解在修复慢查询时使用哪些特定于查询的优化以及如何使用的基础。学习完第 2 章之后，你将能够自如地使用"索引条件下推优化"（*https://oreil.ly/5CEbX*）这样的专用工具，就像高级修理工自如地使用双顶置凸轮锁一样。

我时不时与工程师交谈。当他们辛辛苦苦应用的查询优化没有解决问题时，他们会感到惊讶、不开心。直接查询优化很有必要，但并不总是能够解决问题。一个优化后的查询在其他的场景下可能成为问题。当无法进一步优化查询（或者由于无法访问源代码而根本无法优化查询）时，可以优化查询周边的东西，这就引出了查询优化旅程的第二个部分：间接查询优化。

1.5.2 间接查询优化

间接查询优化是对数据和访问模式进行修改。不是改变查询，而是改变查询访问什么（数据），以及如何访问（访问模式）。这些修改间接地优化了查询，因为查询、数据和访问模式对于性能而言是分不开的。修改一个会影响另外两个。这一点很容易证明。

假设你有一个慢查询。对于这个证明而言，数据大小和访问模式不重要，所以你可以自由想象。我可以把查询响应时间减小到接近 0（假设接近 0 是 1 μs。对于计算机而言，这是很长的时间，但对于人来说，几乎是无法察觉的）。间接的"优化"是 TRUNCATE TABLE。没有数据时，MySQL 可以以接近 0 的时间执行任何查询。这是作弊，但尽管如此，还是证明了这一点：减少数据大小能够改进查询响应时间。

再来看看汽车比喻。间接查询优化类似于修改汽车的主要设计元素。例如，重量是影响燃油效率的一个因素：减少重量能够提高燃油效率。（数据类似于重量，所以 TRUNCATE TABLE 能够显著提高性能——但是不要使用这种"优化"。）减少重量不是一种直观（直接）的修改，因为工程师无法神奇地让零件重量减轻。相反，他们必须做重大修改，例如，从使用钢制品转为使用铝制品，这可能会影响其他许多设计元素。因此，这种修改需要投入更大的精力。

更大的精力就是间接查询优化成为旅程第二部分的原因。如果直接查询优化解决了该问题，就停下来——高效很重要。如果没有解决问题，并且你确信已经无法进一步优化查询，则是时候修改数据和访问模式了，第 3 章和第 4 章将讨论相关内容。

1.6 何时优化查询

修复了一个慢查询后，另一个慢查询会出现。总是会有慢查询，但你不应该总是优化它们，因为那样的话，你的时间得不到高效利用。相反，考虑 1.2 节，询问这个问题：查询响应时间可以接受吗？如果不能，则继续优化查询。如果能，则优化工作暂时完成了，因为当数据库很快时，没有人会查看或者询问问题。

作为一名 DBA，我希望你每周检查查询指标（首先看 1.3.3 节的"查询概要文件"部分），并且需要的话，优化最慢的查询，但是，作为一名软件工程师，我知道这么做不现实，几乎没人真的这么做。因此，下面介绍 3 种应该优化查询的场景。

1.6.1 性能影响客户

当性能影响到客户时，工程师有责任优化查询。我不认为有工程师会反对这一点，相反，工程师渴望改进性能。一些人可能认为这不是一个好的建议，因为它是被动的，而不是主动的，但我的大量经验告诉我，在客户报告应用程序太慢或者超时之前，工程师（甚至 DBA）不会去查看查询指标。只要查询指标一直是开启的、随时可用的，那么这在客观上是优化查询的好时机，因为更好的性能已经成了客户的需求。

1.6.2 代码修改之前和之后

在修改代码之前和之后，应该优先处理查询优化，这一点大部分工程师都不会反对，但据我的经验，他们也没这么做。我请求你避免这种常见的模式：对代码做看起来无害的修改，在准备阶段审查修改，把修改部署到生产环境，然后性能就开始下降。发生了什么呢？原因通常是对查询和访问模式的修改，它们是密切相关的。第 2 章将开始解释原因，第 3 章和第 4 章将完成解释。现在，只需知道：如果你在代码修改之前和之后检查查询指标，就有机会成为团队的英雄。

1.6.3 一月一次

即使你的代码和查询没有变化，与它们相关的至少两个东西会改变：数据和访问模式。我希望你的应用程序极为成功，随着用户越来越多，存储越来越多的数据。随着数据和访问模式发生改变，查询响应时间也会改变。好消息是，这些改变相对缓慢，通常在几周或几个月的级别改变。即使对于高速增长的应用程序（例如，在几百万个现有用户的基础上，每天新增几千个用户），MySQL 也能很好地伸缩，使查询响应时间保持稳定——但是，没有什么是永恒的（即使恒星也会死亡）。好的查询总会在某个点变得糟糕。学习完第 3 章和第 4 章后，这一点会变得更加清晰。现在，只需知道：如果你每月检查一次查询指标，则会从英雄变为传奇。

1.7 MySQL：更快一点

在不修改查询或应用程序时，没有魔法或者秘诀能够让 MySQL 加快许多。下面用另外一个真实的故事来说明我的意思。

一组开发人员了解到，有位名人会提到他们的应用程序。他们预期这会产生大量流量，所以提前做了计划，确保 MySQL 和应用程序能够应对流量激增。其中一名工程师让我帮助提高 MySQL 的吞吐量（QPS）。我问她："提高多少？"她回答："100 倍。"我说道："没问题。你有一年的时间吗？愿意重构应用程序吗？"她说道："没有，我们只有一天时间。"

我理解这名工程师在想什么：如果我们对硬件进行重大升级——更多 CPU 核心，更多内存，更多 IOPS——MySQL 能处理多大的吞吐量？这没有一个简单的答案，因为它取决于本书后续章节将探讨的许多因素。但有一点是确定的：时间是硬性限制。

1 s 有 1000 ms，不会更多，也不会更少。如果一个查询用了 100 ms 执行，那么其最坏情况的吞吐量是每个 CPU 核心 10 QPS：1000 ms/100 ms/ 查询 =10 QPS。（它的实际吞吐量可能更高一些，稍后将详细解释。）如果什么也不改变，则没有时间来用更大的吞吐量执行查询。

为了让 MySQL 在相同的时间内执行更多工作，你有 3 个选项：

- 改变时间的本质
- 减少响应时间
- 增加负载

第一个选项不在本书讨论范围内，所以我们来关注第二个和第三个选项。

减少响应时间释放出了更多的时间，让 MySQL 能够用这些时间来做更多的工作。这是很简单的计算：如果 MySQL 在每秒的 999 ms 都繁忙，则它只有 1 ms 的空闲时间可以做更多的工作。如果这个空闲时间不够多，就必须减少当前工作消耗的时间。实现这一点的最佳方式是直接查询优化。如果还不够，就进行间接查询优化。最后的选项是更好、更快的硬件。后面的章节将讲解怎么做。

增加负载——并行执行的查询数量——一般首先发生，因为这不需要修改查询或应用程序：只需要一次（并发）执行更多查询，MySQL 将通过使用更多 CPU 核心作为回应。之所以如此，是因为一个 CPU 核心执行一个线程，一个线程执行一个查询。在最坏情况下，MySQL 使用 N 个 CPU 核心来并发执行 N 个查询。但是，最坏情况基本上不会存在，因为响应时间不是 CPU 时间。非 0 的响应时间是 CPU 时间，其余时间发生在 CPU 之外（*https://oreil.ly/drw2d*）。例如，响应时间可能是 10 ms 的 CPU 时间，加上 90 ms 的磁盘 I/O 等待。因此，对于一个需要 100 ms 执行时间的查询，最坏情况下的吞吐量是每个 CPU 核心 10 QPS，但是，它的实际吞吐量应该会更高一些，因为最坏情况实际上是不存在的。听起来很棒，是吗？给 MySQL 更大的压力，然后就得到了更好的性能。但是，你知道故事会怎样结尾：给 MySQL 的压力太大，它会停止工作，因为每个系统的能力都是有限的。MySQL 能够轻易地让大部分现代硬件达到极限，但是，在阅读完 4.2 节之前，不要尝试那么做。

关键在于：MySQL 无法简单地变得更快。为了让 MySQL 更快一点，必须踏上直接查询优化和间接查询优化的旅程。

1.8 小结

本章详细解释了查询时间，以便你能够在后续章节中学习如何改进查询时间。本章要点如下：

- 性能是查询响应时间：MySQL 执行一个查询需要多长时间。

- 查询响应时间是 MySQL 性能的北极星，因为它有意义且可行动。

- 查询指标来自慢查询日志或 Performance Schema。

- Performance Schema 是查询指标的最佳来源。

- 查询指标按摘要分组和聚合，摘要是规范化的 SQL 语句。

- 查询概要文件显示了慢查询，慢是相对于排序指标而言的。

- 查询报告显示对一个查询可用的全部信息，它用于查询分析。

- 查询分析的目标是理解查询执行，不是解决慢响应时间。

- 查询分析利用了查询指标（报告的指标）、元数据（EXPLAIN 计划、表结构等）和关于应用程序的知识。

- 有 9 个查询指标对于每个查询分析不可或缺：查询时间、锁时间、检查的行数、发送的行数、影响的行数、select 扫描、select 全连接、创建的磁盘临时表数和查询计数。

- 改进查询响应时间（查询优化）分为两部分：直接查询优化和间接查询优化。

  — 直接查询优化是对查询和索引进行修改。

  — 间接查询优化是对数据和访问模式进行修改。

- 至少在性能影响客户时、代码修改之前和之后以及每月一次，检查查询概要文件并优化慢查询。

- 为了使 MySQL 更快一点，必须减少响应时间（空闲时间可用于做更多的工作）或者增加负载（让 MySQL 工作得更加辛苦一些）。

下一章将讲解 MySQL 索引和编制索引，这是直接查询优化。

1.9 练习：识别慢查询

本练习的目的是使用 pt-query-digest（*https://oreil.ly/KU0hj*）识别慢查询。pt-query-digest 是一个命令行工具，可以根据慢查询日志生成查询概要文件和查询报告。

 使用一个开发或暂存 MySQL 实例——除非你确信不会导致问题，否则不要使用生产实例。慢查询日志本质上是安全的，但在一个繁忙的服务器上启用慢查询日志可能会增加磁盘 I/O。

如果你的公司有管理 MySQL 的 DBA，则让他们启用并配置慢查询日志。否则，可以阅读 MySQL 手册中的"The Slow Query Log"（*https://oreil.ly/Hz0Sz*）一文来学习配置。（要配置 MySQL，需要一个具有 SUPER 特权的 MySQL 用户账户。）如果你在云中使用 MySQL，则阅读云提供商的文档，学习如何启用和访问慢查询日志。

MySQL 的配置可能发生变化，但配置和启用慢查询日志的最简单的方式如下所示：

```
SET GLOBAL long_query_time=0;

SET GLOBAL slow_query_log=ON;

SELECT @@GLOBAL.slow_query_log_file;
+-------------------------------+
| @@GLOBAL.slow_query_log_file  |
+-------------------------------+
| /usr/local/var/mysql/slow.log |
+-------------------------------+
```

第一条语句（SET GLOBAL long_query_time=0;）中的 0 导致 MySQL 记录每个查询。要小心：在一个繁忙的服务器上，这可能增加磁盘 I/O，并使用千兆字节的磁盘空间。需要时可以使用大一点的值，如 0.0001（100 μm）或 0.001（1 ms）。

 Percona Server 和 MariaDB Server 支持慢查询日志采样：设置系统变量 log_slow_rate_limit 来记录每个第 N 个查询。例如，log_slow_rate_limit = 100 将记录每第 100 个查询，这相当于全部查询的 1%。随着时间的推移，当结合 long_query_time = 0 时，这会创建一个具有代表性的样本。当使用这个功能时，请确保查询指标工具考虑了采样，否则它将少报值。pt-query-digest 考虑了采样。

最后一条语句（SELECT @@GLOBAL.slow_query_log_file;）输出你需要的慢查询日志的文件名，作为 pt-query-digest 的第一个命令行实参。如果想记录到一个不同的文件，可以动态修改这个变量。

然后，使用慢查询日志文件名作为第一个命令行实参，运行 pt-query-digest。该工具将给出大量输出。但是，现在只需查看靠近输出顶部的 Profile：

```
# Profile
# Rank Query ID                           Response time    Calls
# ==== ================================== ================ =====
#    1 0x95FD3A847023D37C95AADD230F4EB56A 1000.0000 53.8%   452  SELECT tbl
#    2 0xBB15BFCE4C9727175081E1858C60FD0B  500.0000 26.9%    10  SELECT foo bar
#    3 0x66112E536C54CE7170E215C4BFED008C   50.0000  2.7%     5  INSERT tbl
# MISC 0xMISC                              310.0000 16.7%   220  <2 ITEMS>
```

上面的输出是一个基于文本的表格，列出了慢查询日志中最慢的查询。在这个例子中，SELECT tbl（这是对查询的一种抽象）是最慢的查询，占用了总执行时间的 53.8%。（默认情况下，pt-query-digest 按百分比执行时间排序查询。）在查询概要文件下面，为每个查询输出一个查询报告。

探索 pt-query-digest 的输出。它的手册文档解释了这个输出，而且因为这个工具使用广泛，网上有大量关于它的信息。另外，可以了解一下 Percona Monitoring and Management（*https://oreil.ly/rZSx2*）：这是一个全面的数据库监控解决方案，它使用 Grafana（*https://grafana.com*）报告查询指标。这两个工具都是免费、开源的，都得到了 Percona 的支持（*https://percona.com*）。

通过检查慢查询，你准确知道了优化哪些查询能获得最大的性能收益。更重要的是，你已经开始像专家一样面对 MySQL 性能：将关注点放到查询上，因为性能就是查询响应时间。

第2章

索引和编制索引

许多因素决定了 MySQL 的性能，但索引十分特殊，因为没有索引就无法实现好的性能。移除其他因素，如查询、模式、数据等，仍有可能实现好的性能，但是移除索引，性能就等同于使用蛮力：依赖于硬件的速度和能力。如果本书的书名是《蛮力实现 MySQL 高性能》，则内容将与书名一样长："购买更好、更快的硬件。"你可能觉得好笑，但就在几天前，我与一组开发人员会面，他们就一直在云中通过购买更快的硬件来改进性能，直到成本高到迫使他们提出这个问题："我们还能够通过其他什么方法来改进性能？"

MySQL 利用硬件、优化和索引，实现访问数据时的高性能。硬件显然会有帮助，因为 MySQL 运行在硬件上：硬件越快，性能越好。但是，硬件提供的帮助最小，这一点就不那么明显了，可能还会让你感到惊讶。稍后将解释原因。优化指的是让 MySQL 能够高效利用硬件的各种技术、算法和数据结构。优化让硬件的能力进入焦点。聚焦能力是灯泡和激光的区别所在。因此，优化提供了比硬件更大的帮助。如果数据库很小，那么硬件和优化就够用了。但是，数据大小增长时，会降低硬件和优化带来的帮助。如果没有索引，性能就会严重受限。

为了演示这几点，可以把 MySQL 想象为一个支点，它利用硬件、优化和索引来"提升"数据，如图 2-1 所示。

（右侧）没有索引时，MySQL 对相对少的数据实现了有限的性能。但是，添加了索引后，如图 2-2 所示，MySQL 对大量数据实现了高性能。

索引提供了最大的帮助。数据量大时，就需要使用索引。MySQL 性能需要有合适的索引和索引机制，本章将详细讨论相关知识。

几年前，我设计并实现了一个存储大量数据的应用程序。最开始，我估测最大的表不会超过 100 万行。但是，数据归档代码中有一个 bug，导致表超过了 1 亿行。在很多年间，没有人注意到这一点，因为响应时间总是很快。为什么呢？答案就是我使用了好索引。

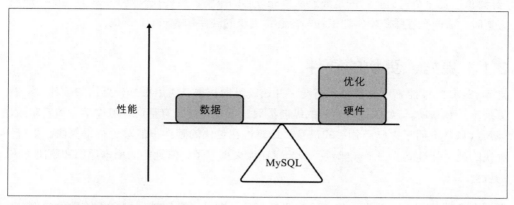

图 2-1：没有索引时的 MySQL 性能

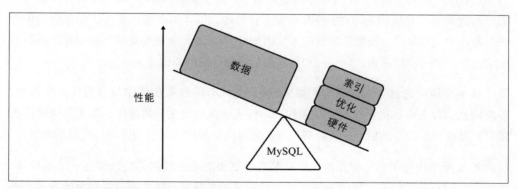

图 2-2：使用索引时的 MySQL 性能

 人们常说，MySQL 对于每个表只使用一个索引，但这并不完全准确。例如，索引合并优化可以使用两个索引。但是，本书中将关注正常情况：一个查询，一个表，一个索引。

本章讲解 MySQL 的索引和如何编制索引，主要分为 5 节。2.1 节解释为什么你不应该被硬件或 MySQL 调优分心。这是必要的偏题，因为了解了这些内容，你才能完全理解，为什么硬件和 MySQL 调优不是改进 MySQL 性能的高效解决方案。2.2 节将以图示的方式介绍 MySQL 索引：它们是什么，以及如何工作。2.3 节通过用 MySQL 的方式思考来讲解如何编制索引——通过编制索引来获得最大帮助。2.4 节将介绍索引失去有效性的常见原因。2.5 节将概述 MySQL 的表连接算法，因为有效的连接依赖于有效的索引。

2.1 性能的红鲱鱼

"红鲱鱼"是一个习语，指的是导致从目标分心的事物。当寻找改进 MySQL 性能的解决方案时，有两个红鲱鱼常常让工程师分心：更快的硬件和 MySQL 调优。

2.1.1 更好、更快的硬件

当 MySQL 的性能不可接受时，不要一开始就纵向扩展（使用更好、更快的硬件），"看看是不是有帮助。"如果进行显著的纵向扩展，则很可能会有帮助，但你学不到新东西，因为这只是证明了你已经知道的信息：计算机在更快的硬件上能够运行得更快。更好、更快的硬件是性能的一个红鲱鱼，因为它让你失去了了解慢性能的根本原因和解决方案的机会。

有两个合理的例外。首先，如果硬件明显不足，则可以纵向扩展到合理的硬件。例如，对 500 GB 的数据使用 1 GB 的内存就明显不足。升级到 32 GB 或 64 GB 的内存是合理的。与之相对，升级到 384 GB 的内存肯定有帮助，但并不合理。其次，如果应用程序正在高速增长（用户、使用量和数据大量增加），而纵向扩展硬件是保持应用程序运行的权宜方法，则可以这么做。保持应用程序运行总是合理的原因。

除了这两种情况之外，通过纵向扩展来改进 MySQL 的性能应该作为最后选择的方案。专家同意：首先应该优化查询、数据和访问模式，然后优化应用程序。如果这些优化不能得到足够的性能，然后再进行纵向扩展。将纵向扩展作为最后的选项，有以下原因。

纵向扩展无法让你学到任何东西，你只是在用更快的硬件猛击问题。你是一名工程师，不是穴居的早期原始人，所以应该通过学习和理解来解决问题，而不是用原始的方式进行击打。当然，学习和理解更加困难，需要更多时间，但这是更有效、更可持续的选项，这引出了下一个原因。

纵向扩展不是一种可持续的方法。纵向升级物理硬件不是一件小事。一些升级相对快、相对简单，但这取决于本书不讨论的许多因素。可以这么做，但如果你频繁改变硬件，会让自己或者硬件工程师发疯。疯狂的工程师是无法持续工作的。而且，公司常常会在多年的时间中使用相同的硬件，因为采购过程漫长而复杂。因此，简单的硬件可扩展性就成了云的一大吸引力。在云中，可以在几分钟的时间内纵向扩展（或降级）CPU 核心、内存和存储。但这种便捷性的代价是，费用比物理硬件高得多。云的成本可能以指数增长。例如，从一个实例增加一个实例时，Amazon RDS 的成本会加倍——硬件加倍，价格加倍。以指数增长的成本是不可持续的。

一般来说，MySQL 能够完全利用提供给它的硬件。（有一些限制，第 4 章将进行介绍。）

真正的问题是：应用程序能够完全利用 MySQL 吗？推定的答案是可以，但不保证这一点。更快的硬件能够帮助 MySQL，但无法改变应用程序使用 MySQL 的方式。例如，如果应用程序导致表扫描，则增加内存可能无法改进性能。只有当应用程序工作负载也能纵向扩展的时候，纵向扩展硬件才能有效地提升性能。并不是所有工作负载都能纵向扩展。

工作负载是查询、数据和访问模式的组合。

但是，我们假设你成功地纵向扩展了工作负载，能够在可用的最快硬件上完全利用 MySQL。当应用程序继续增长，其工作负载也继续增加时，会发生什么？这让我想起了一个禅宗箴言："到达山巅时，继续攀爬。"尽管我鼓励你思考这句箴言，但它确实给你的应用程序造成了一个不太明朗的难题。当无处可去的时候，唯一的选项就是做你本来应该首先做的工作：优化查询、数据、访问模式和应用程序。

2.1.2 MySQL 调优

在《星际迷航》系列剧集中，工程师能够修改飞船，增强引擎、武器、护盾、传感器、生命传输机和牵引光束等的能力。MySQL 比星际飞船更加难以操作，因为在 MySQL 中无法做这类修改。但是，这并不能阻止工程师尝试修改。

首先，我们来解释 3 个术语。

调优

> 调优是指为了研究和开发（Research and Development，R&D）而调整 MySQL 系统变量。这是具有特定目标和条件的实验室工作。基准测试很常用：调整系统变量来测量对性能的影响。著名 MySQL 专家 Vadim Tkachenko 的博客文章"MySQL Challenge: 100k Connections"（*https://oreil.ly/CGvrU*）是极端调优的一个例子。因为调优属于 R&D，所以不期望其结果普遍适用。相反，调优的目标是拓展关于 MySQL 的集体知识和理解，特别是其当前的局限。调优能够影响将来的 MySQL 开发和最佳实践。

配置

> 配置是指设置系统变量，使它们的值适合硬件和环境。目标是让需要修改的少量默认值具有合理的配置。配置 MySQL 通常是在置备 MySQL 实例或者改变硬件时进行的。当数据大小增加了一个数量级的时候，例如从 10 GB 变为 100 GB，也需要重新配置。配置会影响 MySQL 的运行方式。

优化

> 优化是指通过减少工作负载或者使 MySQL 更加高效来改进 MySQL 的性能——通常是后面这种方法，因为应用程序使用率一般会发生增长。目标是在现有硬件上实现更快的响应时间和更大的处理能力。优化会影响 MySQL 和应用程序的性能。

在 MySQL 文献、视频、会议等地方，你肯定会遇到这些术语。你看到的描述要比术语本身更加重要。例如，如果你读到一篇博客文章，其中使用了"优化"这个术语，但描述的是这里定义的"调优"所做的工作，则按照这里的定义，作者是在进行调优。

这些术语的区别很重要，因为工程师会做全部 3 项工作，但只有优化（采用这里的定义）才能够高效地利用你的时间[注1]。

MySQL 调优是性能的红鲱鱼，这有两个原因。首先，它常常不是作为一个受控的实验室实验完成的，所以其结果可被质疑。整体来看，MySQL 的性能很复杂，必须仔细控制实验。其次，结果不大可能对性能产生重大影响，因为 MySQL 已经是高度优化的了。调优 MySQL 就像是从蔓菁中挤出血一样。

回到本节的第一段，我知道我们都敬佩乔迪·拉弗吉少校军官——剧集《星际迷航：下一代》中的首席工程师。当舰长要求获得更大的动力时，我们必须要应用神秘的服务器参数来实现。在地球上，当应用程序需要更多能力时，我们想要通过巧妙地重新配置 MySQL，让吞吐量和并发率提升 50%。干得好，拉弗吉！但是，MySQL 8.0 引入了自动配置的能力，只需要启用 innodb_dedicated_server（*https://oreil.ly/niPGL*）。因为在本书出版后不久，MySQL 5.7 将结束服务（End-Of-Life，EOL），所以让我们期望并创造未来。不管怎样，干得好，拉弗吉！

你需要做的只有优化，因为一方面，调优是一个红鲱鱼，另一方面，在 MySQL 8.0 中能够自动完成配置。本书只讨论优化。

2.2 MySQL 索引：通过图示介绍

索引是性能的关键，1.5.1 节讲到过，修改查询和索引能够解决大量性能问题。查询优化的旅程需要对 MySQL 索引有扎实的理解，这正是本节的目的：用丰富的图示详细讲解 MySQL 索引。

虽然本节很详细，相对很长，我仍然将本节的内容称为介绍，因为要学习的知识还很多。不过，本节是一个钥匙，能够打开 MySQL 查询优化的宝箱。

注 1：除非你是 Vadim Tkachenko，如果是那样，请继续调优。

接下来的 9 小节只适用于 InnoDB 表上的标准索引——简单的 PRIMARY KEY 或 [UNIQUE] INDEX 表定义创建的索引。MySQL 支持其他专用的索引类型，但本书不讨论它们，因为标准索引是性能的基础。

在深入介绍 MySQL 索引的细节之前，我首先揭示关于 InnoDB 的一个要点，它不只会改变你看待索引的方式，也会改变你看待大部分 MySQL 性能的方式。

2.2.1 InnoDB 的表是索引

示例 2-1 显示了表 elem（代表元素，element）的结构和它包含的 10 行。本章的所有示例都引用表 elem——只有一个明确说明的例外——所以应该花些时间来熟悉这个表。

示例 2-1：表 elem

```
CREATE TABLE `elem` (
  `id` int unsigned NOT NULL,
  `a` char(2) NOT NULL,
  `b` char(2) NOT NULL,
  `c` char(2) NOT NULL,
  PRIMARY KEY (`id`),
  KEY `idx_a_b` (`a`,`b`)
) ENGINE=InnoDB;
```

```
+----+------+------+------+
| id | a    | b    | c    |
+----+------+------+------+
|  1 | Ag   | B    | C    |
|  2 | Au   | Be   | Co   |
|  3 | Al   | Br   | Cr   |
|  4 | Ar   | Br   | Cd   |
|  5 | Ar   | Br   | C    |
|  6 | Ag   | B    | Co   |
|  7 | At   | Bi   | Ce   |
|  8 | Al   | B    | C    |
|  9 | Al   | B    | Cd   |
| 10 | Ar   | B    | Cd   |
+----+------+------+------+
```

表 elem 有两个索引：列 id 上的主键和列 a,b 上的非唯一二级索引。列 id 的值是单调递增的整数。列 a、b 和 c 的值是与列名字符对应的原子符号：列 a 中的"Ag"（银），列 b 中的"B"（硼）等。行值是随机的、无意义的。这只是一个用作例子的简单的表。

图 2-3 展示了表 elem 的一个典型视图，这里为简单起见，只显示前 4 行。

表 elem 没有什么特殊的地方，对吧？它太简单了，你可以说它很基础。但是，如果我告诉你，它并不真的是一个表，而是一个索引，你会怎么想？图 2-4 显示了表 elem 作为一个 InnoDB 表的真正结构。

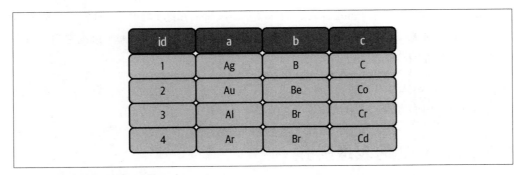

图 2-3：表 elem——模型图示

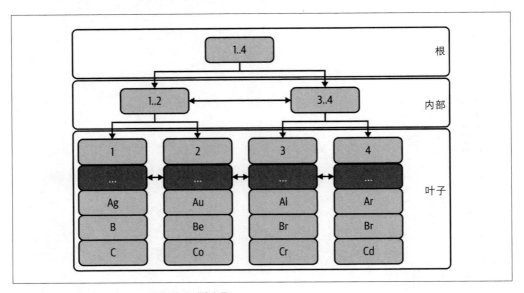

图 2-4：表 elem——InnoDB 的 B 树索引

InnoDB 的表是按主键组织的 B 树索引。行是存储在索引结构的叶子节点中的索引记录。每个索引记录都有元数据（由"…"表示），用于行锁定、事务隔离等。

图 2-4 是一个高度简化的 B 树索引，它描述了表 elem。底部的 4 个索引记录对应于前 4 行。主键列的值（1、2、3 和 4）显示在每个索引记录的上方。其他列的值（"Ag""B""C"等）显示在每个索引记录的元数据的下方。

你无须知道 InnoDB 的 B 树索引的技术细节，就能够理解或实现卓越的 MySQL 性能。要点只有两个：

- 主键查找极快、极高效

- 主键对于 MySQL 性能至关重要

第一点成立，是因为 B 树索引本质上是快速而高效的，因此许多数据库服务器才使用 B 树索引。在后面的章节中，第二点会变得越来越清晰。

要了解数据库内部原理（包括索引在内）的精彩世界，可以阅读 Alex Petrov（O'Reilly, 2019）撰写的 *Database Internals*[编辑注 1]（*https://oreil.ly/TDsCc*）。要深入理解 InnoDB 的内部原理，包括它的 B 树实现，就取消所有的会议，认真看看著名 MySQL 专家 Jeremy Cole 的网站（*https://oreil.ly/9sH9m*）。

 InnoDB 的主键是一个聚簇索引（clustered index）。MySQL 手册有时会用"聚簇索引"这个词来代表主键。

索引提供了最大的帮助，因为表就是一个索引。主键对于性能至关重要。二级索引包含主键的值，这进一步印证了主键的重要性。图 2-5 显示了列 a,b 上的二级索引。

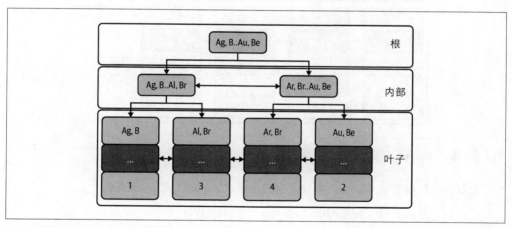

图 2-5：列 a,b 上的二级索引

二级索引也是 B 树索引，但叶子节点存储了主键的值。当 MySQL 使用二级索引来寻找行时，会在主键上执行另一个查找来读取完整的行。我们把这两者结合起来，看看查询 `SELECT * FROM elem WHERE a='Au' AND b='Be'` 上的一个二级索引查找。

图 2-6 在上部显示了二级索引（列 a,b），在下部显示了主键（列 id）。6 个标注（带数字的圆圈）显示，查找值"Au, Be"使用了二级索引：

编辑注 1：本书中文翻译版已由机械工业出版社出版，书号 ISBN 978-7-111-65516-9。

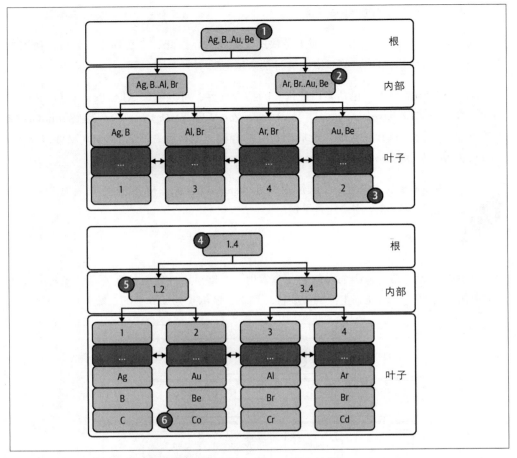

图 2-6：值"Au, Be"的二级索引查找

1.　索引查找从根节点开始；向右分支到包含值"Au, Be"的内部节点。

2.　从内部节点向右分支到包含值"Au, Be"的叶子节点。

3.　二级索引值"Au, Be"的叶子节点包含对应的主键值：2。

4.　从根节点开始主键查找；向左分支到包含值 2 的内部节点。

5.　从内部节点向右分支到包含值 2 的叶子节点。

6.　主键值 2 的叶子节点包含匹配"Au, Be"的完整行。

　　　　一个表只有一个主键。其他所有索引都是二级索引。

本节很短，但极为重要，因为正确的模型为理解索引和更多内容打下了基础。例如，如果回想 1.4.1 节的"锁时间"部分，可能会以不同的角度看待锁时间，因为行实际上是主键中的叶子节点。知道 InnoDB 表是其主键，就像知道太阳系的正确模型是日心说而不是地心说。在 MySQL 的世界中，所有东西都围绕着主键运行。

2.2.2 表访问方法

使用索引来查找行，是 3 种表访问方法之一。因为表就是索引，所以索引查找是最好、最常用的访问方法。但是，有时取决于具体查询，可能无法使用索引查找，此时只能使用索引扫描或表扫描——另外两种访问方法。必须知道 MySQL 为一个查询使用什么访问方法，因为使用索引查找才能实现好的性能。一定要避免索引扫描和表扫描。2.2.4 节将介绍如何查看访问方法。但是，首先来解释每种访问方法。

MySQL 手册使用术语访问方法、访问类型和连接类型。EXPLAIN 使用一个叫作 type 或 access_type 的字段来表示这些术语。在 MySQL 中，这些术语密切相关，但以模糊的方式使用。

在本书中，为了精准和一致性，我只使用两个术语：访问方法和访问类型。有 3 种访问方法：索引查找、索引扫描和表扫描。对于索引查找，有几种访问类型：ref、eq_ref、range 等。

索引查找

索引查找通过利用索引的有序结构和算法访问来寻找特定的行或行范围。这是最快的访问方法，因为这正是索引的设计目的：快速、高效地访问大量数据。因此，对于直接查询优化，索引查找十分关键。好的性能要求几乎每个查询为每个表都使用索引查找。在后面的小节（例如 2.2.5 节）中，我会介绍索引查找的几种访问类型。

前一节的图 2-6 显示了一个使用二级索引的索引查找。

索引扫描

当无法使用索引查找时，MySQL 必须使用蛮力来找到行：读取所有的行，过滤掉不匹配的行。在 MySQL 使用主键来读取每一行之前，会尝试使用二级索引来读取行。这称为索引扫描。

索引扫描有两种。第一种是全索引扫描，意思是 MySQL 按照索引顺序读取所有的行。读取所有行时的性能通常很差，但是，当按索引顺序读取它们时，如果索引顺序与查询的 ORDER BY 匹配，可以避免对行进行排序。

图 2-7 显示了查询 SELECT * FROM elem FORCE INDEX (a) ORDER BY a, b 的一次全索引扫描。这里必须使用 FORCE INDEX 子句，因为表 elem 很小，所以对于 MySQL 来说，相比扫描二级索引并按顺序获取行，扫描主键并对行进行排序更加高效。（有时不好的查询是好的例子。）

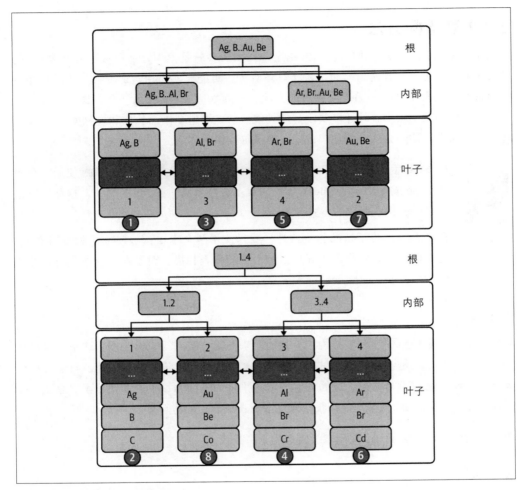

图 2-7：二级索引上的全索引扫描

图 2-7 的 8 个标注（带数字的圆圈）显示了行访问的顺序：

1. 读取二级索引（SI）的第一个值："Ag, B"。

2. 在主键（PK）中查找对应的行。

3. 读取二级索引的第二个值："Al, Br"。

4. 在主键中查找对应的行。

5. 读取二级索引的第三个值："Ar, Br"。

6. 在主键中查找对应的行。

7. 读取二级索引的第四个值："Au, Be"。

8. 在主键中查找对应的行。

图 2-7 中有一个隐秘但重要的细节：按顺序扫描二级索引可能是顺序读取，但主键查找几乎一定是随机读取。按索引顺序访问行不保证顺序读取，更可能发生的情况是，这会导致随机读取。

 顺序访问（读和写）比随机访问更快。

第二种类型的索引扫描是仅索引扫描：MySQL 从索引中读取列值（不是完整的行）。这需要有覆盖索引，后面的 2.2.8 节将进行介绍。它应该比全索引扫描更快，因为它不需要进行主键查找来读取完整的行；它只是从二级索引中读取列值，所以才需要一个覆盖索引。

除非剩下的唯一选项是全表扫描，否则不要通过优化来实现索引扫描。在其他情况下，应该避免索引扫描。

表扫描

（全）表扫描按主键顺序读取所有的行。当 MySQL 无法进行索引查找或者索引扫描时，表扫描是唯一的选项。这通常会导致糟糕的性能，但通常也很容易修复，因为 MySQL 很擅长使用索引，并且有许多基于索引的优化。基本上，每个包含 WHERE、GROUP BY 或 ORDER BY 子句的查询都可以使用索引——即使只是索引扫描——因为这些子句使用列，而列是可被索引的。因此，几乎没有理由无法修复表扫描。

图 2-8 显示了一个全表扫描：按主键顺序读取所有的行。它有 4 个标注，显示了行访问的顺序。表 elem 很小，并且这里只显示了 4 行，但可以想象一下 MySQL 在一个真实的表中逐行读取几千或者几百万行的情况。

一般的建议和最佳实践是避免表扫描。但是，为了进行全面而平衡的讨论，需要说明的是，在两种情况下，表扫描可能是可接受的，或者（令人惊讶地）是更好的选项：

• 当表极小，并且很少被访问时

- 当表的选择性很低时（参见 2.4.3 节）

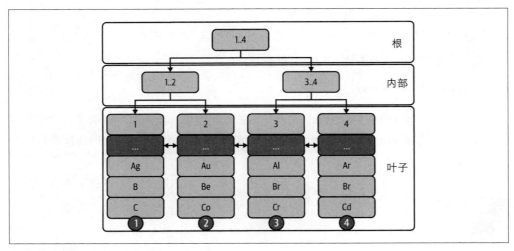

图 2-8：全表扫描

但是，不要忽视任何表扫描：它们通常会导致不好的性能。在极少见的情况下，MySQL 可能在可以使用索引查找时错误地选择表扫描，本书后面的 2.4.4 节将进行解释。

2.2.3 最左前缀要求

要使用一个索引，查询必须使用该索引的最左前缀：以索引定义的最左侧索引列开头的一个或多个索引列。之所以需要最左侧前缀，是因为底层索引结构是按索引列的顺序排序的，并且可以按这个顺序被遍历（搜索）。

 使用 SHOW CREATE TABLE（*https://oreil.ly/cwQZy*）或 SHOW INDEX（*https://oreil.ly/5wBhH*）来查看索引的定义。

图 2-9 显示了列 a，b，c 上的一个索引，以及使用每个最左前缀的一个 WHERE 子句，这些最左前缀分别是：列 a；列 a，b；列 a，b，c。

图 2-9 中的顶部 WHERE 子句使用列 a，这是索引的最左列。中间的 WHERE 子句使用列 a 和 b，它们合在一起构成了索引的一个最左前缀。底部的 WHERE 子句使用了完整的索引：全部 3 个列。使用一个索引的全部列是理想的情况，但并不是必须全部使用，只有最左前缀是必要的。其他 SQL 子句中也可以使用索引列，后续小节中的许多示例都将演示这一点。

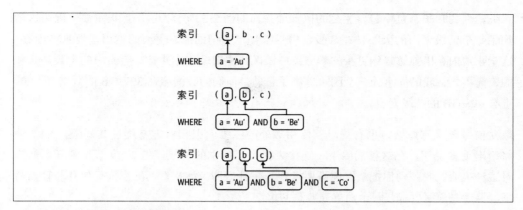

图 2-9：一个 3 列索引的最左前缀

要使用一个索引，查询必须使用该索引的最左前缀。

最左前缀要求有两个逻辑结果：

1. 索引 (a，b) 和 (b，a) 是不同的索引。它们索引相同的列，但是顺序不同，这导致最左前缀也不同。但是，同时使用两个列的查询（如 WHERE a = 'Au' AND b = 'Be'）可以使用其中任何一个索引，但这并不意味着两个索引的性能是相同的。MySQL 将通过计算许多因素，选择其中更好的索引。

2. MySQL 很可能会使用索引 (a，b，c)，而不是索引 (a) 和 (a，b)，因为后两个索引是第一个索引的最左前缀。在这种情况下，索引 (a) 和 (a，b) 是重复的，可以删除它们。使用 pt-duplicate-key-checker（*https://oreil.ly/EqtfV*）可以找出并报告重复的索引。

每个二级索引的末端（最右侧）都是主键。对于表 elem（示例 2-1），二级索引实际上是 (a，b，id)，但最右侧的 id 被隐藏起来。MySQL 不显示追加到二级索引的主键；你需要自己想象它的存在。

主键被追加到每个二级索引：(S，P)，其中 S 是二级索引列，P 是主键列。

按照 MySQL 的用语，我们说"主键被追加到二级索引"，但它并没有被真正追加。（通过创建索引 (a，b，id)，可以真正追加主键，但不要这么做。）"追加"的意思其实是，二级索引的叶子节点中包含主键的值，如前面的图 2-5 所示。这一点很重要，因为这增加了每个二级索引的大小：在二级索引中重复了主键的值。更大的索引需要更多内存，这意味着内存中能够容纳更少的索引。应该保持主键较小，并且二级索引的个数是合理的。前不久，我的同事为一个团队提供了帮助，他们的数据库在 397 GB 的数据（主键）上有 693 GB 的二级索引。

最左前缀要求有好处，也有局限。使用额外的二级索引相对容易绕过其局限，2.4.2 节将给出更多说明。在这种局限下，连接表提出了特别的挑战，但 2.2.9 节将解释如何应对这种挑战。我鼓励你把最左前缀要求视为一种帮助。涉及索引的查询优化并非轻而易举，但最左前缀要求是一个简单且熟悉的起点。

2.2.4 EXPLAIN：查询执行计划

MySQL 的 EXPLAIN（*https://oreil.ly/M99Gp*）命令显示了查询执行计划（或 EXPLAIN 计划），这个计划描述了 MySQL 准备如何执行查询：表连接顺序、表访问方法、索引使用方法以及其他重要的细节。

EXPLAIN 的输出庞大而多样。而且，它完全依赖于查询。修改查询中的一个字符，就可能显著改变其 EXPLAIN 计划。例如，WHERE id = 1 和 WHERE id > 1 会得到显著不同的 EXPLAIN 计划。让事情变得更复杂的是，EXPLAIN 还在继续演化中。MySQL 手册中的"EXPLAIN Output Format"（*https://oreil.ly/IMCOJ*）一文是必读的，即使是专家也应该阅读。好在，基础的东西这几十年来都没有改变。

为了演示索引的用法，接下来的 5 小节将针对 MySQL 能够使用索引的每种场景，给出示例查询并进行解释：

- 找到匹配的行：2.2.5 节

- 分组行：2.2.6 节

- 排序行：2.2.7 节

- 避免读取行：2.2.8 节

- 连接表：2.2.9 节

还有其他一些具体的情况，如 MIN() 和 MAX()，但这 5 种场景是索引的主要使用场景。

但是，首先需要解释 EXPLAIN 输出字段的含义，为后面的内容做好准备。这些输出字段如示例 2-2 所示。

示例 2-2：EXPLAIN 输出（传统格式）

```
EXPLAIN SELECT * FROM elem WHERE id = 1\G

*************************** 1. row ***************************
           id: 1
  select_type: SIMPLE
        table: elem
   partitions: NULL
         type: const
possible_keys: PRIMARY
          key: PRIMARY
      key_len: 4
          ref: const
         rows: 1
     filtered: 100.00
        Extra: NULL
```

对于这里的介绍，我们将忽略 id、select_type、partitions、key_len 和 filtered 字段；但示例中包含了它们，使你能够熟悉输出。剩下的 7 个字段传递了丰富的信息，它们构成了查询执行计划：

table

　　table 字段是表名称（或别名）或者子查询引用。按 MySQL 决定的连接顺序来显示表，而不是按它们在查询中的出现顺序显示。顶部的表是第一个表，底部的表是最后一个表。

type

　　type 字段是表访问方法或索引查找访问类型——详细解释请参见 2.2.2 节的第一个说明。ALL 代表全表扫描（参见 2.2.2 节的"表扫描"部分）。index 代表索引扫描（参见 2.2.2 节的"索引扫描"部分）。其他值——const、ref、range 等——是索引查找的一种访问类型（参见 2.2.2 节的"索引查找"部分）。

possible_keys

　　possible_keys 字段列出了 MySQL 可能使用的索引，因为查询使用的是最左前缀。如果这个字段中没有列出一个索引，则说明该索引没有满足最左前缀要求。

key

　　key 字段是 MySQL 将会使用的索引的名称，如果没有可以使用的索引，则为 NULL。MySQL 根据许多因素选择最佳索引，其中一些因素在 Extra 字段中显示了出来。基本上可以说，MySQL 在执行查询时（EXPLAIN 不执行查询）会使用这个索引，但要注意 2.4.4 节介绍的例外情况。

ref

　　ref 字段列出了用于在索引（key 字段）中查找行的值的来源。

对于单表查询或者连接中的第一个表，ref 常常是 const，表示一个或多个索引列上的常量条件。常量条件是与一个字面量值的相等性（＝ 或 <=>[NULL 安全的相等]）判断。例如，a = 'Au' 是只与一个值相等的常量条件。

对于连接多个表的查询，ref 是连接顺序中前一个表的列引用。MySQL 在连接当前表（table 字段）时，使用索引来查找与前一个表中的列 ref 的值匹配的行。2.2.9 节将显示其应用。

rows

rows 字段是一个估测值，显示了 MySQL 需要检查多少行来找到匹配的行。MySQL 使用索引统计数据来估测行数，所以真实的数字——"检查的行数"——会接近这个估测数字，但不会完全相同。

Extra

Extra 字段提供了关于查询执行计划的额外信息。这个字段很重要，因为当存在 MySQL 可以应用的查询优化时，它会显示这些优化。

> 本书中的所有 EXPLAIN 输出都采用传统格式：表格式输出（EXPLAIN query;）或列表输出（EXPLAIN query\G）。其他格式包括 *JSON*（EXPLAIN FORMAT= JSON query）以及 MySQL 8.0.16 中的树形格式（EXPLAIN FORMAT=TREE query）。JSON 和树形格式与传统格式有很大的区别，但是每种格式都表达了查询执行计划。

不要指望在没有上下文（表、索引、数据和查询）的情况下从这些字段中获得很多信息。在接下来的几小节中，所有的说明都会引用表 elem（示例 2-1）以及它的两个索引和 10 行。

2.2.5 WHERE

MySQL 可以使用索引来找到与 WHERE 子句中的表条件匹配的行。我很小心地说，MySQL "可以" 使用索引，而没有说 MySQL "一定会" 使用索引，因为索引的使用取决于几个因素，主要包括：表条件、索引和最左前缀要求（参见 2.2.3 节）。（还有其他的因素，如索引统计数据和优化器开销，但它们不在本书讨论范围内。）

表条件是一个列及其用于匹配、分组、聚合或排序行的值（如果指定的话）。（为简洁起见，在不会造成误解的情况下，我会使用"条件"这个术语。）在 WHERE 子句中，表条件也被称为谓词。

图 2-10 显示了列 id 上的主键，以及包含一个条件（id = 1）的 WHERE 子句。

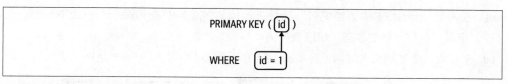

图 2-10：WHERE——主键查找

实线框描述了一个表条件和一个索引列（也称为索引部分），MySQL 可以使用它们，因为前者（表条件）是后者（索引）的最左前缀。有一个箭头从表条件指向它使用的索引列。后面将看到 MySQL 不能使用的表条件和索引列的例子。

在图 2-10 中，MySQL 可以使用主键列 id，找到匹配条件 id = 1 的行。示例 2-3 显示了完整查询的 EXPLAIN 计划。

示例 2-3：主键查找的 EXPLAIN 计划

```
EXPLAIN SELECT * FROM elem WHERE id = 1\G

*************************** 1. row ***************************
          id: 1
 select_type: SIMPLE
       table: elem
  partitions: NULL
        type: const
possible_keys: PRIMARY
         key: PRIMARY
     key_len: 4
         ref: const
        rows: 1
    filtered: 100.00
       Extra: NULL
```

在示例 2-3 中，key: PRIMARY 确认了 MySQL 将使用主键——这是一次索引查找。相应地，访问类型（type 字段）不是 ALL（表扫描）或 index（索引扫描），对于一个简单的主键查找，这是符合期望的。二级索引没有显示在 possible_keys 字段中，因为 MySQL 对于这个查询不能使用二级索引：列 id 不是列 a，b 上的二级索引的最左前缀。

访问类型 const 是一种特殊情况，只有当主键或者唯一二级索引的所有索引列上有常量条件（ref: const）时才会发生。其结果是一个常量行。这对于简单介绍有点过于深入，但既然已经讲到这里，就让我们继续学习下去。给定表数据（示例 2-1），以及列 id 是主键这个事实，可以把 id = 1 识别的行视为常量，因为当执行这个查询时，id = 1 只能匹配一行（或者匹配不到任何行）。MySQL 读取该行，将其值视为常量，这对于响应时间是个好消息：const 访问极快。

Extra: NULL 有点少见，因为真实的查询会比这些示例更加复杂。但在这里，Extra:

NULL 意味着 MySQL 不需要匹配行。为什么？因为常量行只能匹配一行（或不匹配任何行）。但是，匹配多行是常态，所以我们通过将表条件改为 id > 3 AND id < 6 AND c = 'Cd' 来查看一个更加现实的例子，如图 2-11 和示例 2-4 中对应的 EXPLAIN 计划所示。

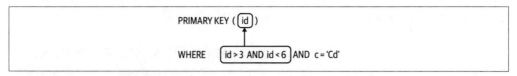

图 2-11：WHERE——使用主键的范围访问

示例 2-4：使用主键的范围访问的 EXPLAIN 计划

```
EXPLAIN SELECT * FROM elem WHERE id > 3 AND id < 6 AND c = 'Cd'\G

*************************** 1. row ***************************
           id: 1
  select_type: SIMPLE
        table: elem
   partitions: NULL
>        type: range
possible_keys: PRIMARY
          key: PRIMARY
      key_len: 4
>         ref: NULL
>        rows: 2
     filtered: 10.00
>       Extra: Using where
```

为了突出显示 EXPLAIN 计划的变化，我在发生变化的相关字段前添加了 > 字符。这些字符不是 EXPLAIN 计划的一部分。

通过将表条件改为 id > 3 AND id < 6 AND c = 'Cd'，EXPLAIN 计划从示例 2-3 改为了示例 2-4，对于单表查询，这更加符合现实情况。查询仍然使用主键（key: PRIMARY），但访问类型改为了范围扫描（type: range）：使用索引来读取一个值范围之间的行。在本例中，MySQL 使用主键来读取列 id 的值在 3 和 6 之间的行。ref 字段是 NULL，因为列 id 上的条件不是常量（而且，这是一个单表查询，所以没有可供引用的前一个表）。条件 c = 'Cd' 是常量，但索引查找（范围扫描）没有使用它，所以 ref 不适用。MySQL 估测，它将检查范围内的两行（rows: 2）。对于这个小例子，估测值很准确，但是要记住：rows 是一个估测值。

Extra 字段中的“Using where”十分常见，所以一般会期望它的存在。它意味着 MySQL 将使用 WHERE 条件来匹配行：对于读取的每行，如果所有 WHERE 条件为 true，则该行匹配。因为列 id 上的条件定义了范围，所以 MySQL 实际上只会使用列 c 上的条件来匹配范围内的行。回看示例 2-1，有一行匹配了所有 WHERE 条件：

```
+----+------+------+------+
| id | a    | b    | c    |
+----+------+------+------+
|  4 | Ar   | Br   | Cd   |
+----+------+------+------+
```

id = 5 的行在范围内，所以 MySQL 会检查该行，但其列 c 的值（"Cd"）不匹配 WHERE 子句，所以 MySQL 不返回该行。

为了演示其他查询执行计划，我们来使用二级索引的两个最左前缀，如图 2-12 和示例 2-5 中对应的 EXPLAIN 计划所示。

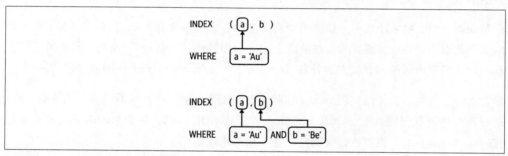

图 2-12：WHERE——二级索引查找

示例 2-5：二级索引查找的 EXPLAIN 计划

```
EXPLAIN SELECT * FROM elem WHERE a = 'Au'\G

*************************** 1. row ***************************
            id: 1
   select_type: SIMPLE
         table: elem
    partitions: NULL
>         type: ref
 possible_keys: idx_a_b
>          key: idx_a_b
       key_len: 3
           ref: const
          rows: 1
      filtered: 100.00
         Extra: NULL


EXPLAIN SELECT * FROM elem WHERE a = 'Au' AND b = 'Be'\G

*************************** 1. row ***************************
            id: 1
```

```
  select_type: SIMPLE
        table: elem
   partitions: NULL
>         type: ref
possible_keys: idx_a_b
>          key: idx_a_b
      key_len: 6
          ref: const,const
         rows: 1
     filtered: 100.00
        Extra: NULL
```

对于示例 2-5 中的每个 EXPLAIN 计划，key: idx_a_b 确认了 MySQL 使用二级索引，因为条件满足最左前缀要求。第一个 WHERE 子句只使用第一个索引部分：列 a。第二个 WHERE 子句使用了两个索引部分：列 a 和 b。只使用列 b 不会满足最左前缀要求，稍后将演示这一点。

在前面的 EXPLAIN 计划中，访问类型有了新的、重要的变化：ref。简单来说，ref 访问类型是索引（key 字段）的最左前缀上的一个相等性（= 或 <=>）查找。与任何索引查找一样，只要所估测的要检查的行数（rows 字段）是合理的，ref 访问就非常快。

尽管条件是常量，但无法实现 const 访问类型，因为索引（key: idx_a_b）不是唯一的，这导致查找过程可能匹配一个以上的行。尽管 MySQL 估测，每个 WHERE 子句只需要检查一行（rows: 1），但当执行查询时，这一点可能改变。

Extra: NULL 又一次出现了，这是因为 MySQL 能够只使用索引来找到匹配的行，而未索引的列上没有条件——让我们来添加一个条件。图 2-13 显示了在列 a 和 c 上有条件的一个 WHERE 子句，示例 2-6 是对应的 EXPLAIN 计划。

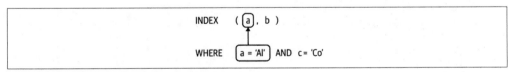

图 2-13：WHERE——索引查找和未索引的列

示例 2-6：索引查找和未索引的列的 EXPLAIN 计划

```
EXPLAIN SELECT * FROM elem WHERE a = 'Al' AND c = 'Co'\G

*************************** 1. row ***************************
           id: 1
  select_type: SIMPLE
        table: elem
   partitions: NULL
         type: ref
possible_keys: idx_a_b
```

```
           key: idx_a_b
       key_len: 3
           ref: const
>         rows: 3
      filtered: 10.00
>        Extra: Using where
```

在图 2-13 中，条件 c = 'Co' 没有被方框包围，这是因为索引没有覆盖列 c。MySQL 仍
然使用二级索引（key: idx_a_b），但是列 c 上的条件阻止 MySQL 只使用索引匹配行。
相反，MySQL 会针对列 a 上的条件，使用索引来查找和读取行，然后针对列 c 上的条
件来匹配行（Extra: Using where）。

再次回看示例 2-1，可以发现没有行能匹配这个 WHERE 子句，但 EXPLAIN 报告 rows: 3。
为什么？因为列 a 上的索引查找匹配 a = 'Al' 的 3 行：行 id 分别为 3、8 和 9。但是，
这些行都不匹配 c = 'Co'。查询检查了 3 行，但是匹配了 0 行。

 EXPLAIN 输出中的 rows 是对 MySQL 在执行查询时将检查的行数的估测，而
不是匹配所有表条件的行数。

作为索引、WHERE 和 EXPLAIN 的最后一个例子，我们不要满足最左前缀要求，如图 2-14
和示例 2-7 所示。

```
                    INDEX   ( a , b )

                    WHERE   b = 'Be'
```

图 2-14：没有最左前缀的 WHERE

示例 2-7：没有最左前缀的 WHERE 的 EXPLAIN 计划

```
EXPLAIN SELECT * FROM elem WHERE b = 'Be'\G

*************************** 1. row ***************************
            id: 1
   select_type: SIMPLE
         table: elem
    partitions: NULL
>         type: ALL
 possible_keys: NULL
>          key: NULL
       key_len: NULL
           ref: NULL
          rows: 10
      filtered: 10.00
         Extra: Using where
```

虚线框（以及没有箭头）描述了 MySQL 不能使用的表条件和索引列；之所以不能使用，是因为它们不满足最左前缀要求。

在图 2-14 中，列 a 上没有条件，所以不能为列 b 上的条件使用索引。EXPLAIN 计划（示例 2-7）确认了这一点：possible_keys: NULL 和 key: NULL。不能使用索引时，MySQL 被迫进行全表扫描：type: ALL。类似的，rows: 10 反映了总行数，Extra: Using where 反映出 MySQL 先读取，然后过滤不匹配 b = 'Be' 的行。

示例 2-7 是可能发生的最差 EXPLAIN 计划的一个例子。每当你看到 type: ALL、possible_keys: NULL 或 key: NULL 的时候，就停下手头的工作，分析这个查询。

虽然这些示例很简单，但它们说明了 EXPLAIN 与索引和 WHERE 子句相关的基础知识。真实的查询会有更多的索引和 WHERE 条件，但基础知识不会改变。

2.2.6 GROUP BY

MySQL 可以使用索引来优化 GROUP BY，因为值隐式地按照索引顺序分组。对于二级索引 idx_a_b（在列 a，b 上），列 a 的值分为 5 个不同的组，如示例 2-8 所示。

示例 2-8：列 a 的值的不同分组

```
SELECT a, b FROM elem ORDER BY a, b;

+------+------+
| a    | b    |
+------+------+
| Ag   | B    | -- Ag group
| Ag   | B    |

| Al   | B    | -- Al group
| Al   | B    |
| Al   | Br   |

| Ar   | B    | -- Ar group
| Ar   | Br   |
| Ar   | Br   |

| At   | Bi   | -- At group

| Au   | Be   | -- Au group
+------+------+
```

我用空行隔开了示例 2-8 中的各个组，并标注了每个组中的第一行。使用 GROUP BY a 的查询可以使用索引 idx_a_b，因为列 a 是最左前缀，并且索引隐式地按列 a 的值分组。示例 2-9 是最简单的 GROUP BY 优化的一个有代表性的 EXPLAIN 计划。

示例 2-9：GROUP BY a 的 EXPLAIN 计划

```
EXPLAIN SELECT a, COUNT(*) FROM elem GROUP BY a\G

*************************** 1. row ***************************
           id: 1
  select_type: SIMPLE
        table: elem
   partitions: NULL
>        type: index
possible_keys: idx_a_b
          key: idx_a_b
      key_len: 6
          ref: NULL
         rows: 10
     filtered: 100.00
>       Extra: Using index
```

key: idx_a_b 确认，MySQL 使用索引来优化 GROUP BY。因为索引是有顺序的，所以 MySQL 知道列 a 的每个新值都是一个新的分组。例如，在读取最后一个"Ag"的值后，索引顺序保证了不会再读取更多的"Ag"值，所以"Ag"组就完成了。

Extra 字段中的"Using index"指出，MySQL 只使用索引来读取列 a 的值；它没有从主键读取完整的行。2.2.8 节会讨论这种优化。

这个查询使用了一个索引，但不是用于索引查找：type: index 表示发生了索引扫描（参见 2.2.2 节的"索引扫描"部分）。因为没有用于过滤行的 WHERE 子句，所以 MySQL 会读取所有的行。如果添加一个 WHERE 子句，MySQL 仍然能够为 GROUP BY 使用索引，但最左前缀要求仍会适用。在这种情况下，查询使用最左索引部分（列 a），所以 WHERE 条件必须在列 a 或 b 上，才能满足最左前缀要求。我们首先在列 a 上添加一个 WHERE 条件，如图 2-15 和示例 2-10 所示。

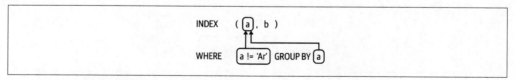

图 2-15：相同索引列上的 GROUP BY 和 WHERE

示例 2-10：相同索引列上的 GROUP BY 和 WHERE 的 EXPLAIN 计划

```
EXPLAIN SELECT a, COUNT(a) FROM elem WHERE a != 'Ar' GROUP BY a\G

*************************** 1. row ***************************
           id: 1
  select_type: SIMPLE
        table: elem
```

```
  partitions: NULL
>        type: range
possible_keys: idx_a_b
          key: idx_a_b
      key_len: 3
          ref: NULL
         rows: 7
     filtered: 100.00
>        Extra: Using where; Using index
```

Extra 字段中的"Using where"指的是 WHERE a != 'Ar'。值得注意的变化是 type: range。范围访问类型适用于不相等运算符（!= 或 <>）。可以把它想象成 WHERE a < 'Ar' And a > 'Ar'，如图 2-16 所示。

在 WHERE 子句中，列 b 上的条件仍然能够使用索引，因为尽管条件在不同的 SQL 子句中，但它们满足了最左前缀要求。图 2-17 显示了这一点，示例 2-11 显示了对应的 EXPLAIN 计划。

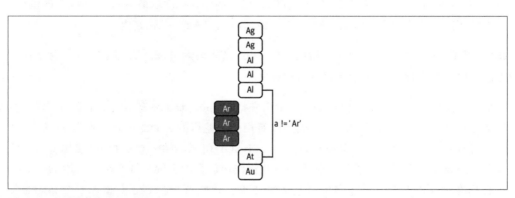

图 2-16：不相等的范围

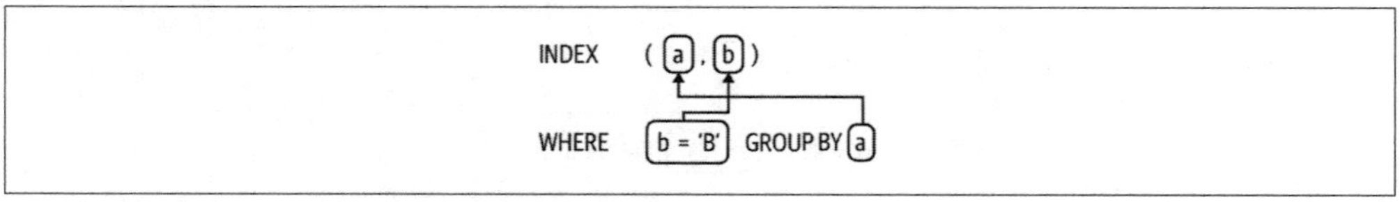

图 2-17：不同索引列上的 GROUP BY 和 WHERE

示例 2-11：不同索引列上的 GROUP BY 和 WHERE 的 EXPLAIN 计划

```
EXPLAIN SELECT a, b FROM elem WHERE b = 'B' GROUP BY a\G

*************************** 1. row ***************************
           id: 1
   select_type: SIMPLE
        table: elem
```

```
    partitions: NULL
          type: range
 possible_keys: idx_a_b
           key: idx_a_b
       key_len: 6
           ref: NULL
          rows: 6
      filtered: 100.00
>        Extra: Using where; Using index for group-by
```

示例 2-11 中的查询有两个重要的细节：WHERE 子句中列 b 上的相等性条件，以及在 SELECT 子句中选择列 a 和 b。

这些细节支持着 Extra 字段中揭示的、特殊的"为 group-by 使用索引"优化。例如，如果将相等（=）改为不等（!=），就会失去这种查询优化。对于这样的查询优化，细节十分关键。必须阅读 MySQL 手册来学习和应用细节。MySQL 手册中的"GROUP BY Optimization"（*https://oreil.ly/ZknLf*）一文有详细解释。

图 2-18 中的最后一个 GROUP BY 和示例 2-12 可能会让你感到惊讶。

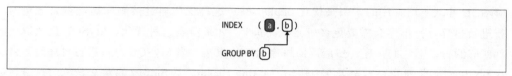

图 2-18：没有最左前缀的 GROUP BY

示例 2-12：没有最左前缀的 GROUP BY 的 EXPLAIN 计划

```
EXPLAIN SELECT b, COUNT(*) FROM elem GROUP BY b\G

*************************** 1. row ***************************
            id: 1
   select_type: SIMPLE
         table: elem
    partitions: NULL
>         type: index
 possible_keys: idx_a_b
           key: idx_a_b
       key_len: 6
           ref: NULL
          rows: 10
      filtered: 100.00
>        Extra: Using index; Using temporary
```

注意 key: idx_a_b：尽管查询在列 a 上没有条件，但是 MySQL 使用了索引。最左前缀要求呢？它得到了满足，因为 MySQL 在列 a 上扫描了索引（type: index）。可以想象成列 a 上有一个总是成立的条件，如 a = a。

对于 GROUP BY c，MySQL 还会对列 a 进行索引扫描吗？答案是不会；MySQL 会进行全表扫描。图 2-18 之所以能够工作，是因为索引包含列 b 的值；它不包含列 c 的值。

Extra 字段中的"Using temporary"是没有严格的一组最左前缀条件的副作用。当 MySQL 从索引中读取列 a 的值时，会在（内存中的）一个临时表中收集列 b 的值。读取完列 a 的全部值以后，会对该临时表进行表扫描，以便为 COUNT(*) 进行分组和聚合。

关于 GROUP BY 与索引和查询优化之间的关系，还有很多可以学习的内容，但这里的示例覆盖了基础知识。与 WHERE 子句不同，GROUP BY 子句一般更加简单。挑战在于创建一个索引来优化 GROUP BY 加上其他 SQL 子句。MySQL 在生成查询执行计划时面对着相同的挑战，所以即使有可能优化 GROUP BY，它也可能并不去优化它。MySQL 几乎总是选择最好的查询执行计划，但如果你想实验不同的查询执行计划，可以阅读 MySQL 手册中的"Index Hints"（*https://oreil.ly/mbBof*）一文。

2.2.7 ORDER BY

MySQL 可以使用有序的索引来优化 ORDER BY。这种优化通过按顺序访问行来避免对行进行排序（行排序会需要更多一点的时间）。如果没有这种优化，MySQL 会读取全部匹配的行，对它们排序，然后返回排序后的结果集。当 MySQL 对行进行排序时，会在 EXPLAIN 计划的 Extra 字段中输出"Using filesort"。filesort 的含义是"对行进行排序"。这是一个有历史根源（而现在有些误导）的术语，但在 MySQL 用语中仍然很常用。

filesort 会让工程师感到惊慌，因为它的慢已经众所周知。行排序是额外的工作，所以不会改进响应时间，但它通常不是慢响应时间的根本原因。在本节结束时，我将使用 EXPLAIN ANALYZE（MySQL 8.0.18 中新增）来测量 filesort 的实时开销（剧透：行排序很快）。但是，我们首先来看看如何使用索引来优化 ORDER BY。

有 3 种方式可以使用索引来优化 ORDER BY。第一种也是最简单的一种方式，是为 ORDER BY 子句使用索引的一个最左前缀。对于表 elem，这意味着：

- ORDER BY id

- ORDER BY a

- ORDER BY a, b

第二种方式是让索引的最左部分为常量，然后按其后的索引列排序。例如，让列 a 为常量，然后按列 b 排序，如图 2-19 所示，示例 2-13 是对应的 EXPLAIN 计划。

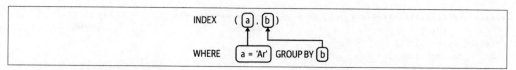

图 2-19：不同索引列上的 ORDER BY 和 WHERE

示例 2-13：不同索引列上的 ORDER BY 和 WHERE 的 EXPLAIN 计划

```
EXPLAIN SELECT a, b FROM elem WHERE a = 'Ar' ORDER BY b\G

*************************** 1. row ***************************
           id: 1
  select_type: SIMPLE
        table: elem
   partitions: NULL
         type: ref
possible_keys: idx_a_b
          key: idx_a_b
      key_len: 3
          ref: const
         rows: 3
     filtered: 100.00
        Extra: Using index
```

WHERE a = 'Ar' ORDER BY b 可以使用索引 (a，b)，因为第一个索引部分（列 a）上的 WHERE 条件是常量，所以 MySQL 会跳到索引中的 a = 'Ar'，然后从这里开始按顺序读取列 b 的值。示例 2-14 显示了结果集，虽然没有什么复杂的地方，但它显示了列 a 是一个常量（值"Ar"），列 b 被排序。

示例 2-14：WHERE a = 'Ar' ORDER BY b 的结果集

```
+------+------+
| a    | b    |
+------+------+
| Ar   | B    |
| Ar   | Br   |
| Ar   | Br   |
+------+------+
```

如果表 elem 在列 a，b，c 上有一个索引，那么 WHERE a = 'Au' AND b = 'Be' ORDER BY c 这样的查询可以使用该索引，因为列 a 和 b 上的条件是索引的最左部分。

第三种方式是第二种方式的一种特殊情况。在显示解释这种情况的图形之前，看看你是否知道为什么示例 2-15 中的查询没有导致 filesort(为什么 Extra 字段中没有报告"Using filesort")。

示例 2-15：ORDER BY id 的 EXPLAIN 计划

```
EXPLAIN SELECT * FROM elem WHERE a = 'Al' AND b = 'B' ORDER BY id\G
```

```
*************************** 1. row ***************************
           id: 1
  select_type: SIMPLE
        table: elem
   partitions: NULL
         type: ref
possible_keys: idx_a_b
          key: idx_a_b
      key_len: 16
          ref: const,const
         rows: 2
     filtered: 100.00
>        Extra: Using index condition
```

可以理解查询为什么使用索引 idx_a_b（因为 WHERE 条件是一个最左前缀），但 ORDER
BY id 不应该导致 filesort 吗？图 2-20 揭示了答案。

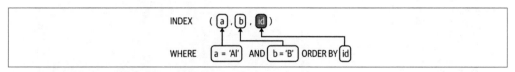

图 2-20：使用追加到二级索引的主键的 ORDER BY

2.2.3 节中有一段内容以下面的表述开头："每个二级索引的末端（最右侧）都是主键"。
图 2-20 就是这种情况：包围索引列 id 的阴影框显示了追加到二级索引末尾的、"隐藏的"
主键。对于 elem 这样的小表，这种 ORDER BY 优化可能看起来没什么用，但对于真实的
表，它会非常有用，所以有必要记住这一点。

为了证明"隐藏的"主键允许 ORDER BY 避免 filesort，我们来删除列 b 上的条件，以便
使优化无效，如图 2-21 以及示例 2-16 中对应的 EXPLAIN 计划所示。

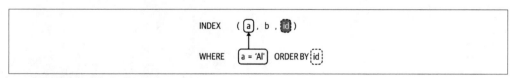

图 2-21：没有最左前缀的 ORDER BY

示例 2-16：没有最左前缀的 ORDER BY 的 EXPLAIN 计划

```
EXPLAIN SELECT * FROM elem WHERE a = 'Al' ORDER BY id\G

*************************** 1. row ***************************
           id: 1
  select_type: SIMPLE
        table: elem
   partitions: NULL
```

```
         type: ref
possible_keys: idx_a_b
          key: idx_a_b
      key_len: 8
          ref: const
         rows: 3
     filtered: 100.00
>      Extra: Using index condition; Using filesort
```

通过删除列 b 上的条件，二级索引上就不再有一个最左前缀，使 MySQL 能够使用"隐藏的"主键来优化 ORDER BY。因此，对于这个特定的查询，Extra 字段中会显示"Using filesort"。

新的优化是"Using index condition"，这被称为索引条件下推。索引条件下推的意思是，存储引擎使用索引来为 WHERE 条件匹配行。通常，存储引擎只读写行，而 MySQL 则处理匹配行的逻辑。这是清晰的关注点分离（对于软件设计来说是一个优点），但是当行不匹配的时候，效率就很低：MySQL 和存储引擎都会浪费时间来读取不匹配的行。对于示例 2-16 中的查询，索引条件下推意味着存储引擎（InnoDB）使用索引 idx_a_b 来匹配条件 a = 'Al'。索引条件下推有助于改进响应时间，但不用努力为实现索引条件下推来进行优化，因为在可以使用的时候，MySQL 会自动使用索引条件下推。要了解更多信息，可以阅读 MySQL 手册中的"Index Condition Pushdown Optimization"（*https://oreil.ly/L3Nzm*）一文。

有一个重要的细节会影响所有 ORDER BY 优化：索引顺序默认是按升序排序的，ORDER BY col 意味着升序：ORDER BY col ASC。优化 ORDER BY 对于所有列只在一个方向上起作用：ASC（升序）或 DESC（降序）。因此，ORDER BY a, b DESC 不能起到作用，因为列 a 隐式地按升序排序，这与 b DESC 不同。

 MySQL 8.0 支持降序索引（*https://oreil.ly/FDTsN*）。

filesort 的真正时间开销是多少？MySQL 8.0.18 之前，不测量也不报告这个时间。但是，在 MySQL 8.0.18 中，EXPLAIN ANALYZE（*https://oreil.ly/DFPiF*）可以测量并报告它。仅对于示例 2-17，我必须使用一个不同的表。

示例 2-17：sysbench 表 sbtest

```
CREATE TABLE `sbtest1` (
  `id` int NOT NULL AUTO_INCREMENT,
  `k` int NOT NULL DEFAULT '0',
```

```
  `c` char(120) NOT NULL DEFAULT '',
  `pad` char(60) NOT NULL DEFAULT '',
  PRIMARY KEY (`id`),
  KEY `k_1` (`k`)
) ENGINE=InnoDB;
```

这是一个标准的 sysbench 表（*https://oreil.ly/XAYX2*）；我在其中加载了 100 万行。我们来使用一个随机的、无意义的查询，它使用了 ORDER BY，返回一个大结果集：

```
SELECT c FROM sbtest1 WHERE k < 450000 ORDER BY id;
-- Output omitted
68439 rows in set (1.15 sec)
```

这个查询用了 1.15 s 来排序和返回稍稍超过 68 000 行。但是，它不是一个坏查询；查看它的 EXPLAIN 计划：

```
EXPLAIN SELECT c FROM sbtest1 WHERE k < 450000 ORDER BY id\G

*************************** 1. row ***************************
           id: 1
  select_type: SIMPLE
        table: sbtest1
   partitions: NULL
         type: range
possible_keys: k_1
          key: k_1
      key_len: 4
          ref: NULL
         rows: 133168
     filtered: 100.00
        Extra: Using index condition; Using MRR; Using filesort
```

在这个 EXPLAIN 计划中，唯一的新信息是 Extra 字段中的"Using MRR"，它指的是"多范围读取优化"（*https://oreil.ly/QX1wJ*）。除此之外，这个 EXPLAIN 计划报告的都是本章介绍过的信息。

filesort 让这个查询变慢了吗？ EXPLAIN ANALYZE 揭示了答案，尽管答案有些隐秘：

```
EXPLAIN ANALYZE SELECT c FROM sbtest1 WHERE k < 450000 ORDER BY id\G

*************************** 1. row ***************************
1 -> Sort: sbtest1.id  (cost=83975.47 rows=133168)
2    (actual time=1221.170..1229.306 rows=68439 loops=1)
3    -> Index range scan on sbtest1 using k_1, with index condition: (k<450000)
4       (cost=83975.47 rows=133168) (actual time=40.916..1174.981 rows=68439)
```

EXPLAIN ANALYZE 的真正输出要更宽一些，但是我进行了换行，并且为了方便阅读和引用，为行添加了行号。EXPLAIN ANALYZE 的输出很难理解，需要经过练习才能直观地理解；现在，我们直接给出结论。在第 4 行，1174.981（ms）意味着索引范围扫描（第 3 行）

用了 1.17 s（四舍五入后的值）。在第 2 行，`1221.170..1229.306` 意味着 filesort（第 1 行）在 1221 ms 后开始，在 1229 ms 后结束，也就是说，filesort 用了 8 ms。总执行时间是 1.23 s：95% 的时间用来读取行，不到 1% 的时间用来对行进行排序。剩下的 4%——大约 49 ms——用在其他阶段：准备、统计数据、日志记录、清理等。

答案是否定的：filesort 并没有让这个查询变慢。问题在于数据访问：68 439 行不是一个小的结果集。对 68 439 个值进行排序，对于每秒执行几十亿个操作的 CPU 来说不算什么工作。但是，对于必须遍历索引、管理事务等的关系数据库，读取 68 439 行不是一个小的工作量。要优化这样的查询，请阅读 3.2.1 节。

要回答的最后一个问题是：为什么人们都认为 filesort 慢？这是因为，当排序的数据超过了 `sort_buffer_size`（*https://oreil.ly/x5mbN*）时，MySQL 会使用磁盘上的临时文件，而硬盘比内存要慢几个数量级。在几十年前，旋转型磁盘还是主流的时候，更是如此。如今，SSD 成为主流，存储数据一般来说相当快。在高吞吐量（QPS）下，filesort 可能会对查询造成问题，但可以使用 EXPLAIN ANALYZE 来进行测量和验证。

> EXPLAIN ANALYZE 会执行查询。安全起见，应该对只读的副本而不是源数据执行 EXPLAIN ANALYZE。

我们现在回到表 elem（示例 2-1），介绍 MySQL 可以使用索引的下一种情况：覆盖索引。

2.2.8 覆盖索引

覆盖索引包含查询中引用的全部列。图 2-22 显示了一个 SELECT 语句的覆盖索引。

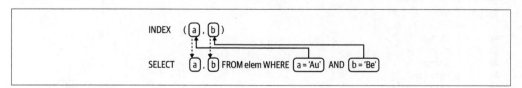

图 2-22：覆盖索引

列 a 和 b 上的 WHERE 条件像往常一样指向对应的索引列，但这些索引列也指向了 SELECT 子句中的对应列，以说明这些列的值是从索引中读取的。

通常，MySQL 从主键中读取完整的行（回顾 2.2.1 节的内容）。但是，有覆盖索引时，MySQL 能够只读取该索引中的列值。这对于二级索引最有用，因为它避免了主键查找。

MySQL 会自动使用覆盖索引优化，EXPLAIN 会在 Extra 字段中把它报告为"Using index"。"Using index for group-by"是特定于 GROUP BY 和 DISTINCT 的类似优化，如 2.2.6 节所展示的。但是，"Using index condition"和"Using index for skip scan"是完全不同的、不相关的优化。

索引扫描（type: index）加上覆盖索引（Extra: Using index）构成了仅使用索引的扫描（参见 2.2.2 节的"索引扫描"部分）。2.2.6 节有两个例子：示例 2-9 和示例 2-12。

覆盖索引很光鲜，但很少是实用的，因为真实的查询会有许多列、条件和子句，无法用一个索引覆盖。不要花时间来试着创建覆盖索引。当设计或分析使用极少列的简单查询时，可以花点时间来分析是否能够使用覆盖索引。如果能够使用，那很好。如果不能使用，也没有问题；没有人会期望使用覆盖索引。

2.2.9 连接表

MySQL 使用索引来连接表，这种方法在本质上与把索引用于其他目的是相同的。主要区别在于每个表的连接条件中使用的值的来源。通过图示的方式能够更加清晰地看出这一点，但首先，我们需要有另外一个表来进行连接。示例 2-18 显示了表 elem_names 的结构和它包含的 14 行。

示例 2-18：表 elem_names

```
CREATE TABLE `elem_names` (
  `symbol` char(2) NOT NULL,
  `name` varchar(16) DEFAULT NULL,
  PRIMARY KEY (`symbol`)
) ENGINE=InnoDB;

+--------+----------+
| symbol | name     |
+--------+----------+
| Ag     | Silver   |
| Al     | Aluminum |
| Ar     | Argon    |
| At     | Astatine |
| Au     | Gold     |
| B      | Boron    |
| Be     | Beryllium|
| Bi     | Bismuth  |
| Br     | Bromine  |
| C      | Carbon   |
| Cd     | Cadmium  |
| Ce     | Cerium   |
| Co     | Cobalt   |
| Cr     | Chromium |
+--------+----------+
```

表 elem_names 有一个索引：列 symbol 上的主键。列 symbol 中的值与表 elem 的列 a、b 和 c 中的值匹配。因此，我们可以使用这些列把表 elem 和 elem_names 连接起来。

图 2-23 显示了连接表 elem 和 elem_names 的一个 SELECT 语句，并用图示显示了每个表的条件和索引。

在前面的图中，只有一个表，所以只有一个索引和 SQL 子句对。但是，图 2-23 有两个对，它们分别对应于每个表，并且被包围在一个指向右侧的箭头中；表名放在 /* elem */ 和 /* elem_names */ 注释中。与 EXPLAIN 类似，这些图按连接顺序列举表：从上至下。表 elem（上部）是连接顺序中的第一个表，表 elem_names（下部）是连接顺序中的第二个表。

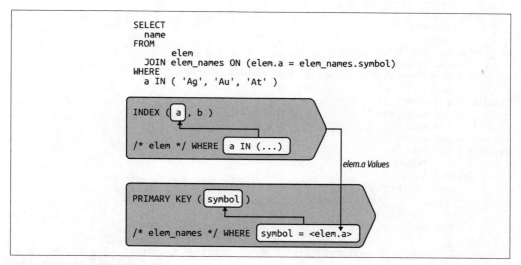

图 2-23：使用主键查找连接表

表 elem 上的索引用法没有新鲜或者特殊的地方：MySQL 为条件 a IN (...) 使用索引。这里没有问题。

表 elem_names（它被连接到前一个表）上的索引用法在本质上是相同的，但有两个小区别。首先，WHERE 子句是对 JOIN...ON 子句的重写，后面将详细解释这一点。其次，列 symbol 上的条件的值来自前一个表：elem。为了表现这一点，用一个箭头从前一个表指向了尖括号中的列引用：<elem.a>。在连接时，MySQL 使用表 elem 中与列 symbol 上的连接条件匹配的行中的列 a 的值，在表 elem_names 中查找行。使用 MySQL 的表达，我们会说"symbol 等于表 elem 中的列 a"。给定前一个表的一个值时，列 symbol 上的主键查找没有新鲜或者特殊的地方：如果一行匹配，就返回该行，把它连接到前一个表中的行。

示例 2-19 展示了图 2-23 中 SELECT 语句的 EXPLAIN 计划。

示例 2-19：使用主键查找连接表的 EXPLAIN 计划

```
EXPLAIN SELECT name
        FROM elem JOIN elem_names ON (elem.a = elem_names.symbol)
        WHERE a IN ('Ag', 'Au', 'At')\G

*************************** 1. row ***************************
           id: 1
  select_type: SIMPLE
        table: elem
   partitions: NULL
         type: range
possible_keys: idx_a_b
          key: idx_a_b
      key_len: 3
          ref: NULL
         rows: 4
     filtered: 100.00
        Extra: Using where; Using index
*************************** 2. row ***************************
           id: 1
  select_type: SIMPLE
        table: elem_names
   partitions: NULL
>        type: eq_ref
possible_keys: PRIMARY
          key: PRIMARY
      key_len: 2
>         ref: test.elem.a
         rows: 1
     filtered: 100.00
        Extra: NULL
```

单看每个表，示例 2-19 中的 EXPLAIN 计划没有新鲜的地方，但是连接揭示了第二个表
（elem_names）中的两个新细节。首先是访问类型 eq_ref：使用主键的单行查找，或者
唯一的非 null 二级索引（在这种上下文中，非 null 的意思是，所有二级索引列都被定义
为 NOT NULL）。下一段将对 eq_ref 访问类型进行更多解释。其次是 ref: test.elem.a，
可以读作"引用列 elem.a"（数据库的名称是 test，所以才会有 test. 前缀）。为连接
表 elem_names，使用了引用列 elem.a 中的值来按主键查找行（key: PRIMARY），这覆盖
了连接列：symbol。这对应于 JOIN 条件：ON (elem.a = elem_names.symbol)。

 对于单独的每个表，连接不改变索引的使用方式。主要区别在于，连接条件
的值来自前一个表。

MySQL 可以使用任何访问方法连接表（参见 2.2.2 节），但使用 eq_ref 访问类型的索引

查找是最好、最快的方法，因为它只匹配一行。eq_ref 访问类型有两个要求：一个主键或者唯一非 null 的二级索引，以及全部索引列上的相等性条件。这些要求结合起来，保证了 eq_ref 查找最多匹配一行。如果两个要求不能都满足，则 MySQL 很可能会使用 ref 索引查找，这基本上是相同的查找，但会匹配任意数量的行。

回到图 2-23，我如何知道把 JOIN...ON 子句重写为表 elem_names 的一个 WHERE 子句？如果在 EXPLAIN 后面添加 SHOW WARNINGS，那么 MySQL 会把它如何重写查询输出出来。下面显示了 SHOW WARNINGS 的一个删减后的输出：

```
/* select#1 */ select
  `test`.`elem_names`.`name` AS `name`
from
      `test`.`elem`
  join `test`.`elem_names`
where
      ((`test`.`elem_names`.`symbol` = `test`.`elem`.`a`)
  and (`test`.`elem`.`a` in ('Ag','Au','At')))
```

现在，可以看到图 2-23 中的 /* elem_names */ WHERE symbol = <elem.a> 是正确的。

有些时候，为了理解表连接顺序和 MySQL 选择的索引，有必要在 EXPLAIN 后面立即添加 SHOW WARNINGS，以查看 MySQL 如何重写一个查询。

 SHOW WARNINGS 显示的重写后的 SQL 语句并不一定是有效的语句。它们只是用于显示 MySQL 如何解读和重写 SQL 语句。不要执行它们。

表连接顺序十分重要，因为 MySQL 根据可能最好的顺序来连接表，而不是根据查询中写下的表顺序。必须使用 EXPLAIN 来查看表连接顺序。EXPLAIN 按连接顺序从上（第一个表）到下（最后一个表）输出所有的表。默认连接算法（嵌套循环连接）采用这个连接顺序。2.5 节将概述连接算法。

不要猜测或者假定表连接顺序，因为对一个查询做很小的修改，就可能导致有显著区别的表连接顺序或查询执行计划。为了演示这一点，让图 2-24 中的 SELECT 语句与图 2-23 中的 SELECT 语句几乎完全相同，但有一点小区别。你能发现这个小区别吗？

提示：它非金非银。很小的区别产生了显著不同的查询执行计划，如示例 2-20 所示。

示例 2-20：使用二级索引查找来连接表的 EXPLAIN 计划

```
EXPLAIN SELECT name
    FROM elem JOIN elem_names ON (elem.a = elem_names.symbol)
```

```
            WHERE a IN ('Ag', 'Au')\G

*************************** 1. row ***************************
           id: 1
  select_type: SIMPLE
        table: elem_names
   partitions: NULL
         type: range
possible_keys: PRIMARY
          key: PRIMARY
      key_len: 2
          ref: NULL
         rows: 2
     filtered: 100.00
        Extra: Using where
*************************** 2. row ***************************
           id: 1
  select_type: SIMPLE
        table: elem
   partitions: NULL
         type: ref
possible_keys: idx_a_b
          key: idx_a_b
      key_len: 3
          ref: test.elem_names.symbol
         rows: 2
     filtered: 100.00
        Extra: Using index
```

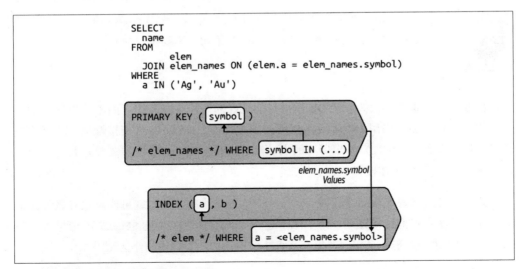

图 2-24：使用二级索引查找来连接表

从语法上讲，图 2-23 和图 2-24 中的 SELECT 语句是相同的，但执行计划（示例 2-19 和
示例 2-20）却有显著的区别。什么发生了变化呢？在图 2-24 中，从 IN() 列表中移除
了一个值："At"。这是一个很好的例子，说明看起来无害的一个修改，可能会触发

MySQL 的查询执行计划器的变化，导致生成一个全新的、不同的 EXPLAIN 计划。我们来逐个表检查示例 2-20。

第一个表是 elem_names，这与查询中写下的顺序不同：elem JOIN elem_names。是 MySQL 而不是 JOIN 子句决定了表的连接顺序[注2]。type 和 key 字段说明在主键上执行范围扫描，但是值来自哪里呢？ref 字段是 NULL，并且这个表上没有 WHERE 条件。MySQL 肯定重写了这个查询；下面显示了缩减后的 SHOW WARNINGS 输出：

```
/* select#1 */ select
  `test`.`elem_names`.`name` AS `name`
from
  `test`.`elem` join `test`.`elem_names`
where
    ((`test`.`elem`.`a` = `test`.`elem_names`.`symbol`)
  and (`test`.`elem_names`.`symbol` in ('Ag','Au')))
```

答案在最后一行上：MySQL 重写了查询，使用 IN() 列表作为 elem_names.symbol 的值，而不是按查询中原来写的那样，作为 elem.a 的值。现在，可以看到（或想象），表 elem_names.symbol 上的索引用法是一个范围扫描，用于查找两个值："Ag" 和 "Au"。使用主键时，这是一次极快的索引查找，只会匹配 MySQL 用来连接第二个表的两行。

第二个表是 elem，它的 EXPLAIN 计划看起来眼熟：使用索引 idx_a_b 来查找与列 a 上的条件匹配的索引值（不是行，因为 Extra: Using index）。该条件的值来自前一个表中的匹配行，ref: test.elem_names.symbol 指出了这一点。

 MySQL 使用可能最好的顺序来连接表，而不是查询中写下的表顺序。

尽管 MySQL 可以改变连接顺序，并重写查询，但对于每个表，连接时的索引用法在根本上与本章前面演示和解释的内容是相同的。可以使用 EXPLAIN 和 SHOW WARNINGS，并从上到下，逐个表思考执行计划。

MySQL 可以在没有索引时连接表。这被称为全连接，是查询可能做的最坏的操作。单表查询上的表扫描已经很糟，但全连接要更糟，因为被连接的表上的表扫描不是发生了一次，而是对于前一个表的每一个匹配行都发生一次。示例 2-21 显示了第二个表上的一个全连接。

注 2：除非使用了 STRAIGHT_JOIN，但不要使用它。让 MySQL 查询优化器为最好的查询执行计划选择连接顺序。

示例 2-21：全连接的 EXPLAIN 计划

```
EXPLAIN SELECT name
       FROM elem STRAIGHT_JOIN elem_names IGNORE INDEX (PRIMARY)
       ON (elem.a = elem_names.symbol)\G

*************************** 1. row ***************************
          id: 1
 select_type: SIMPLE
       table: elem
  partitions: NULL
        type: index
possible_keys: idx_a_b
         key: idx_a_b
     key_len: 6
         ref: NULL
        rows: 10
    filtered: 100.00
       Extra: Using index
*************************** 2. row ***************************
          id: 1
 select_type: SIMPLE
       table: elem_names
  partitions: NULL
        type: ALL
possible_keys: NULL
         key: NULL
     key_len: NULL
         ref: NULL
        rows: 14
    filtered: 7.14
       Extra: Using where; Using join buffer (hash join)
```

正常情况下，MySQL 不会选择这个查询执行计划，因此，我才需要使用 STRAIGHT_JOIN
和 IGNORE INDEX (PRIMARY) 来强制生成这个查询执行计划。第一个表（elem）上的仅
索引扫描得到了全部 10 行[注3]。对于每行，MySQL 通过执行全表扫描（type：ALL）找
到匹配的行，来连接第二个表（elem_names）。因为这是一个被连接的表（不是连接顺
序中的第一个表），所以表扫描被视为全连接。全连接是查询可能发生的最坏的操作，因
为它对于前一个表的每一行都会发生：表 elem_names 上会发生 10 次全表扫描。每当你
看到被连接的表是 type：ALL 的时候，就应该停下手头的工作，解决这个问题。对于全
连接，有一个查询指标：select 全连接。

Extra 字段中的"Using join buffer (hash join)"指的是哈希连接算法，这是 MySQL
8.0.18 中新增的算法。2.5 节将概述这种算法和其他连接算法。提前用一句话解释一下：
哈希连接在内存中构建值的一个哈希表，并使用该表来查找行，而不是重复地执行表扫
描。哈希连接是巨大的性能改进。尽管如此，避免全连接仍然是最佳实践。

注 3：严格来说，表 elem 上的仅索引扫描会得到 10 个值，而不是 10 行，因为并不需要完整的行，只需
要列 a 的值。

在 MySQL 8.0 之前，示例 2-21 中的查询会在 Extra 字段中报告"Using join buffer (Block Nested Loop)"，因为它使用一种不同的连接算法：块嵌套循环。2.5 节会概述这种连接算法。

一开始看上去，连接表对索引的使用属于一种不同的类型，但并非如此。连接涉及多个表和索引，但是对于每个表，索引的用法和要求是相同的。即使是最左前缀要求也相同。主要区别在于，对于被连接的表，连接条件的值来自前一个表。

从 2.2.5 节的第一个示例开始，到现在已经讲了不少内容。你看到了索引、查询和 EXPLAIN 计划的许多有完整上下文的例子，了解了 MySQL 索引的技术细节和工作机制。这些信息是直接查询优化的基础，下一节将对这些信息进行拓展。

2.3 编制索引：如何像 MySQL 一样思考

索引和编制索引是不同的主题。上一节介绍了索引：在 WHERE、GROUP BY 和 ORDER BY 中使用的 InnoDB 表上的标准 B 树索引、覆盖索引，表连接。本节将介绍索引的应用：如何编制索引来获得最大的助力。你无法简单地通过为每个列创建索引来实现出色的性能。如果有那么简单，就不会有 DBA 了。要实现最大的助力，必须为这样的列编制索引：当 MySQL 执行查询时，这些列上的索引使 MySQL 能够访问最少数量的行。如果用一个比喻来描述的话，最大助力就是告诉 MySQL 在大海中的什么位置找到一根针的索引。

依照我的经验，工程师常常在编制索引时陷入困境，因为他们把自己思考索引的方式与 MySQL "思考"索引的方式混合到了一起。作为工程师，我们在应用程序的上下文中思考查询：应用程序的什么地方执行查询、为什么执行（业务逻辑）以及正确的结果集是什么。但是，MySQL 不知道也不关心这些。MySQL 思考的是小得多也简单得多的上下文：索引和表条件。在底层，MySQL 要复杂得多，但是它的一部分神奇的魅力就在于它把这种复杂性隐藏得非常好。

我们如何知道 MySQL 会思考索引和表条件？执行 EXPLAIN。EXPLAIN 主要报告什么信息？表（按照连接顺序）、表访问方法、索引和 Extra 信息，其中 Extra 信息与使用这些索引访问这些表有关。

像 MySQL 一样思考，让编制索引变得更加简单，因为它是一个确定性机器，使用算法和启发方法。人的思想混杂了过多琐碎的细节。摒除杂念，准备像机器一样思考。接下来的 4 小节将带你完成一个由 4 个步骤组成的简单过程。

2.3.1 了解查询

要像 MySQL 一样思考,第一步是知道你要优化的查询的基本信息。首先收集关于每个表的如下元数据:

- SHOW CREATE TABLE

- SHOW TABLE STATUS

- SHOW INDEXES

如果查询已经在生产环境中运行,就获得其查询报告(参见 1.3 节),并熟悉当前的值。

然后,回答下面的问题:

查询
- 查询应该访问多少行?

- 查询应该返回多少行?

- 选择(返回)了哪些列?

- GROUP BY、ORDER BY 和 LIMIT 子句(如果有的话)是什么样子?

- 有子查询吗?(如果有,就为每个子查询重复这个过程。)

表访问(针对每个表)
- 表条件是什么?

- 查询应该使用哪个索引?

- 查询可以使用其他什么索引?

- 每个索引的基数是多少?

- 表有多大(数据大小和行计数)?

这些问题有助于你在脑中分析查询,因为 MySQL 做的就是同样的工作:解析查询。这对于用更简单的元素——表、表条件、索引和 SQL 子句——看待复杂的查询很有帮助。

就像拼图,这些信息能够帮助你把"拼图"的各个碎片拼合起来,完成后的"拼图"能够揭示出查询响应时间。要改进响应时间,你需要修改一些碎片。但在那之前,下一步是借助 EXPLAIN 来拼合当前的碎片。

2.3.2 使用 EXPLAIN 帮助理解

第二步是理解 EXPLAIN 报告的当前查询执行计划。结合索引来思考每个表及其条件,首先是 MySQL 选择的索引：EXPLAIN 输出中的 key 字段。看看表条件如何满足这个索引的最左前缀要求。如果 possible_keys 字段列出了其他索引，则思考 MySQL 在使用那些索引时会如何访问行——要时刻牢记最左前缀要求。如果 Extra 字段包含信息（通常会包含），则参考 MySQL 手册中的"EXPLAIN Output"（*https://oreil.ly/GDF0g*）一文来了解它们的含义。

 总是应该对查询执行 EXPLAIN。要养成这样的习惯，因为没有 EXPLAIN，就无法实现直接查询优化。

查询及其响应时间是一个拼图，但是你拥有所有的碎片：执行计划、表条件、表结构、表大小、索引基数和查询指标。不断地拼合这些碎片，直到完成拼图——直到你能够理解查询为什么会像 MySQL 解释的那样工作。查询执行计划为什么是那个样子，总是有理由的[注4]。有时 MySQL 非常聪明，会使用不明显的查询优化，通常会在 Extra 字段中提到使用的优化。如果遇到了针对 SELECT 语句的这样一种优化，可以查看 MySQL 手册中的"Optimizing SELECT Statements"（*https://oreil.ly/Bl4Ja*）一文，其中对 SELECT 语句的优化做了详细说明。

如果陷入困难，可以寻求 3 个级别的支持：

1. 在 MySQL 8.0.16 中，EXPLAIN FORMAT=TREE 能够以类似树的格式，输出更加精确、更具描述力的查询执行计划。这是与传统格式完全不同的输出，所以你需要学习如何解读这种输出，但投入的精力是有回报的。

2. 使用优化器跟踪（*https://oreil.ly/Ump3C*）来报告一个极为详细的查询执行计划，其中列举了开销、考虑事项和理由。这是一个非常高级的功能，学习曲线很陡峭，所以如果你的时间有限，可能会选择第三种选项。

3. 咨询你的 DBA，或者聘用一位专家。

2.3.3 优化查询

第三步是直接查询优化：修改查询或查询的索引，或者两者都修改。有趣的工作都发生在这里，而且因为这些修改发生在开发或暂存环境，而不是生产环境，所以还没有风险。要确保开发或暂存环境中的数据能够代表生产环境的数据，因为数据大小和分布会影响 MySQL 选择索引的方式。

注 4：尽管存在极为少见的查询优化器 bug。

可能一开始看起来，查询是不能被修改的：它获取了正确的行，所以写得一定正确。查询是什么样子，就应该是什么样子，对吗？并不总是这样；相同的结果可以通过不同的方法得到。查询有一个结果（它是一个结果集）和获得该结果的一种方法。这两者是密切相关但彼此独立的。在思考如何修改查询时，知道这一点极有帮助。首先澄清查询的期望结果。清晰的结果使你能够探索在实现相同结果的前提下，如何以新的方式编写查询。

可能有多种方式来编写一个查询，它们以不同的方式执行，但返回相同的结果。

例如，一段时间以前，我帮助一位工程师优化一个慢查询。他向我提出了技术性很强的问题，问题是有关 GROUP BY 和索引的，但我问他："这个查询做什么？它应该返回什么？"他回答道："它返回一个分组的最大值。"在澄清查询的期望结果后，我意识到，他并不需要最大的分组值，而只是需要最大的值。因此，查询被完全重写为使用 ORDER BY col DESC LIMIT 1 优化。

当查询极为简单时，例如 SELECT col FROM tbl WHERE id = 1，可能确实没办法重写查询。但是，查询越简单，它需要被重写的可能性就越低。如果一个简单的查询很慢，那么解决方案很可能是修改索引，而不是修改查询（如果修改索引不能解决问题，则继续这个旅程，进行间接查询优化，第 3 章和第 4 章将介绍相关内容）。

添加或修改索引，是在访问方法和查询特定的优化之间进行的一种折中。例如，你会把一个 ORDER BY 优化换成一个范围扫描吗？不要陷入衡量折中方案的困境中；MySQL 会替你做出选择[注 5]。你的工作很简单：添加或者修改一个你认为能够为 MySQL 提供更大助力的索引，然后借助新的索引，使用 EXPLAIN 看看 MySQL 是否会同意你的意见。重复这个过程，直到你和 MySQL 就编写查询、编制索引和执行查询的最优方式达成一致。

除非首先在暂存环境中彻底验证了修改，否则不要修改生产环境中的索引。

注 5：如果你觉得无聊，可以试着跟 MySQL 斗智，但不要指望你会赢。它见过太空飞船在猎户星座的边缘被击中，燃起熊熊火光。它见过 C 射线，划过"唐怀瑟之门"那幽暗的宇宙空间（出自电影《银翼杀手》）。

2.3.4 部署和验证

最后一步是部署修改，并验证它们改进了响应时间。但是，首先应该知道在修改导致意外的副作用时，如何回滚部署，并为回滚做好准备。发生这种情况，可能有多种原因，例如这里的两个例子：查询在生产环境运行并使用索引，但是没有在暂存环境运行；或者，生产环境的数据与暂存环境的数据有很大区别。这很可能不会造成问题，但要为它们造成问题的情况做好准备。

 总是应该知道如何回滚对生产环境做出的部署，并为需要进行这种回滚做好准备。

在部署后，使用查询指标和 MySQL 服务器指标来验证修改。如果查询优化产生了重大影响，MySQL 服务器指标会反映出来（第 6 章将详细介绍 MySQL 的服务器指标）。有这种结果非常好，但如果没有，也不必感到奇怪或者沮丧，因为查询响应时间才是最重要的变化——回忆一下 1.2 节的内容。

等待 5~10 min（可能还要更长），然后检查查询概要文件和查询报告中的响应时间（参见 1.3.3 节的内容）。如果响应时间改进了，那么恭喜你，你完成了 MySQL 专家做的工作，有了这种技能，你可以实现出色的 MySQL 性能。如果响应时间没有改进，不要担心，也不要放弃，即使 MySQL 专家也会遇到费时费力的查询。重复这个过程，并考虑求助其他工程师，因为一些查询需要很艰苦的工作才能优化。如果你确信无法进一步优化查询，则是时候踏上旅程的第二个部分了：间接查询优化。第 3 章将介绍如何修改数据，第 4 章将介绍如何修改应用程序。

2.4 索引降级的常见原因

如果什么也不改变，那么好索引会一直是好索引。但在现实中，总会有东西发生改变，导致好索引变得不好，并导致性能降低。接下来的几小节将讨论造成这种不可避免但可以纠正的索引降级的常见原因。

2.4.1 查询改变

当查询改变时——它们常常改变——可能会不再满足最左前缀要求。在最坏的情况下，没有其他索引可供 MySQL 使用，所以它就会回归蛮力：全表扫描。但是，表常常有多个索引，MySQL 也决心使用索引，所以更可能发生的情况是，由于新使用的索引不如原来的索引好，查询响应时间明显变慢了许多。查询分析和 EXPLAIN 计划能够快速揭示这种情况。假设必须修改查询（这是一种很安全的假设），那么解决方案是为新的查询重新编制索引。

2.4.2 过多、重复和未使用

索引对于好的性能不可或缺，但是，有时工程师会做得太过分，导致产生过多的索引、重复的索引或者未使用的索引。

多少索引算过多呢？只要超过必要，哪怕多出一个，都会造成过多的索引。过多的索引会造成两个问题。第一个问题在 2.2.3 节提到过：索引大小会增加。更多索引会使用更多 RAM，讽刺的是，这反而会减少每个索引可用的 RAM。第二个问题是写入性能会降低，因为当 MySQL 写数据时，必须检查、更新并可能重新组织每个索引（的内部 B 树结构）。过多的索引可能导致写入性能严重降级。

创建重复的索引时，使用的 ALTER 语句会生成一个警告，但必须使用 SHOW WARNINGS 才能看到这个警告。要找出现有的重复索引，可以使用 pt-duplicate-key-checker（*https://oreil.ly/avm4L*），它能够安全地找出并报告重复的索引。

未使用的索引更难识别，例如，如果索引只会每周被一个长时间运行的分析查询使用，怎么识别它？把这种边缘情况先放到一边，执行下面的查询来列举未使用的索引：

```
SELECT * FROM sys.schema_unused_indexes
WHERE object_schema NOT IN ('performance_schema');
```

这个查询使用了 MySQL 的 sys Schema（*https://oreil.ly/xxsL3*），它是一个预制视图的集合，这些视图会返回各种各样的信息。视图 sys.schema_unused_indexes 会查询 Performance Schema 和 Information Schema 表，以判断哪些索引自 MySQL 启动以后没有被使用过（执行 SHOW CREATE VIEW sys.schema_unused_indexes 可以查看这个视图的工作方式）。必须启用 Performance Schema；如果还没有启用，则可以与你的 DBA（或管理 MySQL 的任何人）沟通，因为启用 Performance Schema 需要重启 MySQL。

在删除索引时要小心。在 MySQL 8.0 中，可以在删除索引之前使用不可见索引（*https://oreil.ly/Wx1xT*）来验证一个索引未被使用或者不需要存在：使该索引不可见，等待并确认性能没有受到影响，然后删除该索引。不可见索引对于这种目的极有帮助，因为当出错时，使一个索引变为可见几乎能够立即完成，但重新添加一个索引在大表上就可能需要几分钟（甚至几小时）的时间，如果错误导致应用程序无法使用，这个等待时间就太久了。在 MySQL 8.0 之前，唯一能做的就是保持谨慎：与团队沟通，在应用程序代码中进行搜索，并利用你对应用程序的知识，仔细并彻底地验证索引未被使用或者不需要存在。

在删除索引时要小心。如果某个查询使用了被删除的索引，而 MySQL 又无法对它使用另外一个索引，则查询将回归使用全表扫描。如果被删除的索引影响了几个查询（这种情况并不罕见），就可能导致连锁的性能降级，最终导致应用程序无法使用。

2.4.3 极端选择性

基数是指索引中的唯一值的个数。值 a，a，b，b 上的索引的基数为 2：a 和 b 是两个唯一的值。使用 SHOW INDEX（*https://oreil.ly/8hiGi*）可以查看索引的基数。

选择性是将基数除以表中的行数的结果。使用同一个示例，a，a，b，b，其中每个值是一行，则索引的选择性是 2 / 4 = 0.5。选择性的取值范围从 0 到 1，其中 1 代表唯一索引：每行一个值。MySQL 不显示索引的选择性，你需要自己手动计算：使用 SHOW INDEX 显示索引的基数，使用 SHOW TABLE STATUS 显示表的行数。

选择性极低的索引提供的助力很小，因为每个唯一值可能匹配大量的行。一个经典的例子是只有两个可能值的列上的索引，这两个值可能是 yes 和 no，true 和 false，coffee 和 tea，等等。如果表中有 100 000 行，则选择性接近于 0：2 / 100 000 = 0.000 02。它是一个索引，但不是一个好索引，因为每个值可能匹配许多行。多少行？可以把除法操作颠倒一下：100 000 行 / 2 个唯一值 = 每个值 50 000 行。如果 MySQL 使用这个索引（不大可能发生），则一次索引查找能够匹配 50 000 行。这假定了值是平均分布的，如果 99 999 行的值是 coffee，只有一行的值是 tea，会发生什么情况？该索引对于 tea 表现出色，但对于 coffee 表现很差。

如果查询使用了一个选择性极低的索引，则看看你能不能创建一个更好的、选择性更高的索引，或者考虑重写查询来使用选择性更高的索引，或者考虑修改模式来根据访问模式更好地组织数据，第 4 章将详细介绍这方面的内容。

选择性极高的索引可能会大材小用。随着非唯一二级索引的选择性接近 1，就开始出现这样一个问题：该索引是否应该是唯一索引，或者是否应该重写该查询来使用主键。这种索引不会伤害性能，但是探索其他方案没有坏处。

如果有多个选择性极高的二级索引，很可能说明有根据不同的条件或维度来查看或搜索整个表的访问模式（假设使用了索引，并且没有重复索引）。例如，假设一个表中存储了产品库存数据，应用程序按照许多不同的条件来搜索这个表，每个条件都要求索引满足最左前缀要求。在这种情况下，相比 MySQL，Elasticsearch（*https://www.elastic.co*）可能能够更好地满足这些访问模式。

2.4.4 选择错误的索引

在极罕见的情况中，MySQL 选择了错误的索引。这极为罕见，所以应该把它作为最后考虑的一种可能性，只有当 MySQL 使用了一个索引，但查询响应时间慢得无法解释时，才考虑 MySQL 是不是使用了错误的索引。发生这种情况有几种可能的原因。一个常见的原因是，当更新大量的行时，行数可能刚好不足以导致索引的"统计数据"自动更新。因为索引统计数据是影响 MySQL 选择使用哪个索引的众多因素之一，所以远远偏离现实情况的索引统计数据可能导致 MySQL 选择错误的索引。这里要说明的是，索引自身从来不会不精确，不精确的只是索引的统计数据。

索引统计数据是对值在索引中的分布情况的估测。MySQL 会随机深入索引来对页面采样（页面是一个 16 KB 的逻辑存储单元。几乎所有的东西都存储在页面中）。如果索引值是平均分布的，则几次随机的深入采样就能够精确地代表整个索引。

当发生以下条件时，MySQL 会更新索引的统计数据：

* 第一次打开表时

* 运行 ANALYZE TABLE 时

* 自上次更新后，修改了表的 1/16 时

* 启用了 innodb_stats_on_metadata，并且发生了下面的一个条件：

    — 运行 SHOW INDEX 或 SHOW TABLE STATUS

    — 查询 INFORMATION_SCHEMA.TABLES 或 INFORMATION_SCHEMA.STATISTICS

运行 ANALYZE TABLE 是安全的，并且通常很快，但是，在繁忙的服务器上运行时要小心：它需要一个刷新 lock（除非是在 Percona Server 上），该锁可能阻塞所有访问该表的查询。

2.5 表连接算法

简单地概述 MySQL 的表连接算法，有助于你在分析和优化 JOIN 时思考索引和索引的应用。默认的表连接算法是嵌套循环连接（Nested-Loop Join，NLJ），它的工作方式类似于代码中嵌套的 foreach 循环。例如，假设一个查询使用 JOIN 子句连接了 3 个表，如下所示：

```
FROM
  t1 JOIN t2 ON t1.A = t2.B
    JOIN t3 ON t2.B = t3.C
```

还假设 EXPLAIN 报告的连接顺序是 t1、t2、t3。嵌套循环连接算法的工作方式如示例 2-22 中的伪代码所示。

示例 2-22：NLJ 算法

```
func find_rows(table, index, conditions) []rows {
    // Return array of rows in table matching conditions,
    // using index for lookup or table scan if NULL
}

foreach find_rows(t1, some_index, "WHERE ...") {
    foreach find_rows(t2, index_on_B, "WHERE B = <t1.A>") {
        return find_rows(t3, NULL, "WHERE C = <t2.B>")
    }
}
```

使用 NLJ 算法时，MySQL 首先使用 some_index 来找到最外层的表 t1 中匹配的行。对于表 t1 中的每个匹配行，MySQL 在连接表 t2 时，使用连接列上的索引 index_on_B 来查找与 t1.A 匹配的行。对于表 t2 中的每个匹配行，MySQL 在连接表 t3 时，会使用相同的过程，但是，如果连接列 t3.C 上没有索引，就会发生全连接（参见 1.4.1 节的"select 全连接"部分和示例 2-21）。

当 t3 中没有更多的行匹配表 t2 的连接列的值时，就使用 t2 中的下一个匹配行。当 t2 中没有更多的行匹配表 t1 的连接列的值时，就使用 t1 中的下一个匹配行。当 t1 中没有更多的行匹配时，查询就完成了。

嵌套循环连接算法简单而有效，但存在一个问题：最内层的表被频繁访问，全连接会让这种访问非常缓慢。在这个例子中，表 t3 被访问的次数是 t1 中的匹配行数与 t2 中的匹配行数的乘积。如果 t1 和 t2 各自有 10 个匹配行，则 t3 会被访问 100 次。块嵌套循环连接算法解决了这个问题。它将 t1 和 t2 中的匹配行的连接列值保存到一个连接缓冲区中。连接缓冲区的大小通过系统变量 join_buffer_size（*https://oreil.ly/r1NeH*）设置。当连接缓冲区满了之后，MySQL 会扫描 t3，并连接 t3 中与连接缓冲区中的连接列值匹配的每行。虽然连接缓冲区会被多次访问（对于每个 t3 行都会访问），但因为它保存在内存中，所以很快，比 NLJ 算法需要的 100 次表扫描快得多。

在 MySQL 8.0.20 中，哈希连接算法取代了块嵌套循环连接算法[注6]。哈希连接会在内存中创建连接表（如本例中的表 t3）的一个哈希表。MySQL 使用这个哈希表来查找连接表中的行，这非常快，因为哈希表查找是一个常量时间的操作。更多细节请参考 MySQL 手册中的"Hash Join Optimization"（*https://oreil.ly/uS0s3*）一文。

注 6：哈希连接在 MySQL 8.0.18 中就存在，但到了 MySQL 8.0.20 才取代块嵌套循环。

EXPLAIN 通过在 Extra 字段中输出 "Using join buffer (hash join)" 来说明使用了哈希连接。

MySQL 连接还存在更多细节，但这个简单的概述可以帮助你像 MySQL 那样思考连接：一次一个表，每个表一个索引。

2.6 小结

本章讲解了 MySQL 中的索引和索引的编制。本章要点如下：

- 索引为 MySQL 的性能提供了最大、最好的助力。

- 除非已经没有其他选项，否则不要通过纵向扩展硬件来改进性能。

- 当有合理的配置时，不需要通过调优 MySQL 来改进性能。

- InnoDB 的表是按主键组织的一个 B 树索引。

- MySQL 通过索引查找、索引扫描或全表扫描来访问表——索引查找是最好的访问方法。

- 要使用一个索引，查询必须使用该索引的最左前缀，这就是最左前缀要求。

- MySQL 使用索引来找到匹配 WHERE 的行，为 GROUP BY 分组行，为 ORDER BY 排序行，避免读取行（覆盖索引）以及连接表。

- EXPLAIN 输出一个查询执行计划（或 EXPLAIN 计划），详细描述 MySQL 如何执行一个查询。

- 编制索引时，需要像 MySQL 一样思考，这样才能理解查询执行计划。

- 好的索引可能受各种原因影响而失去有效性。

- MySQL 使用 3 种表连接算法：NLJ、块嵌套循环和哈希连接。

下一章将开始讨论与数据有关的间接查询优化。

2.7 练习：找到重复的索引

本练习的目的是使用 pt-duplicate-key-checker（*https://oreil.ly/Oxvjr*）识别重复的索引。pt-duplicate-key-checker 是一个命令行工具，可以输出重复的索引。

这个练习很简单，但很有用。下载并运行 pt-duplicate-key-checker。默认情况下，它检查所有的表，并为每个重复索引输出一个报告，如下所示：

```
# ######################################################################
# db_name.table_name
# ######################################################################

# idx_a is a left-prefix of idx_a_b
# Key definitions:
#   KEY `idx_a` (`a`),
#   KEY `idx_a_b` (`a`,`b`)
# Column types:
#         `a` int(11) default null
#         `b` int(11) default null
# To remove this duplicate index, execute:
ALTER TABLE `db_name`.`table_name` DROP INDEX `idx_a`;
```

对于每个索引及其重复的索引，报告中将包含：

- 原因：为什么一个索引重复了另一个索引

- 两个索引的定义

- 索引覆盖的列的定义

- 用于删除重复索引的 ALTER TABLE 语句

pt-duplicate-key-checker 是一个成熟的工具，经过了完善的测试，但是在删除索引前，总是应该再三考虑，在生产环境中尤其应该如此。

与 1.9 节一样，这个练习很简单，但有太多的工程师从来不检查重复的索引。检查并删除重复的索引，就做到了像专家一样维护 MySQL 的性能。

第 3 章

数据

本章开启旅程的第二个部分：间接查询优化。如 1.5 节所述，直接查询优化能够解决大量问题，但并不能解决全部问题。即使当你掌握了比第 2 章更多的知识和技能（该章关注直接查询优化）之后，也会遇到简单且有合适索引，但仍然运行缓慢的查询。在这种时候，就需要开始优化查询周边的东西，首先是它访问的数据。要理解原因，我们可以用石头作为比喻。

假设你的工作是移动石头，现在有 3 堆不同大小的石头。第一堆包含小鹅卵石：非常轻，不比你的指甲大。第二堆包含大鹅卵石：比较重，但又轻到可以捡起来，不比你的脑袋大。第三堆包含巨石：太大、太重，所以无法捡起来；你需要利用杠杆作用或者一个机器来移动它们。你的工作是将一堆石头从山底移动到山顶（原因不重要，不过如果你非要一个原因，可以把你自己想象成西西弗斯）。你选择哪堆石头？

我猜你会选择小鹅卵石，因为它们很轻，很容易移动。但是，有一个关键的细节可能会改变你的决定：重量。小鹅卵石堆重两吨（一个中等大小 SUV 的重量）。大鹅卵石堆的重量是 1 吨（一个很小的汽车的重量）。巨石只有一块，它的重量是半吨（10 个成人的重量）。现在，你会选择哪堆石头？

一方面，小鹅卵石仍然很容易移动。你可以把它们装到一个推车中，推到山顶。但是，它们有很多。巨石的重量要小得多，但它的大小让它很难移动，需要有特殊的设备才能把它移动到山顶，但这个工作只需要做一次。这是一个艰难的决定。第 5 章提供了答案和解释，但在该章之前，我们还需要学习很多东西。

可以把数据类比为一堆石头，把执行查询类比为向山顶移动石头。当数据很小时，直接查询优化通常就够了，因为此时数据处理起来很容易，就像手里抓着小鹅卵石走向（或跑向）山顶。但是，随着数据量增加，间接查询优化变得越来越重要，就像拖着大鹅卵石走向山顶的时候，中途停了下来，问自己："我们能不能处理一下这些石头？"

第 1 章"证实"了数据大小会影响性能：TRUNCATE TABLE 会显著提升性能——但不要使用这种"优化"。尽管只是一个玩笑，但它有一个重要的逻辑结论，只不过很少有人去认真思考它：更少的数据意味着更好的性能。展开来说：通过减少数据量，可以改进性能，因为更少的数据需要更少的系统资源（CPU、内存、存储等）。

现在你应该已经知道，本章会支持减少数据的方法。但是，更多的数据才是现实情况，也是驱动工程师学习性能优化的原因，不是吗？的确如此，第 5 章也将探讨 MySQL 如何处理大规模数据，但首先，必须在数据相对小、问题更容易处理时学会减少数据和优化数据。如果你一直忽略数据大小，直到它们压垮应用程序时才学习这些技术，就会承受特别大的压力。

本章从性能的角度探讨数据，并指出，减少数据访问和存储是可以改进性能的一种间接查询优化技术。本章主要分为 3 节。3.1 节揭示关于 MySQL 性能的 3 个秘密。3.2 节介绍我称为最少数据原则的一种原则，以及它的各种影响。3.3 节介绍如何快速、安全地删除或归档数据。

3.1 三个秘密

保留秘密就是隐藏真相。在介绍 MySQL 性能的图书中，常常不揭露下面要介绍的真相，原因有两个。第一，它们让问题变得更加复杂。在不提及这些警告和意外情况的时候，撰写关于性能的内容和解释性能会容易许多。第二，它们是违反直觉的。这并不意味着它们不成立，只是这让阐述它们变得很困难。尽管如此，对于 MySQL 性能来说，下面的真相非常重要，所以让我们以开放的思想来深入研究它们。

3.1.1 索引可能没有帮助

具有讽刺意味的是，你可以指望大部分慢查询都使用了索引查找。之所以有讽刺意味，原因有两个。第一，索引是好性能的关键，但即使有一个好索引，查询仍然可能很慢。第二，在学习了索引和索引的编制（参见第 2 章）之后，工程师变得非常擅长避免索引扫描和表扫描，所以只剩下了索引查找，这是一个"好的"问题，但仍然有点讽刺。

没有索引，就无法实现好的性能，但这并不意味着索引能够为无限的数据大小提供无限的助力。不要失去对索引的信心，但也要知道，在下面的场景中，索引可能无法提供帮助。对于每种场景，假设已经无法进一步优化查询及其索引，所以下一步就是间接查询优化。

索引扫描

随着表的增长，索引扫描提供的助力会越来越小，因为索引也在随着表增长：表的行数越多，索引的值越多[注1]。（与之相对，只要索引能够放在内存中，索引查找提供的助力便几乎不会减小。）即使仅使用索引的扫描一般也无法伸缩，因为这种扫描几乎一定会读取大量的值——这是一种安全的假定，因为如果有可能的话，MySQL 会选择使用索引查找来读取更少的行，而不是使用索引扫描。索引扫描只不过是推迟了不可避免的结果：随着表中的行数增加，使用索引扫描的查询的响应时间也会增加。

寻找行

当我优化一个使用索引查找的慢查询时，首先会检查一个查询指标：检查的行数（参见1.4.1 节的"检查的行数"部分）。找到匹配的行是查询的根本目的，但即使有一个好索引，查询仍可能检查太多的行。"太多"是指响应时间变得不可接受的那个点（并且根本原因不是其他因素，如内存或磁盘 IOPS 不足）。之所以发生这种情况，是因为有几种索引查找访问类型可以匹配多行。只有表 3-1 中列出的访问类型能够最多匹配一行。

表 3-1：最多匹配一行的索引查找访问类型

☐ system
☐ const
☐ eq_ref
☐ unique_subquery

如果 EXPLAIN 计划中的 type 字段不是表 3-1 中列出的某个访问类型，则要仔细关注 rows 字段和"检查的行数"查询指标（参见 1.4.1 节的"检查的行数"部分）。无论是否使用了索引查找，检查大量的行都会很慢。

 MySQL 手册中的"EXPLAIN Output Format"（*https://oreil.ly/8dkRy*）一文列举了访问类型，手册中将其称为连接类型，因为 MySQL 将每个查询视为一个连接。在本书中，为了精准和一致，我只使用两个术语：访问方法和访问类型，如第 2 章所述。

极低的索引选择性是一个可能的帮凶。回忆 2.4.3 节的介绍：索引选择性是将基数除以表中的行数。MySQL 不大可能使用一个选择性极低的索引，因为这种索引会匹配太多的行。因为二级索引在读取行时，需要在主键中执行第二次查找，所以避开一个选择性极低的索引，而使用一次全表扫描，可能会更快——前提是没有更好的索引。在 EXPLAIN 计划中，当访问方法是表扫描（type: ALL），但存在 MySQL 可以使用的

注1：MySQL 不支持稀疏或者部分索引。

索引（possible_keys）时，就是发生了这种情况。为了查看 MySQL 没有选择的执行计划，在对查询执行 EXPLAIN 时添加 FORCE INDEX（*https://oreil.ly/nv1uy*），以使用 possible_keys 字段中列出的索引。最可能发生的情况是，得到的执行计划会使用索引扫描（type: index），并且 rows 的数值很大，因此 MySQL 才会选择表扫描。

> 回忆 2.4.4 节的内容：在极为罕见的情况下，MySQL 会选择错误的索引。如果查询检查了太多的行，但你确信 MySQL 应该使用另外一个更好的索引，则有一定的可能是索引统计数据出错了，导致 MySQL 没有选择更好的索引。运行 ANALYZE TABLE 来更新索引的统计数据。

记住，索引选择性是基数和表中的行数的一个函数。如果基数保持不变，但行数增加，那么选择性会降低。因此，在表小的时候有帮助的索引，在表变得巨大时不一定还有帮助。

连接表

连接表的时候，每个表中增加几行，很快会让性能下降。回忆一下 2.5 节的介绍，对于嵌套循环连接（NLJ）算法（示例 2-22），连接时访问的总行数等于在每个表中访问的行数的乘积。换句话说，将 EXPLAIN 计划中的 rows 的值相乘。对于涉及 3 个表的连接，每个表中只有 100 行的情况，可能要访问 100 万行：100 × 100 × 100 = 1 000 000。为了避免这种情况，每个被连接的表上的索引查找只应该匹配一行——表 3-1 中列出的访问类型最好。

MySQL 几乎可以按任何顺序连接表。你可以利用这一点：有时候，要解决一个不好的查询，方案是在另外一个允许 MySQL 改变连接顺序的表上使用更好的索引。

如果没有索引查找，表连接注定不会有好的表现。1.4.1 节的"select 全连接"部分曾警告过，结果会是一个全连接。但即使有索引，如果该索引不能只匹配一行，表连接也会陷入挣扎。

工作集大小

索引只有在内存中时才有用。如果查询查找的索引值不在内存中，MySQL 就需要从磁盘读取它们。（更准确地说，构成索引的 B 树节点存储在 16 KB 的页面中，MySQL 会在需要时于内存和磁盘之间交换页面。）从磁盘读取要比从内存读取慢几个数量级，这是一个问题，但主要的问题是索引会争用内存。

如果内存有限，但索引众多，且常用于查找很大百分比的值（相对于表大小而言），则索引的使用会增加存储 I/O，因为 MySQL 会试图把频繁使用的索引值保留在内存中。这种情况可能会发生，但很罕见，原因有两个。首先，MySQL 非常擅长将频繁使用的索引值保留在内存中。其次，频繁使用的索引值和它们引用的主键行被称为工作集，通常只占表大小的一个小百分比。例如，一个数据库可能有 500 GB，但应用程序只会频繁访问 1 GB 的数据。考虑到这个事实，MySQL DBA 在分配内存时，通常只分配总数据大小的 10%，并且这个数字常常会被圆整到标准的内存值（64 GB、128 GB 等）。500 GB 的 10% 是 50 GB，所以 DBA 可能会倾向于保持谨慎，将其圆整到 64 GB 的内存。这种方法的效果很好，所以可以作为一个很好的起点。

 作为一个起点，为总数据大小的 10% 分配内存。工作集的大小通常是总数据大小的一个小百分比。

当工作集的大小比可用内存大得多时，索引可能无法提供帮助。相反，就像火势太大，浇水只会助长火势的情况，索引的使用会增加存储 I/O 的压力，导致所有东西变慢。添加更多内存能够快速解决问题，但 2.1.1 节讲到，纵向扩展硬件不是一种可持续的方法。最好的解决方案是处理导致工作集太大的数据大小和访问模式。如果应用程序确实需要存储和访问很多数据，导致工作集的大小不能放在一个 MySQL 实例的合理数量的内存中，那么解决方案是分片，第 5 章将介绍相关内容。

3.1.2 数据越少越好

有经验的工程师不会在数据库变得巨大时欢呼，而是会开始处理这种数据库。当数据显著减少时，他们会庆祝，因为数据越少越好。好在哪里？什么都好：性能、管理、成本等。处理一个 MySQL 实例上的 100 GB 的数据要比处理 100 TB 的数据更快、更容易且成本更低。前者小到智能手机就能处理。后者则需要专门进行处理：性能优化更具挑战性，管理数据会有风险（备份和还原时间是多少？），找到能够处理 100 TB 的数据且成本可接受的硬件也非常困难。保持数据大小合理，要比处理巨大的数据库更加容易。

只要数据量确实是需要的，就值得花时间和精力去优化和管理它们。相比于数据大小，这个问题更多的是在于无节制的数据增长。工程师囤积数据并不罕见，他们会存储各种数据。如果你在想，"我可不是那样"，那非常好。但是，你的同事可能没有你这种值得称赞的数据节制观念。如果是这样，就要在数据大小变成问题之前，提议处理无节制的数据增长。

 不要让大到难以处理的数据库给你造成突然袭击。要监控数据大小（参见 6.5.10 节），并基于当前的增长速率，估测接下来 4 年的数据大小。如果当前的硬件和应用程序设计无法支持将来的数据大小，则现在就着手解决，而不要等它造成问题。

3.1.3 QPS 越低越好

可能不会有另一本书或者另一个工程师说，"QPS 越低越好"。所以，享受这个时刻吧。

我知道，这个秘密有点违反直觉，甚至可能不受欢迎。为了看出它的真相和智慧，考虑有关 QPS 的 3 个很少有人反对的观点：

QPS 只是一个数字——对原始吞吐量的一个测量值

它并没有揭示查询或者性能的性质。一个应用程序在 10 000 QPS 时仍可能实际上处于空闲状态，而另一个应用程序在一半的 QPS 时就可能处于过载状态，并停止工作。即使在相同的 QPS，也可能存在许多性质上的差异。在 1000 QPS 执行 SELECT 1 几乎不需要占用系统资源，而在相同的 QPS 时，一个复杂的查询可能对所有系统资源造成很大的压力。高 QPS——无论多高——是否有帮助，完全取决于查询响应时间。

QPS 值没有客观含义

它们无所谓好坏、高低、典型或不典型。QPS 只有相对于应用程序而言才有意义。如果应用程序的平均值是 2000 QPS，那么 100 QPS 可能是急剧下降，代表应用程序停止了工作。但是，如果另一个应用程序的平均值是 300 QPS，那么 100 QPS 可能只是正常的波动。QPS 也可能相对于外部事件：一天的某时刻、一周的某天、季节、假日等。

很难增加 QPS

将数据大小从 1 GB 增加到 100 GB——100 倍的增长——相对容易。但是，让 QPS 增长 100 倍异常困难（除非 QPS 值特别低，如从 1 QPS 增加到 100 QPS）。即使 2 倍的 QPS 增长也很难实现。最大 QPS——相对于应用程序而言——更难增加，因为不同于存储和内存，你无法购买更多 QPS。

总而言之，QPS 不是定性的，它只相对于应用程序有意义，并且很难增加。这意味着 QPS 无法为你提供帮助。它不像是一种资产，倒像是一种负债。因此，QPS 越低越好。

有经验的工程师会在 QPS（有意地）降低时庆祝，因为 QPS 越低，意味着越大的增长潜力。

3.2 最少数据原则

我为最少数据原则给出如下定义：只存储和访问需要的数据。这理论上听起来显而易见，但实际上很少有人做到。它看上去很简单，但这种简单带有欺骗性，所以接下来的两个小节会包含许多细节。

> 常识并非如此寻常。
> ——伏尔泰

3.2.1 数据访问

不要访问超出需要的数据。访问指的是 MySQL 在执行一个查询时做的所有工作：找到匹配的行，处理匹配的行，以及返回结果集——这适用于读取（SELECT）和写入。高效的数据访问对于写入尤为重要，因为扩展写入操作更加困难。

表 3-2 是可以应用到一个查询的检查清单——希望是每个查询——用于验证其数据访问效率。

表 3-2：高效数据访问的检查清单

□ 只返回需要的列
□ 降低查询的复杂度
□ 限制行访问
□ 限制结果集
□ 避免对行排序

公平来说，忽视其中一个清单项不大可能影响性能。例如，第 5 项——避免对行排序——常常被忽视，却没有影响性能。这些项是最佳实践。如果你一直遵守它们，直到养成习惯，就能够比完全忽视它们的工程师实现更好的 MySQL 性能。

在解释表 3-2 中的每一项之前，我们先来回顾第 1 章的一个例子，对该例子的解释被推迟到了本章。

你可能还记得 1.3.3 节的"查询概要文件"部分的这个例子："在我写这段内容时，我正在看着一个负载为 5962 的查询。怎么可能这么大？"之所以能够实现这个查询负载，原因在于极为高效的数据访问和极为繁忙的应用程序。该查询类似于 SELECT col1, col2 WHERE pk_col = 5：只返回一行中的两个列的一次主键查找。当数据访问如此高效时，MySQL 工作起来几乎就像一个内存中的缓存，以令人难以置信的 QPS 和查询负载执行查询。几乎像，但并不完全是，因为每个查询都是一个有开销的事务（第 8 章将重点介绍事务）。要优化这样的查询，必须修改访问模式，因为查询本身已经无法进一步优化，数据大小也无法降低。第 4 章会再次回顾这个查询。

只返回需要的列

查询应该只返回需要的列。

不要使用 SELECT *。如果表中包含任何 BLOB、TEXT 或 JSON 列，这一点尤为重要。

你可能已经听说过这个最佳实践，因为数据库行业（不只是 MySQL）已经喋喋不休地介绍这个最佳实践几十年了。我想不起来上一次在生产环境中看到 SELECT * 是什么时候，但这个最佳实践非常重要，有必要把它提出来。

降低查询的复杂度

查询应该尽可能简单。

查询复杂度指的是构成一个查询的所有表、条件和 SQL 子句。在这种上下文中，复杂度是相对于查询而不是工程师而言的。查询 SELECT col FROM tbl WHERE id = 1 没有连接 5 个表且有多个 WHERE 条件的查询复杂。

复杂的查询是工程师的问题，不是 MySQL 的问题。查询越复杂，分析和优化它就越困难。如果你够幸运，复杂的查询可能能够很好地工作，并且从未被报告为慢查询（参见 1.3.3 节的"查询概要文件"部分）。但是，幸运不能等同于最佳实践。应该让查询从一开始（最初编写的时候）就简单，并在有可能的时候降低查询的复杂度。

对于数据访问而言，简单查询一般访问的数据更少，因为它们包含更少的表、条件和 SQL 子句，这也意味着 MySQL 需要做的工作更少。但是要小心：错误的简化可能导致更差的 EXPLAIN 计划。例如，第 2 章的图 2-21 演示了这样一个例子：删除一个条件导致 ORDER BY 优化失效，产生了一个（稍微）差一些的 EXPLAIN 计划。总是要确认，更简单的查询能够产生相当或者更好的 EXPLAIN 计划和相同的结果集。

限制行访问

查询应该访问尽可能少的行。

访问过多的行常常是一件让人意外的事情；工程师不会故意访问过多的行。数据随时间增长是一种常见的原因：一个快速查询一开始只访问几行，但随着时间流逝，数据也增长了几千兆字节，它开始访问过多的行，从而变成一个慢查询。简单的错误是另外一个原因：工程师编写了一个查询，认为它只会访问少数行，但他们错了。在数据增长和简单错误相交的地方，是最重要的原因：没有限制范围和列表。如果 MySQL 在 col 上执行范围扫描，则一个开放的范围，如 col > 75，可能访问数不清的行。你可能认为表很小，所以故意这么写查询，但需要知道，随着表的增长，特别是当 col 上的索引不唯一的时候，行访问几乎是无限的。

LIMIT 子句并不能限制行访问，因为 LIMIT 是在匹配行之后应用到结果集的。ORDER BY...LIMIT 优化是一个例外，如果 MySQL 能够按索引顺序访问行，就会在找到 LIMIT 个数的匹配行后停止读取行。不过，有趣的地方在于，EXPLAIN 不会报告使用了这种优化。你必须从 EXPLAIN 报告和没有报告的信息中推断出这种优化。我们来看看这种优化的应用，并证明它能够限制行访问。

我们使用第 2 章的表 elem（示例 2-1），首先执行一个没有 LIMIT 子句的查询。示例 3-1 显示，该查询返回了 8 行。

示例 3-1：没有 LIMIT 子句的查询返回的行

```
SELECT * FROM elem WHERE a > 'Ag' ORDER BY a;

+----+----+----+----+
| id | a  | b  | c  |
+----+----+----+----+
|  8 | Al | B  | Cd |
|  9 | Al | B  | Cd |
|  3 | Al | Br | Cr |
| 10 | Ar | B  | Cd |
|  4 | Ar | Br | Cd |
|  5 | Ar | Br | C  |
|  7 | At | Bi | Ce |
|  2 | Au | Be | Co |
+----+----+----+----+
8 rows in set (0.00 sec)
```

没有 LIMIT 子句时，该查询访问（并返回）了 8 行。即使在添加 LIMIT 2 子句后，EXPLAIN 也报告了 rows: 8，如示例 3-2 所示，这是因为 MySQL 在执行查询之前，不能知道范围中有多少行不匹配。在最坏的情况下，没有一行匹配，导致 MySQL 读取所有的行。但是，对于这个简单的示例，我们能够看到，前两行（id 值为 8 和 9）将匹配唯一的表条件。如果我们正确，查询指标会报告检查了两行，而不是 8 行。但是，我们首先来看看如何从示例 3-2 中的 EXPLAIN 计划推断这种优化。

示例 3-2：ORDER BY...LIMIT 优化的 EXPLAIN 计划

```
EXPLAIN SELECT * FROM elem WHERE a > 'Ag' ORDER BY a LIMIT 2\G

*************************** 1. row ***************************
           id: 1
  select_type: SIMPLE
        table: elem
   partitions: NULL
         type: range
possible_keys: a
          key: a
      key_len: 8
          ref: NULL
         rows: 8
     filtered: 100.00
        Extra: Using index condition
```

可以推断出，MySQL 使用了 ORDER BY...LIMIT 优化，从而只访问两行（LIMIT 2），因为：

- 这个查询使用了索引（type: range）

- ORDER BY 列是该索引的最左前缀（key: a）

- Extra 字段没有报告"Using filesort"

示例 3-3 显示了证据，这是 MySQL 执行该查询后的一段慢查询日志。

示例 3-3：ORDER BY...LIMIT 优化的查询指标

```
# Query_time: 0.000273  Lock_time: 0.000114  Rows_sent: 2  Rows_examined: 2
SELECT * FROM elem WHERE a > 'Ag' ORDER BY a LIMIT 2;
```

示例 3-3 中第一行末尾的 Rows_examined: 2 证明，MySQL 使用 ORDER BY...LIMIT 优化来只访问两行，而不是全部 8 行。要了解这种优化的更多信息，可以阅读 MySQL 手册中的"LIMIT Query Optimization"（*https://oreil.ly/AnurD*）一文。

对于限制范围和列表，有一个重要的因素需要验证：应用程序限制了查询中使用的输入吗？在 1.4.4 节，我讲了一个故事："长话短说，这个查询用于查找数据，以进行欺诈检测，偶尔会发生一次查询几千行的情况，这导致 MySQL 切换查询执行计划。"在那种情况下，解决方案很简单，将应用程序输入限制到每个请求 1000 个值。它还突显了一个事实：人类用户可能会输入大量的值。正常情况下，当用户是另外一个计算机时，工程师会小心地限制输入，但当用户是人的时候，他们的警惕性就会放松下来，因为他们认为人不会或者不能输入太多的值。但他们错了：使用复制粘贴时，以及当截止日期邻近时，正常人可能会让任何计算机过载。

对于写入，限制行访问非常重要，因为一般来说，在更新匹配的行之前，InnoDB 会锁住它访问的每一行。因此，InnoDB 锁住的行数可能比你预想的更多。8.1 节将详细介绍相关内容。

对于表连接，限制行访问也非常重要：2.2.9 节讲过，在连接时，每个表中增加几行，会快速让性能降低。在该节中，我指出，如果没有索引查找，表连接注定不会有好的表现。在本节中，我要指出，除非表连接也只访问了非常少的行，否则它的表现会更差。记住：非唯一索引上的索引查找可能访问任意数量的重复行。

需要了解你的访问模式，对于每个查询，什么限制了行访问？使用 EXPLAIN 来查看估测的行访问（rows 字段），并监控检查的行数（参见 1.4.1 节的"检查的行数"部分），以避免不小心访问太多的行。

限制结果集

查询应该返回尽可能少的行。

这要比在查询中添加一个 LIMIT 子句更加复杂，不过添加 LIMIT 子句肯定会有帮助。这指的是应用程序不使用整个结果集——查询返回的行——的情况。这个问题有 3 种变化。

第一种变化是应用程序使用了一些行，但没有使用全部行。这可能是有意或者无意发生的。如果是无意发生的情况，则说明 WHERE 子句需要更好（或更多）的条件，以便只匹配需要的行。在应用程序代码中过滤行，而不是使用 WHERE 条件过滤行，就会发生这种情况。如果你发现这种问题，就与团队进行沟通，确保不是故意这么写的。如果是有意发生的情况，则应用程序可能通过选择更多的行来避免让查询太复杂，这把匹配行的工作从 MySQL 转移给了应用程序。只有当能够降低响应时间时，这种技术才有用——类似于 MySQL 在极罕见的情况下会选择表扫描。

第二种变化发生在查询有一个 ORDER BY 子句，应用程序使用了行的一个有序子集时。对于第一种变化，行顺序并不重要，但它却是第二种变化的决定性特征。例如，一个查询返回了 1000 行，但应用程序只使用了排序后的前 20 行。在这种情况下，解决方案可能简单到只需要为查询添加一个 LIMIT 20 子句。

应用程序如何处理剩下的 980 行呢？如果那些行从来不会被使用，则查询肯定不应该返回它们——添加 LIMIT 20 子句。但如果使用了那些行，则应用程序很可能在分页：一次使用 20 行（例如，每个页面显示 20 个结果）。在这种情况下，如果能够使用 ORDER BY...LIMIT 优化（参见 3.2.1 节的"限制行访问"部分），那么使用 LIMIT 20 OFFSET N 来根据需要获取页面——其中 N = 20×（页面编号 –1）——可能会更快、更加高效。必须使用 ORDER BY...LIMIT 优化，否则 MySQL 必须找到并排序所有匹配的行，然后才能应用 LIMIT 子句的 OFFSET 部分——只为返回 20 行，浪费了很多工作。但是，即使没有这种优化，还有另外一种解决方案：大而合理的 LIMIT 子句。例如，如果你测量了应用程序的使用情况，发现大部分请求只使用前 5 个页面，就可以使用 LIMIT 100 子句来获取前 5 个页面，对于大部分请求，这能够将结果集大小减小 90%。

第三种变化发生在应用程序只是在聚合结果集的时候。如果应用程序既聚合结果集，又使用单独的行，则是可以接受的。但如果只是聚合结果集，而不是使用 SQL 聚合函数（它们会限制结果集），就构成了一种反模式。表 3-3 列出了 5 种反模式和对应的 SQL 解决方案。

表 3-3：应用程序中的 5 种结果集反模式

应用程序中的反模式	SQL 解决方案
添加一个列值	SUM(column)
统计行数	COUNT(*)
统计值的个数	COUNT(column)...GROUP BY column
统计唯一值的个数	COUNT(DISTINCT column)
提取唯一值	DISTINCT

添加列值也适用于其他统计函数：AVG()、MAX()、MIN() 等。应该让 MySQL 完成计算，而不是返回行。

统计行数是一种极端的反模式，但我看到过有人这么做，所以我相信，有其他应用程序也悄悄地在不需要的行上浪费网络带宽。不要只使用应用程序来统计行数，应该在查询中使用 COUNT(*)。

 在 MySQL 8.0.14 中，SELECT COUNT(*) FROM table（没有 WHERE 子句）使用多个线程来并行读取主键。这并不是并行查询执行；MySQL 手册称之为"并行聚簇索引读取"。

对于程序员来说，可能使用代码来统计值的个数比使用 SQL GROUP BY 子句更简单，但应该使用后者来限制结果集。示例 3-4 再次使用表 elem（示例 2-1），演示了如何使用 COUNT(column)...GROUP BY column 统计一个列中的值的个数。

示例 3-4：统计值的个数

```
SELECT a, COUNT(a) FROM elem GROUP BY a;

+----+----------+
| a  | COUNT(a) |
+----+----------+
| Ag |        2 |
| Al |        3 |
| Ar |        3 |
| At |        1 |
| Au |        1 |
+----+----------+
```

对于表 elem 中的列 a，两行中包含值"Ag"，3 行中包含值"Al"，以此类推。SQL 解决方案返回了 5 行，而反模式会返回全部 10 行。这些数字相差不大——5 行对比 10 行——但它们把我的观点表达出来了：通过在 SQL 而不是应用程序中进行聚合，查询可以限制其结果集。

COUNT(*) 与 COUNT(column)

COUNT(*) 统计匹配行的个数，即结果集的大小。COUNT(column) 统计在匹配行的该列中，非 NULL 值的个数。当把 COUNT(column) 与其他列（包括它自己）一起使用时，需要使用 GROUP BY 子句来进行合适的聚合，如示例 3-4 所示。

提取唯一值——列值去重——在应用程序中很容易使用关联数组实现。但在 MySQL 中也可以实现，只需要使用 DISTINCT，它能够限制结果集。（DISTINCT 也可算作一个聚合

函数，因为它是 GROUP BY 的一种特殊情况。）DISTINCT 对于单个列特别清晰、有用。例如，`SELECT DISTINCT a FROM elem` 返回列 a 中的唯一值的一个列表。（如果你感到好奇，这里告诉你，列 a 中有 5 个唯一值："Ag""Al""Ar""At" 和 "Au"。）DISTINCT 让人意外的地方是，它会应用到所有的列。`SELECT DISTINCT a, b FROM elem` 会返回包含列 a 和 b 中的值的唯一行的列表。要了解更多信息，可以查阅 MySQL 手册中的 "DISTINCT Optimization"（*https://oreil.ly/j3IjK*）一文。

避免对行排序

查询应该避免对行排序。

在应用程序而不是 MySQL 中对行排序，可以删除 ORDER BY 子句，从而降低查询的复杂度，并且由于把工作分散到应用程序实例中，这种方法的扩展性也更好，因为应用程序实例要比 MySQL 更容易扩展。

如果 ORDER BY 子句不带 LIMIT 子句，就意味着可以删除这个 ORDER BY 子句，让应用程序对行排序（也可能是前一小节讨论的问题的第二种变化）。找到使用不带 LIMIT 子句的 ORDER BY 子句的查询，判断是不是能够让应用程序代替 MySQL 对行排序——答案应该是肯定的。

3.2.2 数据存储

不要存储超出需要的数据。

虽然数据对你有价值，但对 MySQL 是一种负担。表 3-4 是高效数据存储的一个检查清单。

我强烈建议你审查自己的数据存储——有一些东西会让你感到意外。在第 2 章开始时，我提到过这样的一种意外：我创建的应用程序不小心存储了 10 亿行。

表 3-4：高效数据存储的检查清单

- ☐ 只存储需要的行
- ☐ 每一列都被使用
- ☐ 每一列都精简、实用
- ☐ 每个值都精简、实用
- ☐ 每个二级索引都被使用且没有重复
- ☐ 只保留需要的行

如果可以勾掉全部 6 项，则你处在一个很好的位置，可以将数据伸缩到任意大小。但这并不容易，一些项很容易被忽视，当数据库较小时尤其如此。但不要拖延，找出并纠

正低效存储的最佳时机就是当数据库还小的时候。当数据库规模变大时，考虑到一天的
86 400 s，再乘以高吞吐量，一两字节就可能造成巨大的影响。进行规模性设计，并准
备好迎接成功。

只存储需要的行

随着应用程序发生变化和增长，工程师可能不再清楚它存储什么。而当数据存储没有问
题时，工程师没有理由去查看或者询问它存储什么。如果自你或其他人上次检查应用程
序存储什么东西之后，已经过了很久，或者如果你新加入团队或新接手应用程序，那
么就应该查看应用程序存储什么。我看到过被人遗忘的服务在几年间写着没有人使用的
数据。

每一列都被使用

比只存储需要的行更深一层，是只存储需要的列。同样，随着应用程序发生变化和增
长，工程师可能不再清楚列存储什么，当使用对象关系映射（Object-Relational Mapping，
ORM）时更是如此。

但是，没有工具或自动化的方式能够发现 MySQL 中未被使用的列。MySQL 跟踪哪些数
据库、表和索引被使用，但不跟踪列的使用情况。没有什么比未被使用的列隐匿得更深
了。唯一的办法是手动检查：对比应用程序查询所使用的列和表中存在的列。

每一列都精简、实用

比只存储需要的行更深两层，是让每一列都精简、实用。精简的意思是使用最小的数据
类型来存储值。实用的意思是使用的数据类型不要小到为你或应用程序造成麻烦或者错
误。例如，将一个无符号 INT 用作一个位字段够精简（没有比位更小的了），但通常不
实用。

要熟悉 MySQL 的所有数据类型（*https://oreil.ly/x7fTF*）。

数据类型 VARCHAR(255) 是一个经典的反模式。这个数据类型和大小很常用，但对于许
多程序和工程师来说是一个低效的默认值，他们可能只是从另一个程序或工程师那里摘
抄了这种做法。你会看到它被用来存储任何东西，这就是它的效率较低的原因。

例如，我们来继续使用表 elem（示例 2-1）。原子符号有 1 或 2 个字符。列定义 atomic_
symbol VARCHAR(255) 从技术上讲是精简的——VARCHAR 是可变长度，所以在这里只

会使用 1 或 2 个字符——但它允许垃圾数据写入和输出：写入或者输出无效的值，如"Carbon"而不是"C"，这可能对应用程序产生未知的影响。更好的列定义是 atomic_symbol CHAR(2)，这是精简且实用的。

对于表 elem 来说，列定义 atomic_symbol ENUM(...) 是不是更好？ENUM 比 CHAR(2) 更加精简，但是对于超过 100 个原子符号，它是不是更加实用呢？这是你需要做出的权衡。这两种原则都明显比 VARCHAR(255) 更好。

ENUM（*https://oreil.ly/WMXfA*）是高效数据存储的"无名英雄"之一。

要留意列的字符集。如果没有显式定义列的字符集，则默认使用表的字符集，而如果没有显式定义表的字符集，默认会使用服务器的字符集。在 MySQL 8.0 中，默认的服务器字符集是 utf8mb4。对于 MySQL 5.7 及更早版本，默认的服务器字符集是 latin1。取决于字符集，*é* 这样的一个字符可能被存储为多个字节。例如，使用 latin1 字符集时，MySQL 将 *é* 存储为一个字节：0xE9。但是，使用 utf8mb4 字符集时，MySQL 将 *é* 存储为两个字节：0xC3A9。（表情符号为每个字符使用 4 个字节。）字符集是一个特殊的、偏学术的世界，不在大部分图书的讨论范围内。现在，你只需要知道：一个字符可能需要多个字节来存储，这取决于具体字符和字符集。在大表中，字节数可能快速增加。

要非常谨慎地使用 BLOB、TEXT 和 JSON 数据类型。不要把它们作为一个容纳各种东西的场所。例如，不要在 BLOB 中存储图片——这么做有用，但不要这么做。有好得多的解决方案，如 Amazon S3（*https://aws.amazon.com/s3*）。

精简和实用的性质向下一直延伸到位的级别。另外一种十分常见但很容易避免的低效列存储是浪费整数数据类型（*https://oreil.ly/6CdwC*）的高阶位。例如，使用 INT 而不是 INT UNSIGNED：最大值分别是大约 20 亿和 40 亿。如果值不能为负数，则使用无符号数据类型。

在 MySQL 8.0.17 中，已经对 FLOAT、DOUBLE 和 DECIMAL 数据类型弃用 UNSIGNED。

在软件工程的世界中，像这样的细节可能被视为微小的优化或者过早的优化，所以不被赞成，但在模式设计和数据库性能的世界中，它们是最佳实践。

每个值都精简、实用

比只存储需要的行更深三层，是让每个值都精简、实用。实用的含义与上文相同，但精简在这里是指值的最小表示。精简的值高度依赖于应用程序使用它们的方式。例如，考虑有一个前导空格和一个尾随空格的字符串："and"。表 3-5 列出了应用程序能够精简这个字符串的 6 种方式。

表 3-5：精简字符串 "and" 的 6 种方式

精简值	可能的用法
"and"	删除所有空格。这对于字符串很常见
"and"	删除尾随空格。在许多语法（如 YAML 和 Markdown）中，前导空格在语法上有意义
"and"	删除前导空格。这种情况或许更少见，但仍然可能发生。有时候，程序会使用这种方式来连接用空格隔开的实参（如命令行实参）
""	删除值（空字符串）。可能值是可选的，如 FROM table AS table_alias 中的 AS，可以把它重写为 FROM table table_alias
"&"	用等效符号替换字符串。在书面语言中，& 字符在语义上与单词 "and" 相同
NULL	没有值。可能值是完全多余、可被删除的，导致没有值存在（甚至没有空字符串，空字符串从技术上讲仍然是一个值）

表 3-5 中的转换代表了精简一个值的 3 种方式：最小化、编码和去重。

最小化。要最小化一个值，可以删除多余的、非必要的数据：空格、注释、头等。在示例 3-5 中，我们来考虑一个更加困难但是熟悉的值。

示例 3-5：格式化后的 SQL 语句（未被最小化）

```
SELECT
  /*!40001 SQL_NO_CACHE */
  col1,
  col2
FROM
  tbl1
WHERE
  /* comment 1 */
  foo = ' bar '
ORDER BY col1
LIMIT 1; – comment 2
```

如果应用程序只存储示例 3-5 中的 SQL 语句的功能部分，则可以压缩关键字之间的空格（不在值内），并删除最后两个注释（不包括第一个注释），从而最小化值。示例 3-6 显示了最小化后的（精简）值。

示例 3-6：最小化的 SQL 语句

```
SELECT /*!40001 SQL_NO_CACHE */ col1, col2 FROM tbl1 WHERE foo=' bar ' LIMIT 1
```

示例 3-5 和示例 3-6 在功能上是相同的（生成相同的 EXPLAIN 计划），但最小化后的值的数据大小几乎小了 50%（48.9%）：从 137 字节变为 70 字节。对于长期的数据增长，50% 的下降——甚至只有 25% 的下降——会产生重大的影响。

最小化 SQL 语句演示了重要的一点：最小化一个值并不总是很容易。SQL 语句并不是无意义的字符串：它是一种语法，所以需要熟悉语法后才能正确地最小化 SQL 语句。之所以不能删除第一个注释，是因为它有功能意义。请参见 MySQL 手册的"Comments"（*https://oreil.ly/3l8zy*）一文来了解它的意义。类似地，带引号的值 'bar' 中的空格也是有功能意义的：'bar' 和 'bar' 并不相同。你可能已经注意到了一个小细节：尾随的分号被删除了，因为在这个上下文中，它没有功能意义，但要注意，在其他上下文中，它可能会有功能意义。

思考如何最小化一个值时，首先看它的数据格式。数据格式的语法和语义决定了哪些数据是多余的、非必要的。例如，在 YAML 中，注释 # like this 是纯粹的注释（这与特定的 SQL 注释不同），所以如果应用程序不需要它们，就可以删除它们。即使你的数据格式是自定义的，也一定会有某种语法和语义，否则应用程序就无法通过代码读写它。必须知道数据格式，才能正确地最小化值。

最小的值是根本没有值：NULL。我知道，处理 NULL 会是一种挑战，但有一种我强烈建议你使用的优雅的解决方案：COALESCE()（*https://oreil.ly/muYZW*）。例如，如果列 middle_name 是可为 null 的（并不是所有人都有中间名），那么使用 COALESCE(middle_name, '')，在设置该值时返回该值，否则返回一个空字符串。这样一来，就获得了 NULL 存储的优势——它只需要一个位——但没有在应用程序中处理 null 字符串（或指针）的困扰。在实用的前提下，使用 NULL 代替空字符串、0 值和魔术值。它需要一点额外的工作，但它是最佳实践。

 NULL 和 NULL 是唯一的，换句话说，两个 null 值是不同的。应该避免在可为 null 的列上使用唯一索引，否则要确保应用程序能够恰当地处理包含 NULL 值的重复行。

如果你确实想避免使用 NULL，上面的警告就是技术上的理由。这两组是唯一的：(1, NULL) 和 (1, NULL)。这不是印刷错误。对于人来说，这两个值看起来相同，但对于 MySQL 来说，它们是唯一的，因为 NULL 与 NULL 的比较是未定义的。请参见 MySQL 手册中的"Working with NULL Values"(*https://oreil.ly/oyTPZ*)一文。它一开始就承认："除非你熟悉 NULL 值，否则它可能会让你感到惊讶"。

编码。要编码一个值，需要把它从人类可读转换为机器可读。可以用一种方式来编码和存储数据，供计算机使用，用另一种方式解码和显示数据，供人类查看。在计算机上存储数据时，最高效的方式是针对计算机编码数据。

为机器存储，为人显示。

最典型的示例，也是一种反模式，是将 IP 地址存储为一个字符串。例如，将 127.0.0.1 作为一个字符串存储在一个 CHAR(15) 列中。IP 地址是 4 字节的无符号整数——这是真正的计算机编码。（如果你感到好奇，那么这里告诉你：127.0.0.1 对应于十进制值 2130706433。）要编码和存储 IP 地址，应该使用数据类型 INT UNSIGNED，并使用函数 INET_ATON() 和 INET_NTOA() 将其与字符串相互转换。如果编码 IP 地址不实用，则数据类型 CHAR(15) 是一种可以接受的替代方案。

另外一个类似的示例和反模式是将 UUID 存储为一个字符串。UUID 是一个多字节的整数，被表示为一个字符串。因为 UUID 的字节长度可能发生变化，所以需要使用数据类型 BINARY(N)，其中 N 是字节长度，并使用函数 HEX() 和 UNHEX() 来转换值。或者，如果你使用 MySQL 8.0（或更新版本）和 RFC 4122 UUID（MySQL 的 UUID() 函数会生成它们），就可以使用 UUID_TO_BIN() 和 BIN_TO_UUID() 函数。如果编码 UUID 不实用，至少应该使用数据类型 CHAR(N) 来存储其字符串表示，其中 N 是字符串的字符长度。

对于存储数据，还有一种更加精简的计算机编码方法：压缩。但这是一种极端的方法，悄悄涉足了空间 - 速度折中的灰色区域，这不在本书的讨论范围内。我还没有见过需要使用压缩来提高性能或规模的情况。严格地应用高效数据存储检查清单（表 3-4）中的各项，可以让存储的数据达到非常大的规模，使其他问题成为阻碍因素：备份和还原时间、在线修改模式等。如果你认为自己需要使用压缩来提高性能，请咨询专家来进行确认。

既然我们在讨论编码，就在本节再塞入另一个重要的最佳实践：只使用 UTC 来存储和访问日期和时间。只在显示（或输出）时，才将日期和时间转换为本地时间（或任何合适的时区）。另外要注意，MySQL 的 TIMESTAMP 数据类型将在 2038 年 1 月 19 日停止使用。如果你在 2037 年 12 月收到本书作为假日礼物，并且你的数据库包含 TIMESTAMP 列，可能就需要结束休假，再工作一段时间。

去重。要对值去重，可以将列规范化为另外一个具有一对一关系的表。这种方法完全特定于应用程序，所以我们来考虑一个具体的例子。假设在一个表中存储了极为简化的图书目录，该表中只包含两列：title 和 genre。（我们只关注数据，忽略数据类型和索引等细节。）示例 3-7 显示了包含 5 本图书和 3 个唯一类型的一个表。

示例 3-7：包含重复 genre 值的图书目录

```
+----------------------------------+-----------+
| title                            | genre     |
+----------------------------------+-----------+
| Efficient MySQL Performance      | computers |
| TCP/IP Illustrated               | computers |
| The C Programming Language        | computers |
| Illuminations                    | poetry    |
| A Little History of the World    | history   |
+----------------------------------+-----------+
```

列 genre 包含重复的值：值 computers 的 3 个实例。为了去重，可以将该列规范化为具有一对一关系的另外一个表。示例 3-8 在上部显示了新表，在下部显示了修改后的原表。两个表在列 genre_id 上有一对一关系。

示例 3-8：规范化后的图书目录

```
+----------+-----------+
| genre_id | genre     |
+----------+-----------+
|        1 | computers |
|        2 | poetry    |
|        3 | history   |
+----------+-----------+
```

```
+----------------------------------+-----------+
| title                            | genre_id  |
+----------------------------------+-----------+
| Efficient MySQL Performance      | 1         |
| TCP/IP Illustrated               | 1         |
| The C Programming Language        | 1         |
| Illuminations                    | 2         |
| A Little History of the World    | 3         |
+----------------------------------+-----------+
```

原表（下部）的列 genre_id 中仍然有重复的值，但当数据量大时，数据大小得到了大大减少。例如，存储字符串"computers"需要 9 字节，但使用数据类型 SMALLINT UNSIGNED——该类型允许有 65 536 个唯一的类型（很可能够用了）——存储整数 1 只需要 2 字节。数据大小减少了 77.7%：从 9 字节变为 2 字节。

以这种方式对值去重利用了*数据库规范化*：根据逻辑关系（一对一、一对多等）将数据拆分到多个表中。但是，对值去重并不是数据库规范化的目标或目的。

数据库规范化不在本书讨论范围内，所以我不会进一步解释它。介绍这个主题的图书有很多，所以找到一本不错的图书来学习数据库规范化并不困难。

从这个例子来看，数据库规范化似乎导致值被去重，但严格来说这并不准确。示例 3-7 中的单个表从技术上讲是有效的第一、第二和第三范式（假定存在主键）——它是完全规范化的，只是设计不佳。更准确的说法是，值的去重是数据库规范化的一种常见（和期望）的副作用。因为你在任何情况下都应该规范化数据库，所以很可能会避免重复值。

相对于规范化，另外一面——去规范化——也很有趣。去规范化与规范化相反：将相关的数据合并到一个表中。如果是故意设计的，那么示例 3-7 中的单个表可能是一个去规范化后的表。去规范化是通过去除表连接和伴随的复杂性，从而提高性能的一种技术。但是，不要急着对你的模式进行去规范化，因为这还涉及本书不会讨论的一些细节和折中。事实上，去规范化与"更少数据"的做法相反，因为它故意使用重复数据，用空间来换取速度。

安全的做法和最佳实践是进行数据库规范化和使用更少数据。结合这两者能够实现大规模和高性能。

每个二级索引都被使用且没有重复

高效数据存储检查清单（表 3-4）中的倒数第二项指出，每个二级索引都应该被使用且没有重复。避免未使用的索引和重复的索引总是一个好主意，但对于数据大小来说尤为重要，因为索引是值的副本。当然，二级索引要比完整表（主键）小得多，因为它们只包含索引列的值和对应的主键列的值，随着表增长，它们也会变得越来越大。

删除未使用和重复的二级索引是减少数据大小的一种简单的方式，但这么做时要小心。如 2.4.2 节所述，找出未使用的索引并不容易，因为有的索引可能并不会被频繁使用，所以一定要检查足够长时间段内的索引使用情况。与之相对，找出重复的索引要更容易一些：使用 pt-duplicate-key-checker（*https://oreil.ly/qSStI*）。再说一次：删除索引时一定要小心。

删除索引只是减少了相当于索引大小的数据大小。有 3 种方法可以查看索引大小。我们使用 employees 示例数据库（*https://oreil.ly/lwWxR*），因为它包含几兆字节的索引数据。要查看索引大小，第一种也是首选的方法，是查询表 INFORMATION_SCHEMA.TABLES，如示例 3-9 所示。

示例 3-9：employees 示例数据库的索引大小（INFORMATION_SCHEMA）

```
SELECT
  TABLE_NAME, DATA_LENGTH, INDEX_LENGTH
FROM
  INFORMATION_SCHEMA.TABLES
WHERE
  TABLE_TYPE = 'BASE TABLE' AND TABLE_SCHEMA = 'employees';

+--------------+-------------+--------------+
| TABLE_NAME   | DATA_LENGTH | INDEX_LENGTH |
+--------------+-------------+--------------+
| departments  |       16384 |        16384 |
| dept_emp     |    12075008 |      5783552 |
| dept_manager |       16384 |        16384 |
| employees    |    15220736 |            0 |
| salaries     |   100270080 |            0 |
| titles       |    20512768 |            0 |
+--------------+-------------+--------------+
```

TABLE_NAME 是 employees 示例数据库中的表名称，该数据库中只有 6 个表。（该数据库
中有一些视图，条件 TABLE_TYPE = 'BASE TABLE' 过滤掉了它们。）DATA_LENGTH 是主
键的大小（单位为字节）。INDEX_LENGTH 是全部二级索引的大小（单位为字节）。最后 4
个表没有二级索引，只有主键。

查看索引大小的第二种也是较为传统（但仍被广泛使用）的方法，是运行 SHOW TABLE
STATUS。可以添加一个 LIKE 子句来只显示一个表，如示例 3-10 所示。

示例 3-10：表 employees.dept_emp 的索引大小（SHOW TABLE STATUS）

```
SHOW TABLE STATUS LIKE 'dept_emp'\G

*************************** 1. row ***************************
           Name: dept_emp
         Engine: InnoDB
        Version: 10
     Row_format: Dynamic
           Rows: 331143
 Avg_row_length: 36
    Data_length: 12075008
Max_data_length: 0
   Index_length: 5783552
      Data_free: 4194304
 Auto_increment: NULL
    Create_time: 2021-03-28 11:15:15
    Update_time: 2021-03-28 11:15:24
     Check_time: NULL
      Collation: utf8mb4_0900_ai_ci
       Checksum: NULL
 Create_options:
        Comment:
```

SHOW TABLE STATUS 输出中的字段 Data_length 和 Index_length 与 INFORMATION_ SCHEMA.TABLES 中的列相同，值也相同。查询 INFORMATION_SCHEMA.TABLES 是更好的方法，因为这允许你在 SELECT 子句中使用函数，如 ROUND(DATA_LENGTH / 1024 / 1024)，从而将字节值转换和圆整为其他单位。

查看索引大小的第三种方法是目前唯一能够看到每个索引的大小的方法：查询表 mysql. innodb_index_stats，如示例 3-11 所示，它显示了表 employees.dept_emp 的索引大小。

示例 3-11：表 employees.dept_emp 的每个索引的大小（mysql.innodb_index_stats）

```
SELECT
  index_name, SUM(stat_value) * @@innodb_page_size size
FROM
  mysql.innodb_index_stats
WHERE
      stat_name = 'size'
  AND database_name = 'employees'
  AND table_name = 'dept_emp'
GROUP BY index_name;

+------------+----------+
| index_name | size     |
+------------+----------+
| PRIMARY    | 12075008 |
| dept_no    |  5783552 |
+------------+----------+
```

表 employees.dept_emp 有两个索引：主键和一个名为 dept_no 的二级索引。列 size 包含每个索引的大小（单位为字节），这实际上是索引页面的个数乘以 InnoDB 的页面大小（默认为 16 KB）。

employees 示例数据库并不能很好地展示二级索引的大小，但真实的数据库可能包含大量的二级索引，它们会占据总数据大小的一大部分。应该定期检查索引使用情况和索引的大小，并通过谨慎地删除未使用和重复的索引来减少总的数据大小。

只保留需要的行

高效数据存储检查清单（表 3-4）的最后一项指出，应该只保留需要的行。这一项让我们绕了回去，与第一项构成了一个闭环："只存储需要的行"。当存储的时候，可能需要某行，但随着时间过去，不再需要该行。应该删除（或归档）不再需要的行。听起来显然应该这么做，但经常可以发现有些表中包含被遗忘或者遗弃的数据。我已经数不清有多少次看到有团队删除被遗忘的整个表。

删除（或归档）数据，这说起来容易，做起来难。下一节将迎接这个挑战。

3.3 删除或归档数据

我希望你在学习本章后，心中会升起对删除或归档数据的渴望。过多的数据多次将我从愉悦的梦中唤醒：就像 MySQL 有自己的思想，总是等待凌晨 3 点再写满磁盘。曾经有一个应用程序在 3 个不同时区的午夜呼叫我（由于在世界上的不同地方开会，我的时区会改变）。因此，我们来看看如何删除或归档数据，但不对应用程序造成负面影响。

为简洁起见，我只会提到删除数据，而不会说删除或归档数据，因为面临的挑战几乎完全在于删除数据。归档数据需要首先复制数据，然后删除数据。复制数据时应该使用非阻塞的 SELECT 语句，以避免影响应用程序，然后将复制的数据写入应用程序不会访问的另一个表或数据存储中。即使使用了非阻塞的 SELECT 语句，也必须限制复制的速度，以避免 QPS 增加到 MySQL 和应用程序无法处理的程度（3.1.3 节提到过，QPS 是相对于应用程序的，并且很难增加）。

3.3.1 工具

你需要自己编写工具来删除或归档数据。很抱歉一开始就告诉你一个坏消息，但这是事实。好消息是，删除和归档数据并不困难——相比你的应用程序，这个工作可能微不足道。最重要是要调节执行 SQL 语句的循环。不要写这样的代码：

```
for {
    rowsDeleted = execute("DELETE FROM table LIMIT 1000000")
    if rowsDeleted == 0 {
        break
    }
}
```

LIMIT 1000000 可能太大了，而且这个 for 循环在语句之间没有延迟。这段伪代码很可能会导致应用程序停止工作。批大小是安全、有效的数据归档工具的关键。

3.3.2 批大小

首先介绍一种快捷方法，它允许你先跳过本节，等到需要时再阅读。这个快捷方法是：如果行很小（不包含 BLOB、TEXT 或 JSON 列），并且 MySQL 没有正在处理大量负载，那么在一个 DELETE 语句中手动删除 1000 行（或更少）是安全的。手动的意思是，你依次执行每个 DELETE 语句，而不是并行执行。不要编写一个程序来执行 DELETE 语句。大部分人都慢到 MySQL 注意不到，所以不管你多么快，手动执行 DELETE...LIMIT 1000 语句时，都不会快到让 MySQL 过载。应该谨慎地使用这种快捷方法，并让另外一个工程师检查任何手动删除。

本节描述的方法介绍的是 DELETE，但也适用于 INSERT 和 UPDATE。对于 INSERT，批大小由插入的行数控制，而不是由 LIMIT 子句控制。

能够快速、安全地删除行的速率由这样的批大小决定：MySQL 和应用程序在维持这个批大小时，能够不影响查询响应时间或复制延迟（第 7 章将介绍复制延迟）。批大小是指每个 DELETE 语句删除的行数，它受到 LIMIT 子句的控制，必要时还会用一个简单的延迟来进行调节。

批大小针对执行时间进行校准，500 ms 是一个不错的起点。这意味着每个 DELETE 语句的执行时间不应该超过 500 ms。这一点至关重要，原因有两个：

复制延迟

源 MySQL 实例上的执行时间会在副本 MySQL 实例上造成复制延迟。如果一个 DELETE 语句在源实例上执行了 500 ms，则在副本实例上也需要 500 ms 的执行时间，这就造成了 500 ms 的复制延迟。复制延迟是无法避免的，但你必须使其最小，因为复制延迟会造成数据丢失（现在，我掩盖了关于复制的许多细节，到第 7 章再进行阐述）。

调节

在一些情况中，不添加延迟——不进行调节——而立即执行 DELETE 语句是安全的，因为校准后的批大小限制了查询的执行时间，这又限制了 QPS。需要 500 ms 的执行时间的查询在一次执行时，只能达到 2 QPS。但是，这些并不是普通的查询，它们是专门设计的，能够访问和写入（删除）尽可能多的行。在没有进行调节时，批量写入可能会干扰其他查询并影响应用程序。

在删除数据时，进行调节非常重要：首先总是应该在 DELETE 语句之间添加一个延迟，并监视复制延迟[注2]。

 总是应该在批处理操作中构建一个调节器。

要针对 500 ms 的执行时间（或你选择的任何执行时间）来校准批大小，首先让批大小为 1000（LIMIT 1000），并让 DELETE 语句之间有 200 ms 的延迟：200 ms 是一个长延

注 2：了解一下 GitHub Engineering 开发的 freno（*https://oreil.ly/vSmUb*）：这是用于 MySQL 的一个开源调节器。

迟，但你会在校准批大小后减少它。至少运行 10 min，同时监控复制延迟和 MySQL 的稳定性——不要让 MySQL 延迟或变得不稳定（第 7 章和第 6 章将分别讨论复制延迟和 MySQL 的稳定性）。使用查询报告（参见 1.3.3 节的"查询报告"部分）来检查 DELETE 语句的最大执行时间，或者直接在数据归档工具中进行测量。如果最大执行时间远少于目标时间（500 ms），则将批大小加倍，然后重新运行 10 min。不断让批大小加倍——或进行更小的调整——直到最大执行时间一直符合目标时间——最好刚少于目标时间。完成后，记录校准后的批大小和执行时间，因为删除旧数据是会重复发生的事件。

要使用校准后的批大小来设置调节值，可以重复这个过程，并在每次运行 10 min 时缓慢减少延迟。取决于 MySQL 和应用程序，可能会减少到 0（没有调节）。在出现复制延迟或者 MySQL 不稳定的第一个信号时，就停止减少延迟，并将延迟增加到前一个没有导致问题的值。完成后，记录延迟值，原因与前面一样：删除旧数据是会重复发生的事件。

校准批大小并设置调节值之后，终于可以计算速率了：每秒可以删除多少行，而不会影响查询响应时间，即 batch size * DELETE QPS（使用查询报告来检查 DELETE 语句的 QPS，或者直接在数据归档工具中进行测量）。可以预计，速率会在一天之中不断变化。如果应用程序在营业时间极为繁忙，则唯一可以持续的速率可能是 0。如果你雄心勃勃，并且正处在职业生涯、本行业甚至全世界的急速上升阶段，则可以在半夜醒来，在数据库比较安静的时候试试更高的速率：更大的批大小，更小的延迟值，或者两者同时使用。只是要记住，在太阳升起，数据库负载开始增加之前，重置批大小和延迟值。

 MySQL 备份几乎总是在半夜运行。即使应用程序在夜深时比较安静，数据库也可能是繁忙的。

3.3.3 行锁争用

对于大量执行写入的工作负载，批处理操作可能导致加重行锁争用：查询会等待获得相同（或邻近）行上的行锁。这个问题主要影响 INSERT 和 UPDATE 语句，但如果被删除的行与保留的行穿插在一起，则 DELETE 语句也可能受到影响。问题在于，尽管批在校准的时间内运行，但批的大小太大了。例如，MySQL 可能能够在 500 ms 内删除 100 000 行，但如果这些行的锁与应用程序正在更新的行发生重叠，就会导致行锁争用。

解决方案是针对小得多的执行时间（如 100 ms）进行校准，从而减小批的大小。在极端情况下，可能还需要增加延迟：小的批大小，长的延迟。这降低了行锁争用，对于应用程序是好消息，但它使得数据归档变慢了。对于这种极端情况，没有一种神奇的解决方案，最好通过更少的数据和更低的 QPS 来避免发生这种情况。

3.3.4 空间和时间

删除数据并不会释放磁盘空间。行删除发生在逻辑上，而不是物理上，这是许多数据库都使用的一种常见的性能优化方法。删除 500 GB 的数据时，并不会获得 500 GB 的磁盘空间，而只是获得了 500 GB 的空闲页面。内部细节更加复杂，也不在本书的讨论范围内，但一般思想是正确的：删除数据会得到空闲页面，得不到空闲的磁盘空间。

空闲页面不影响性能，InnoDB 会在插入新行时重用空闲页面。如果删除的行很快会被新行替换，并且磁盘空间没有限制，则不需要担心空闲页面和未被回收的磁盘空间。但请留意你的同事：如果你的公司运行自己的硬件，并且你的应用程序使用的 MySQL 和其他应用程序使用的 MySQL 共享磁盘空间，则不要浪费可以被其他应用程序使用的磁盘空间。在云中，存储是要付费的，所以不要浪费钱：要回收磁盘空间。

要从 InnoDB 回收磁盘空间，最好的方法是通过执行无操作的 ALTER TABLE...ENGINE = INNODB 语句来重建表。这个问题已经有 3 个很好的解决方案：

- pt-online-schema-change（*https://oreil.ly/8EJph*）

- gh-ost（*https://oreil.ly/IsV83*）

- ALTER TABLE...ENGINE=INNODB（*https://oreil.ly/JhWdg*）

每种解决方案以不同的方式工作，但它们有一个共同点：都可以在线重建巨大的 InnoDB 表，即在不影响应用程序的前提下，在生产环境中重建表。请阅读每种解决方案的文档，然后决定哪种解决方案最适合你的需要。

 要使用 ALTER TABLE...ENGINE=INNODB 重建一个表，需要将 ... 替换为表的名称。不要做其他任何修改。

删除大量数据需要时间。你可能读到或者听说过，MySQL 写入数据很快，但那通常是针对基准程序而言（参见 2.1.2 节）。在实验室研究中，确实如此：MySQL 会使用你提供给它的每个时钟周期和磁盘 IOP。但是，在你我所在的日常生活中，必须对删除数据添加约束，以避免应用程序受到影响。直接来说，它需要的时间比你预想的要多得多。好消息是：如果正确处理（如 3.3.2 节所介绍的），则时间站在你这一边。校准好且可维护的批处理操作可以正常运行几天或几周。这包括从 InnoDB 回收磁盘空间的解决方案，因为重建表只不过是另一种类型的批处理操作。删除行需要时间，回收磁盘空间还需要另外的时间。

3.3.5 二进制日志悖论

删除数据会创建数据。出现这种悖论，是因为数据修改会被写入二进制日志。二进制日志可被禁用，但在生产环境中，从不会禁用二进制日志，因为复制需要用到二进制日志，而没有合理的生产系统会在没有副本的情况下运行。

如果表中包含很大的 BLOB、TEXT 或 JSON 列，则二进制日志的大小可能快速增长，因为 MySQL 系统变量 binlog_row_image（*https://oreil.ly/0bNcG*）默认为 full。该变量决定了行映像如何写入二进制日志；它有 3 个设置：

full

　　写入每个列（完整行）的值。

minimal

　　写入发生变化的列和识别行需要的列的值。

noblob

　　写入每个列的值，但非必要的 BLOB 和 TEXT 列除外。

如果没有外部服务依赖于二进制日志中的完整行映像——例如将修改流传输到数据湖或大数据存储的数据管道服务——则 minimal（或 noblob）是安全且值得推荐的设置。

如果使用 pt-online-schema-change（*https://oreil.ly/2EB4l*）或 gh-ost（*https://oreil.ly/nUuvv*）来重建表，那么它们会（安全并自动地）复制表，而且复制过程会将更多的数据变化写入二进制日志。但是，ALTER TABLE...ENGINE=INNODB 默认执行就地修改，不会发生表复制。

 当删除大量数据时，由于会记录二进制日志，并且删除数据不会释放磁盘空间，所以磁盘使用率会增加。

听起来有些矛盾，但在删除数据和重建表之前，你必须确保服务器有足够的空闲磁盘空间。

3.4 小结

本章讨论了数据对性能的影响，并指出，减少数据访问和存储是改进性能的一种间接查询优化技术。本章要点如下：

- 数据越少，性能越好。

- QPS 越低越好，因为它是一种负债，不是资产。

- 索引对于实现最优的 MySQL 性能不可或缺，但在有些情况下，索引可能无法提供帮助。

- 最少数据原则的含义是：只存储和访问需要的数据。

- 确保查询访问尽可能少的行。

- 不要存储超过需要的数据：数据对你有价值，但对 MySQL 是负担。

- 删除或归档数据很重要，能够改进性能。

下一章将重点介绍访问模式，它们决定了如何修改应用程序来高效地使用 MySQL。

3.5 练习：审查查询的数据访问情况

本练习的目的是审查查询，找出低效的数据访问。下面显示了高效数据访问检查清单（表 3-2）：

☐ 只返回需要的列
☐ 降低查询的复杂度
☐ 限制行访问
☐ 限制结果集
☐ 避免对行排序

对最慢的 10 个查询应用这个检查清单。（要找出慢查询，请参考 1.3.3 节的"查询概要文件"部分和 1.9 节。）修复 SELECT * 很容易：显式地只选择需要的列。另外，特别留意任何带有 ORDER BY 子句的查询：它使用索引了吗？有 LIMIT 子句吗？能够让应用程序代替它对行排序吗？

与 1.9 节和 2.7 节不同，没有工具可以用来审查查询的数据访问情况。但是，检查清单只包含 5 项，所以手动审查查询不会占用太多时间。仔细地、系统地审查查询，实现最优的数据访问，是专家级的 MySQL 性能实践。

第4章

访问模式

访问模式描述了应用程序如何使用 MySQL 来访问数据。修改访问模式对 MySQL 的性能有强大的影响，但往往需要比其他优化付出更大的精力。正因如此，1.5 节才把它作为优化旅程的最后一段：首先优化查询、索引和数据，然后再优化访问模式。在开始介绍访问模式之前，再来想想第 3 章中关于石头的例子。

假设你有一辆卡车，可以把它类比为 MySQL。如果高效使用的话，卡车能够让"把任何一堆石头移动到山顶"变得很容易。但如果不能高效使用，卡车的价值就不大，甚至可能让完成工作的时间不必要地长。例如，你可以使用卡车，一次往山上运送一块大鹅卵石。这对你和对卡车都很容易，但效率非常低，并且非常消耗时间。卡车的有用程度，取决于使用它的人。类似地，MySQL 的有用程度，取决于使用它的应用程序。

有时候，工程师会苦苦思考 MySQL 为什么没有运行得更快。例如，MySQL 执行 5000 QPS 时，工程师在想，它为什么没有执行 9000 QPS？或者，MySQL 使用了 50% 的 CPU 时，工程师在想，它为什么没有使用 90% 的 CPU？这样的工程师不大可能找到答案，因为他们将注意力关注在结果（MySQL），而不是原因（应用程序）上。QPS 和 CPU 使用率等指标只能够揭示关于 MySQL 的极少信息；它们只是反映了应用程序如何使用 MySQL。

 MySQL 的速度和效率取决于使用它的应用程序。

应用程序的处理能力可能增长到超出单个 MySQL 实例，但这其实更多地反映了应用程序的情况，而不是 MySQL，因为有许多大型、高性能的应用程序只使用一个 MySQL 实例。不用质疑，MySQL 对于应用程序来说足够快了。真正的问题是：应用程序是否高

114

效地使用了 MySQL？在使用了 MySQL 许多年，使用了几百个不同的应用程序和几千个不同的 MySQL 实例后，我可以向你保证：MySQL 的性能会受到应用程序的限制，而不是反过来。

本章重点介绍数据访问模式，它们决定了你可以如何修改应用程序来高效地使用 MySQL。本章主要分为 6 节。4.1 节介绍 MySQL 做的工作与应用程序有什么不同，以及这一点为什么重要。4.2 节证明数据库的性能并不是线性伸缩的，而是到达一个极限后，性能会变得不稳定。4.3 节思考为什么法拉利和丰田汽车的工作方式大致相同，但法拉利更快。这个问题的答案解释了为什么一些应用程序在使用 MySQL 时表现卓越，另一些应用程序则"超不过 1 档"。4.4 节介绍各种数据访问模式。4.5 节展示几种修改应用程序的方式，它们可以改进或修改数据访问模式。4.6 节回顾一个"好朋友"：更好、更快的硬件。

4.1 MySQL 什么都不做

当应用程序空闲时，MySQL 也是空闲的。当应用程序忙着执行查询时，MySQL 也在忙着执行那些查询。MySQL 有几个后台任务（如 6.5.11 节将会介绍的"页面刷新"），但它们只是在忙着为那些查询读写数据。事实上，通过允许前台任务——执行线程——来退出或者避免缓慢的操作，后台任务能够提升性能。因此，如果 MySQL 运行缓慢，并且没有外部问题，则原因只能是驱动 MySQL 的应用程序。

QPS 直接并且只能归因于应用程序。如果没有应用程序，QPS 会是 0。

一些数据存储具有机器中的灵魂：内部进程可能在任何时间运行，如果它们在最坏的时间——数据存储忙着执行查询时——运行，就可能导致性能降级。（压缩和清理是两个例子，但 MySQL 不执行这两种操作。）MySQL 没有机器中的灵魂——除非应用程序在执行你不知道的查询。知道这一点，可以帮助你避免寻找不存在的原因，并且更重要的是，关注 MySQL 正忙着做什么：执行查询。第 1 章介绍了怎么查看 MySQL 在做什么，具体内容请参见 1.3.3 节的"查询概要文件"部分。查询概要文件不只显示慢查询，还显示了 MySQL 在忙着做什么。查询会影响其他查询。相关术语为查询争用：查询竞争并等待共享资源。争用分为具体的类型：行锁争用、CPU 争用等。查询争用可能让 MySQL 看起来正忙着做其他工作，但不要被误导：MySQL 只是在忙着执行应用程序的查询。

几乎无法看到或者证明查询争用，因为 MySQL 只报告一种类型的争用：行锁争用。（由于行锁很复杂，所以即使是行锁争用也很难被看出来。）而且，争用是暂时性的，几乎无法察觉，因为争用是高 QPS 固有的问题（"高"是相对于应用程序而言的）。查询争用就像交通拥堵：路上要有许多汽车才会发生这种问题。虽然几乎无法看到或者证明，但你需要知道它的存在，因为它可能能够解释一些难以解释的慢查询。

当性能被推到极限时，查询争用会扮演一个重要的角色。

4.2 性能在极限位置变得不稳定

在 1.7 节的末尾提到，MySQL 很容易让大部分现代硬件达到极限。这一点没错，但极限可能让你感到惊讶。图 4-1 演示了工程师的期望：随着负载增加，数据库性能会增加，直到使用 100% 的系统能力（硬件和操作系统的吞吐量），之后性能保持稳定。这被称为线性伸缩（或线性可伸缩性），但其实并不是这样。

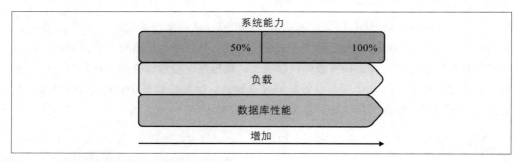

图 4-1：期望的数据库性能（线性可伸缩性）

线性伸缩是每个 DBA 和工程师的梦想，但不会实际发生。相反，图 4-2 演示了负载和系统能力对数据库性能的真实影响。

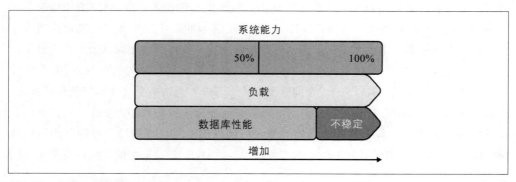

图 4-2：真实的数据库性能

数据库性能会随着负载增加，但会达到一个极限，这个极限小于 100% 的系统能力。现实中，数据库性能的极限是系统能力的 80%～95%。当负载超过这个极限时，数据库性能会变得不稳定：吞吐量、响应时间和其他指标会明显波动，有时会剧烈偏离正常值。在最好的情况下，结果是一些（或大部分）查询的性能降级；在最坏的情况下，这会导致应用程序无法工作。

等式 4-1 显示了 Neil Gunther 提出的通用可伸缩性定律，这个公式对硬件和软件系统的可伸缩性进行了建模。

等式 4-1：通用可伸缩性定律

$$X(N) = \frac{\gamma N}{1 + \alpha(N-1) + \beta N(N-1)}$$

表 4-1 描述了通用可伸缩性定律等式中每一项的含义。

表 4-1：通用可伸缩性定律中的各项

项	含义
X	吞吐量
N	负载：并发请求数、运行的进程数、CPU 核心数、分布式系统中的节点数等
γ	并发性（理想的并行度）
α	争用：等待共享资源
β	相干性：协调共享资源

 深入探讨通用可伸缩性定律不在本书的讨论范围内，所以我将解释局限到当前主题：数据库性能的极限。要了解更多信息，可以阅读 Neil Gunther 撰写的 *Guerrilla Capacity Planning*（*https://oreil.ly/WZEd8*）一书。

吞吐量是负载的函数：$X(N)$。并发性（γ）使得负载（N）增加时，吞吐量也会增加。但是，在负载增加时，争用（α）和相干性（β）会降低吞吐量。这就妨碍了线性可伸缩性，并限制了数据库的性能。

比限制性能更糟的是，相干性会导致性能倒退：性能在负载高时会降低。"倒退"这个词还是一种保守的说法。它指的是，当 MySQL 无法处理负载时，会回到更低的吞吐量，但在现实中，情况可能更糟糕。我倾向于使用"不稳定"这个词，因为它表达了现实情况：系统开始发生故障，而不只是运行得更慢。

通用可伸缩性定律对现实世界的 MySQL 性能的建模准确到令人惊讶[注1]。但是，作为一

注 1：观看著名的 MySQL 专家 Baron Schwartz 的视频 "Universal Scalability Law Modeling Workbook"（*https://oreil.ly/hzXn*b），看看真实 MySQL 服务器的数值在通用可伸缩性定律中的应用。

个模型，它只是描述并预测了工作负载的可伸缩性，而没有说明工作负载如何或为什么伸缩（或没有伸缩）。通用可伸缩性定律主要被专家用来测量数据以及把数据拟合到该模型，以确定参数（γ、α 和 β），然后努力地降低它们。其他人只是在查看图形（第 6 章将讨论 MySQL 指标），等待 MySQL 的性能变得不稳定——那时就到达了极限。

图 4-3 显示了当应用程序让 MySQL 超过极限后，停止工作时的 3 个图形。

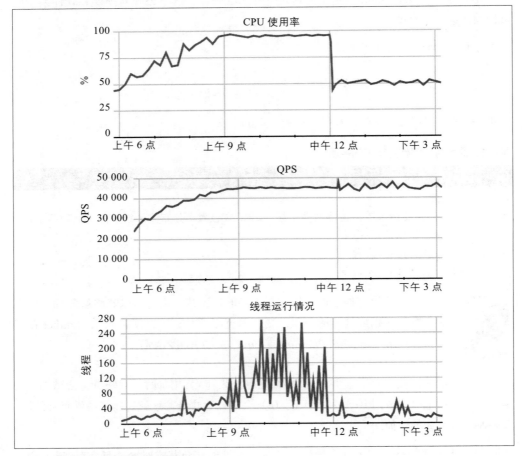

图 4-3：超过极限时的数据库性能

停止工作分为 3 个阶段：

上升（上午 6 点～上午 9 点）

在开始上升时，应用程序是稳定的，但开发人员开始担心，因为显示的指标也在缓慢但稳定地上升。过去，应用程序也发生过停止工作的情况，一开始就表现为稳定上升的指标。作为回应，应用程序开发人员增加事务的吞吐量，以应对上升的需求。

（应用程序能够调节事务的吞吐量，这不是 MySQL 的功能。）这种上升和回应的过程会不断重复，直到无法再起到作用：MySQL 已经达到了极限。

极限（上午 9 点～中午 12 点）

到达极限时，应用程序非常不稳定，基本上处于离线状态。尽管 CPU 使用率和 QPS 很高、很稳定，但线程的运行却是另外一种情况。图 4-3 中显示的线程运行的锯齿模式，说明 MySQL 已经变得不稳定。因为一个查询需要一个线程来运行，所以线程运行过程中的巨大摆动，说明查询在系统中没有顺畅地流动。相反，查询在以不均匀的方式"击打"着 MySQL。

高而稳定的 CPU 使用率和 QPS 带有误导性：只有在稍有变化时（例如在极限之前或之后看到的），稳定才是好的。没有变化的稳定（例如在极限位置看到的）意味着停止工作。为了理解为什么，下面给出一个奇怪但有用的比喻。想象一个管弦乐队。当乐队正确演奏时，乐曲的各个方面会有变化。事实上，这些变化构成了乐曲：节奏、节拍、音高、风格、旋律、力度等。没有变化的乐曲就像一个精神错乱的单簧管演奏者用强音连续演奏一个音符，很稳定，但那不是乐曲。

在到达极限时，应用程序开发人员不断地试图增加事务吞吐量，但没有效果。MySQL 不会使用最后 5% 的 CPU，QPS 不会增加，线程运行不会变得稳定。从通用可伸缩性定律（等式 4-1）可以知道原因：争用和相干性。随着负载增加（N），事务吞吐量（X）会增加，但争用（α）和相干性（β）的限制效应也会增加，直到 MySQL 达到极限。

修复（中午 12 点～下午 3 点）

因为增加事务吞吐量会让它走向"死亡"，所以修复方法就是降低事务吞吐量。这看起来违反直觉，但数学不会骗人。在中午时，应用程序开发人员降低了事务吞吐量，结果在图表中很明显：CPU 使用率降低到 50%，QPS 返回到有稳定的变化（甚至增加了一点），线程的运行也返回到有稳定的变化（有一些尖峰，但 MySQL 有空闲的能力来处理）。

为了想象这个过程是怎么工作的，我们来考虑另外一个比喻。想象一条公路。当路上有许多汽车时，它们都会变慢，因为人们需要时间来思考和对其他汽车做出反应，当汽车高速行驶时更是如此。当路上有太多汽车时，就会发生交通拥堵。唯一的解决方案（除了添加更多车道之外）就是减少公路上的汽车数量：汽车越少，行驶速度越快。降低事务吞吐量类似于减少公路上的汽车数量，这可以让剩下的汽车更快行驶，交通更加顺畅。

这个例子根据通用可伸缩性定律（等式 4-1）很好地建模了数据库性能的极限，但它也是一种例外情况，因为这个应用程序能够将 MySQL 和硬件推到极限。在更典型的情况下，高负载会让应用程序变得不稳定，这阻止它增加 MySQL 的负载。换句话说，应用程序在让 MySQL 达到极限前会失败。但是，在这个例子中，应用程序没有失败，它不断伸缩，直到使 MySQL 达到极限。

我们再对 MySQL 到达极限时的性能说两点需要注意的地方，然后把注意力转向应用程序：

- 除非硬件明显不足，否则很难达到极限。如 2.1.1 节所述，硬件明显不足是纵向扩展到合理硬件的两种例外情况之一。应用程序同时完全使用所有硬件——CPU、内存和存储——也是很难发生的。在能够同时完全使用所有硬件之前，应用程序很可能早就在一种硬件上遇到了瓶颈。发生这种情况时，应用程序还没有达到数据库性能的极限，而只是达到了一种硬件的极限。

- 当高负载导致 MySQL 响应缓慢时，并不意味着达到了极限。原因很简单：γ。γ 代表并发性或理想的并行度。回忆一下，在通用可伸缩性定律的等式（等式 4-1）中，这个 γ 在分子部分[注2]。慢数据库性能并不意味着达到极限，因为增加并发性（γ）会提高极限。降低争用（α）也会提高极限。（相干性（β）不受我们的控制：它是 MySQL 和操作系统固有的性质，但它通常不会造成问题。）

第二点引出了一个问题：我们如何增加并发性，或者降低争用，或者同时实现两者？这看起来是一个非常关键的问题，但其实不是：它有点误导性，因为 MySQL 性能的北极星是查询响应时间。并发性（γ）和争用（α）的值不是可以直接测量的。它们是通过把吞吐量和负载的测量值拟合到模型来确定的。专家使用通用可伸缩性定律来理解系统的能力，而不是改进性能。本节使用该定律，证明性能在极限位置会变得不稳定。

4.3 丰田和法拉利

一些应用程序能够实现出色的 MySQL 性能，而另一些应用程序则受困于很低的吞吐量。一些应用程序能够充分利用硬件，一直达到极限，而另一些应用程序刚能让 CPU 热起来。一些应用程序没有任何性能问题，而另一些应用程序不断遇到慢查询。这是一种很宽泛的总结，但我要说的是，每个工程师都想让他们的应用程序是前一种情况：出色的性能，完全利用硬件，以及没有性能问题。通过思考法拉利为什么比丰田更快，可以理解这两种应用程序的区别。

注 2：事实上，著名的 MySQL 专家 Baron Schwartz 把它放到了这个位置。Neil Gunther 在博客文章 "USL Scalability Modeling with Three Parameters"（*https://oreil.ly/s2BL8*）中写道，Baron 添加了第三个参数，因为它让通用可伸缩性定律能够符合来自真实数据库的数据。

这两个品牌的汽车使用大致相同的零件和设计，但丰田的最大速度一般是 130 MPH，而法拉利的最大速度是 200 MPH[注3]。并没有特殊的零件让法拉利比丰田快 70 MPH。那么，为什么法拉利比丰田快这么多？答案在于工程上的设计和细节的区别。

丰田并不是针对高速度设计的。实现高速度（类似于高性能）需要认真关注许多细节。对于汽车，这些细节包括：

- 发动机大小、构型和点火定时

- 变速器齿比、换挡点和换挡定时

- 轮胎大小、湿地牵引力和旋转力

- 转向、悬架和制动

- 空气动力

这两个汽车品牌都针对这些细节进行设计和工程制造，但法拉利对细节的严格要求，解释了它为什么能够实现更好的性能。从一个细节上就能看出这一点：空气动力。法拉利的独特外观设计很华丽，也很实用：它降低了阻力系数，从而增加了效率。

高性能与高速度一样，并不是偶然或者通过蛮力实现的。它是为实现高性能而进行精细的工程设计的结果。法拉利之所以比丰田快，是因为它的每个细节都是针对"更快"进行设计和制造的。

你的应用程序在每个细节上都是针对最优的 MySQL 性能而设计和实现的吗？如果是，那么你应该可以跳过本章的剩余部分。如果不是（这是常见的回答），那么请阅读下一节，该节将介绍类似丰田的应用程序和类似法拉利的应用程序之间的根本技术区别：数据访问模式。

4.4 数据访问模式

数据访问模式描述了一个应用程序如何使用 MySQL 来访问数据。

术语数据访问模式（或简称为访问模式）很常用，但很少有人解释它的含义。我们来改变这种情况，澄清关于访问模式的 3 个细节：

- 需要重点理解的是，访问模式并不是无法区分的一团东西。应用程序会有许多访问模式。它们通常会被放到一起讨论，但在实际应用中，会单独修改访问模式。

- 访问模式最终与查询有关，你通过修改查询（和应用程序）来修改访问模式，但查

注 3：MPH 为 miles per hour 的简写，即英里 / 小时。丰田：210 km/h。法拉利：320 km/h。

询不是要重点关注的对象。在 Go 编程语言（*https://golang.org*）的术语中，访问模式是一种接口，查询是一种实现。要关注接口，而不是实现。这样就可以设想不同数据存储上适用的访问模式，并可能在这些数据存储上应用它们。例如，MySQL 上执行的某些访问模式更适合键值数据存储，但 SQL 查询和键值存储没有什么相似点，所以通过关注 SQL 查询很难看出这一点。本书讨论修改访问模式，但在实践中，你修改的是查询（和应用程序）。

• 访问模式包含一个名称和一个技术特征列表。名称用于识别和与其他工程师交流访问模式。（访问模式没有固有的名称。）选择一个简洁、有意义的名称。技术特征的列表取决于数据存储，并随着数据存储发生变化。例如，MySQL 的数据访问和 Redis 的数据访问有很大的区别。本节会列举并解释 MySQL 数据访问的 9 个特征。

理论上，应用程序的开发人员应该识别每个访问模式，但说实话，这个过程很枯燥。（我没见到过有人这么做，而且如果应用程序变化很快，这甚至可能是无法做到的。）尽管如此，这是目标。下面列出了朝这个目标前进的 3 个合理且可实现的方法：

• 和你的团队进行头脑风暴，识别最明显、最常用的访问模式。

• 使用查询概要文件（参见 1.3.3 节的"查询概要文件"部分）来识别最慢的访问模式。

• 仔细检查代码，找出少有人知道（或被遗忘）的访问模式。

至少需要使用第一种或第二种方法一次，以完成本章的目标：通过修改访问模式来实现间接查询优化。

识别（并命名）访问模式后，找出接下来介绍的 9 种特征的值或答案。不知道某个特征的值或答案，是学习并可能改进应用程序的某个部分的好机会。不要遗留未知的特征，要找出或者弄明白特征的值或答案。

在解释这 9 种特征之前，还需要解决一个问题：如何使用访问模式？访问模式是纯粹知识，这种知识在上一节和下一节之间搭起一座桥梁。上一节（4.3 节）指出，高性能的 MySQL 需要有高性能的应用程序。下一节（4.5 节）将展示一些常用的应用程序修改，它们可以帮助重新实现应用程序，从而获得数据库方面的高性能。访问模式能够帮助决定（有时会要求）如何重新实现应用程序，使其从丰田变为法拉利。

我们不再赘言，接下来就开始介绍 MySQL 的数据访问模式的 9 种特征。

4.4.1 读 / 写

访问是读还是写数据？

读访问显而易见：SELECT。考虑到细节，写访问则不那么清晰。例如，INSERT 是写访问，但 INSERT...SELECT 是读和写访问。类似地，UPDATE 和 DELETE 应该使用一个 WHERE 子句，这使它们也成为读和写访问。简单起见，总是把 INSERT、UPDATE 和 DELETE 视为写访问。

在内部，读和写是不同：它们有不同的技术影响，调用 MySQL 内部的不同部分。例如，INSERT 和 DELETE 在底层是不同的写操作，这并不仅因为前者添加数据，后者删除数据。同样，简单起见，我们认为所有读操作是相同的，所有写操作也是相同的。

读 / 写特征是最基础、最普遍的特征之一，因为扩展读和写需要对应用程序做不同的修改。扩展读操作通常是通过转移读操作实现的，4.5.2 节将进行介绍。扩展写操作要更加困难，但是将写操作加入队列是一种可以使用的技术（参见 4.5.3 节），第 5 章将介绍终极解决方案：分片。

虽然这个特征相当简单，但它很重要，因为知道一个应用程序是侧重读还是侧重写，能够让你把注意力迅速集中到相关的应用程序修改上。例如，对于侧重写的应用程序，使用缓存没有太大帮助。而且，有一些数据存储是专门针对读或写优化的，MySQL 就有一个针对写优化的存储引擎：MyRocks（*https://myrocks.io*）。

4.4.2 吞吐量

数据访问的吞吐量（用 QPS 计算）和变化是什么样子的？

首先要说明的是，吞吐量不等于性能。低吞吐量访问——即使只有 1 QPS——也可能造成破坏。你可能能够想到为什么，如果没有想到，这里有一个例子：一条 SELECT...FOR UPDATE 语句执行表扫描，锁住了每一行。很少会有这样差的访问，但它证明了这里的观点：吞吐量不等于性能。

尽管性能也会很差，但极高的 QPS（"高"是相对于应用程序而言的）造成的问题之所以需要减轻，原因通常是 3.1.3 节介绍的那些。例如，如果应用程序执行股票交易，很可能在东部时间上午 9:30，美国证券交易所开放的时候，发生一阵猛烈的读写访问。这种程度的吞吐量需要与稳定的 500 QPS 考虑不同的因素。

变化——QPS 如何增加和减少——同样很重要。上一段提到了"一阵"和"稳定"，变化的另一种类型是周期性：QPS 在一段时间内增加和减少。一种常见的周期模式是在营业时间（例如东部时间上午 9 点到下午 5 点），QPS 较高，而在午夜，QPS 较低。营业时间的高 QPS 阻止了开发人员修改模式（ALTER TABLE）或者回填数据，这是一个常见的问题。

4.4.3 数据年龄

被访问数据的年龄有多大?

年龄是相对于访问顺序而不是访问时间而言的。如果一个应用程序在 10 min 内插入了 100 万行,则第一行最老,因为它是最早访问的行,而不是因为它已经被插入了 10 min。如果应用程序更新第一行,则它会成为最新的行,因为它是最近被访问的行。如果应用程序之后再也不访问第一行,但会继续访问其他行,那么第一行会变得越来越老。

这个特征很重要,因为它会影响结果集。回忆一下,3.1.1 节的"工作集大小"部分讲到,工作集是频繁使用的索引值和它们引用的主键行——简单来说,就是频繁访问的数据——工作集通常只占表大小的一个小百分比。MySQL 在内存中尽可能多地保存数据,数据年龄会影响内存中的数据是不是工作集的一部分。它通常是,因为 MySQL 使用的算法和数据结构,让它特别擅长将工作集保留在内存中。图 4-4 是这个过程的一个高度简化后的示意图。

图 4-4 中的矩形代表全部数据。工作集是一小部分数据:从虚线一直连接到顶部。内存比两者更小:从实线一直连接到顶部。根据 MySQL 的用语,访问数据使数据变得年轻。不访问数据时,数据会变老,并最终从内存中被逐出。

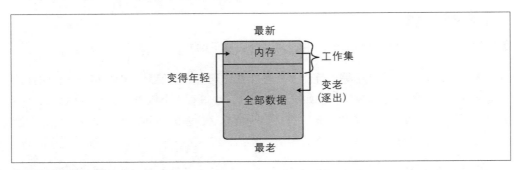

图 4-4: 数据年龄

因为访问数据使其年轻并保留在内存中,而工作集被频繁访问,所以工作集会保留在内存中。这就是为什么 MySQL 能够在内存小但数据量大时做到很快。

频繁访问旧数据会在多个地方造成问题。要解释原因,需要深入不在本节讨论范围内的一些技术细节,但 6.5.11 节将阐述这些细节。数据被加载到内存中的空闲页面中,空闲页面是还不包含数据的页面(页面是 InnoDB 中一个 16 KB 的逻辑存储单元)。MySQL 会使用全部可用内存,但也会保留一定数量的空闲页面。当存在空闲页面时(这是正常情况),问题只是在于从存储中读数据很慢。当没有空闲页面时(这不是正常情况),问题就加重为原来的 3 倍。首先，MySQL 必须逐出旧页面，它在一个最近最少使用（Least Recently Used，LRU）列表中跟踪旧页面。其次，如果旧页面脏了（包含没有存储到磁盘的数据更改），MySQL 就必须刷新（存储）数据，然后才能逐出该页面，而刷新过程很慢。最后，原来的问题仍然存在：从存储设备读数据很慢。简言之，频繁地翻出旧数据会造成性能问题。

偶尔访问旧数据不会造成问题，因为 MySQL 很聪明：驱动图 4-4 中的过程的算法，可以防止偶尔访问旧数据对新的（年轻的）数据造成干扰。因此，要将数据年龄和吞吐量放到一起考虑：缓慢访问旧数据很可能没问题，快速访问旧数据一定会造成问题。

数据年龄是几乎无法测量的[注4]。好在，你只需要估测被访问数据的年龄，这可以通过你对应用程序、数据和访问模式的理解来完成。例如，如果应用程序存储财务交易，则你会知道，访问的主要是新数据：过去 90 天的交易。访问 90 天之前的数据应该不会频繁发生，因为交易已经完成，不会发生变化。与之相对，如果活跃用户的百分比高，那么同一个应用程序管理用户资料的部分可能会频繁访问旧数据。记住：旧数据是相对于访问而不是时间而言的。一周以前登录的用户的资料数据按时间来说并不旧，但因为这段时间有几百万个其他用户的资料数据被访问，所以该用户的资料数据相对来说就变旧了，这意味着这些数据会从内存中被逐出。

知道这个特征，是理解 4.5.4 节和第 5 章内容的前提条件。

4.4.4 数据模型

访问表现出什么数据模型？

尽管 MySQL 是一个关系型数据存储，但它常与其他数据模型一起使用：键值、文档、复杂分析、图等。你应该敏锐察觉到非关系型访问，因为这种访问并非最适合 MySQL，在 MySQL 中不能获得最佳性能。MySQL 能够很好地处理其他数据模型，但这是有限度的。例如，MySQL 能够很好地用作键值数据存储，但 RocksDB（*https://rocksdb.org*）要比它好得多，因为 RocksDB 是专门针对键值数据存储设计的。

与其他特征不同，无法通过代码测量数据模型特征。相反，你需要判断访问表现出什么数据模型。表现这个词是有意义的：可能在创建访问时，只能使用 MySQL，导致访问只能是关系型访问，但当考虑所有数据存储时，它可能表现出另外一种数据模型。访问常常被塞进可用数据存储的数据模型中。但是，最佳实践是反过来的：确定访问的理想

注 4：从技术上讲，可以测量，但这需要检查 InnoDB 缓冲池中的数据页面的 LSN。这会造成干扰，所以基本上从来不会这么做。

数据模型，然后使用针对该数据模型构建的数据存储。

4.4.5 事务隔离

访问需要什么事务隔离？

隔离是 ACID 属性之一：原子性（Atomicity）、一致性（Consistency）、隔离性（Isolation）
和持久性（Durability）。因为 MySQL 的默认存储引擎 InnoDB 具有事务性，所以每个查
询默认情况下都在一个事务内执行，即使是单条 SELECT 语句也是如此。（第 8 章将详细
讨论事务。）因此，无论访问是否需要隔离，都会被隔离。这个特征阐述了隔离是不是必
要的，以及如果是必要的，应该是什么隔离级别。

当我问工程师这个问题时，回答常常落在以下 3 个分类中：

不需要

> 访问不需要任何隔离。它在一个非事务存储引擎上能够正确执行。隔离只不过是无
> 用的开销，但也不会导致任何问题，或者对性能造成明显的影响。

默认

> 访问很可能需要隔离，但不知道或者不清楚需要什么隔离级别。应用程序在
> MySQL 的默认事务隔离级别——REPEATABLE READ——下能够正确工作。在另一个
> 隔离级别下（或者没有隔离时）是否能够正确工作，需要进行仔细思考后才能确定。

特定

> 访问需要特定的隔离级别，因为它是一个事务的一部分，而该事务与其他访问相同
> 数据的事务并行执行。如果没有特定的隔离级别，访问可能会看到错误版本的数据，
> 这对于应用程序来说是一个严重的问题。

根据我的经验，"默认"是最常用的分类，这也很合理，因为 MySQL 的默认事务隔离级
别（REPEATABLE READ）在大部分情况下都是正确的。但是，对这个特征的回答应该是
"不需要"或者"特定"。如果访问不需要任何隔离，则可能不需要使用一个事务型数据
存储。否则，如果访问需要隔离，你要知道具体需要什么隔离级别以及为什么需要这个
级别。

其他数据存储也有事务，即使在本质上不是事务型的数据存储也是如此。例如，文档存
储 MongoDB（*https://www.mongodb.com*）在版本 4.0 中引入了多文档 ACID 事务。知
道需要什么隔离级别，以及为什么需要，使你能够将访问从 MySQL 移动到另一种数据
存储。

其他数据存储中的事务可能与 MySQL 事务有很大的区别，而且事务会影响其他方面，如锁。

4.4.6 读一致性

读访问需要强一致性还是最终一致性？

强一致性（或强一致的读取）意味着读访问返回最新的值。源 MySQL 实例（不是副本）上的读取是强一致的，但是事务隔离级别决定了当前值。长时间运行的事务可能读取一个旧值，但从技术上讲，相对于事务隔离级别而言，它就是最新值。第 8 章将深入介绍相关细节。现在，只需记住，强一致性是源 MySQL 上的默认（和唯一的）选项。这一点并非对于所有数据存储都成立。例如，Amazon DynamoDB（*https://oreil.ly/EDCme*）默认进行最终一致的读取，强一致的读取是可选项，并且更慢、更贵。

最终一致性（或最终一致的读取）意味着读访问可能返回旧值，但最终会返回当前值。由于存在复制延迟，即在源上写入数据和在副本上写入（应用）数据之间的延迟，MySQL 副本上的读取是最终一致的。"最终"的时长大致与复制延迟相等，应该会小于 1 s。用于服务读访问的副本称为读副本。（并不是所有副本都服务读访问；有一些只用于高可用性或其他目的。）

在 MySQL 的世界中，所有访问都使用源实例是很常见的，这使得所有读访问在默认情况下都是强一致的。但是，读访问不需要强一致性也很常见，当复制延迟小于 1 s 时更加常见。当最终一致性可以接受时，转移读取（参见 4.5.2 节）就成为一种可能的选项。

4.4.7 并发性

数据会被并发访问吗？

*零并发*意味着访问不会同时读（或写）相同的数据。如果在不同的时间读（或写）相同的数据，那么也构成零并发。例如，插入唯一行的访问模式就具有零并发。

*高并发*意味着访问会频繁地在相同的时间读（或写）相同的数据。

并发性说明了对于写访问，行锁有多么重要（或者会造成多大的问题）。相同数据上的写并发越高，行锁争用越严重。只要增加的响应时间是可以接受的，行锁争用就是可以接受的。当行锁争用会导致锁等待超时——这是应用程序必须处理和重试的一种查询错误——时，就变得不可接受了。开始出现这种现象时，只有两个解决方案：降低并发

（修改访问模式）或者通过分片（参见第 5 章）横向扩展写操作。

并发性也说明了缓存对于读访问的适用程度。如果读相同的数据时存在高并发，但数据不会频繁改变，那么就适合使用缓存。4.5.2 节将讨论相关内容。

如 4.4.3 节所展示的，并发几乎是无法测量的，但你只需要估测并发，这可以通过你对应用程序、数据和访问模式的理解来完成。

4.4.8 行访问

行是如何访问的？行访问分为 3 种类型：

点访问
> 单行

范围访问
> 两个值之间的有序行

随机访问
> 任意顺序的多行

如果以英语字母表（A 到 Z）作为比喻，点访问相当于任意单个字符（如 A）；范围访问相当于任意个数的遵守顺序的字符（ABC，或者如果 B 不存在，可能是 AC）；随机访问则是任意个数的随机字符（ASMR）。

这个特征看起来简单，但对于写访问很重要，原因有两个：

- 间隙锁：由于间隙锁，使用非唯一索引的范围和随机写访问会加剧行锁争用。8.1 节将详细讨论相关内容。

- 死锁：随机写访问容易造成死锁，即两个事务彼此持有对方需要的行锁的情况。MySQL 能够检测并打破死锁，但这会影响性能（MySQL 会"杀死"一个事务来打破死锁），并且十分烦人。

在计划如何分片时，行访问也很重要。有效的分片要求访问模式使用一个分片。点访问最适合进行分片：一个分片一行。范围访问和随机访问也能够用于分片，但需要进行仔细计划，以避免访问太多分片，导致分片带来的帮助被抵消掉。第 5 章将讨论分片。

4.4.9 结果集

访问会分组、排序或者限制结果集吗？

这个特征很容易回答：访问有 GROUP BY、ORDER BY 或 LIMIT 子句吗？这些子句会影响访问是否以及如何修改或在另一个数据存储上运行。3.2.1 节介绍了几种修改。至少需要对分组或者排序行的访问进行优化。限制行不会造成问题——它是一种帮助——但在其他数据存储上的工作方式可能不同。类似地，其他数据存储可能会，也可能不会支持分组或排序行。

4.5 应用程序修改

必须修改应用程序，才能改变其数据访问模式。本节会介绍一些常见的修改，但并不全面。它们非常有效，但也高度依赖于应用程序：一些可能适用，一些可能不适用（除了4.5.1 节介绍的第一个修改，它总是能够适用）。每个修改都是一种想法，需要与你的团队做进一步讨论和规划。

除了第一个修改之外，所有修改都有一个共性：它们需要额外的基础设施。指出这一点，是为了让你做好心理准备，知道除了修改代码之外，还需要修改基础设施。1.5 节就已经提到，间接查询优化需要付出更多的努力。修改数据（第 3 章）有可能需要做一些工作，修改访问模式则一定需要做工作。但付出是有回报的，因为这些修改具有变换能力，能够让应用程序从丰田变为法拉利。

你可能在想：如果这些修改如此强大，为什么不在优化查询和数据之前，首先进行这些修改？因为本书的关注点是"高效的"MySQL 性能，所以我计划让这个旅程以应用程序修改结束，因为修改应用程序需要付出最大的努力。与之相对，直接查询优化（第 2章）和修改数据（第 3 章）需要付出的努力要小得多，而且前者能够解决许多甚至大部分性能问题。但是，如果你有时间和精力来直接重构应用程序，那么我支持你。只是要记住第 2 章的经验：索引提供了最大、最好的帮助。坏查询会毁掉出色的访问模式，或者，用著名的 MySQL 专家 Bill Karwin 的话来说：

> 你的未经优化的查询会"杀死"数据库服务器。

4.5.1 审查代码

代码可能存在和运行了很久，但没有人看过它们。在某种意义上，这是代码质量好的表现：它能够正确工作，没有导致问题。但是，"没有导致问题"并不一定意味着代码是高效的，甚至是必须存在的。

你不需要审查全部代码（不过那个想法不错），而只需要审查访问数据库的代码。查看实际的查询是理所应当的，但也要考虑上下文：查询实现的业务逻辑。你可能会想到另一种更好的方式来实现相同的业务逻辑。

应该寻找下面的查询：

- 不再需要的查询

- 执行太频繁的查询

- 太快或太频繁地重试的查询

- 大或复杂的查询——它们能够被简化吗？

如果代码使用了 ORM——或任何类型的数据库抽象——则要复查其默认值和配置。需要考虑的一个事项是，一些数据库的库在执行每个查询后会执行 SHOW WARNINGS，以检查警告。这通常不是问题，但却很浪费。另外，要复查驱动程序的默认值、配置和发布说明。例如，MySQL 针对 Go 编程语言的驱动程序一直在进行很有用的开发，所以 Go 代码应该使用其最新的版本。

使用查询概要文件来间接地审查代码，看看应用程序执行了哪些查询——不需要进行查询分析，只需要将查询概要文件用作一个审查工具。在概要文件中常常会看到未知的查询。根据 4.1 节的介绍，未知的查询很可能来自应用程序，可能是你的应用程序代码，也可能是任何类型的数据库抽象（如 ORM），但除此之外，还有另外一种可能性：运营者。运营者指的是运行和维护数据存储的相关方：DBA、云提供商等。如果你看到了未知的查询，并确信应用程序没有执行它们，则与运营数据存储的相关方进行沟通和确认。

 为了让查询审查变得更加简单，在查询的 /* SQL comments */ 中添加应用程序元数据。例如，SELECT.../* file:app.go line:75 */ 说明查询来自应用程序源代码的什么地方。摘要文本中会删除 SQL 注释，所以你的查询指标工具必须包含样本（参见示例 1-1）或者解析 SQL 注释中的元数据。

最后，也是常常被忽视的一点：检查 MySQL 错误日志（*https://oreil.ly/hmLlY*）。错误日志应该很安静，不包含错误、警告等。如果包含，则要检查它们，因为这些错误可能意味着存在各种问题：网络、身份验证、复制、MySQL 配置、不确定的查询等。这些类型的问题应该极为少见，所以遇到时不要忽视它们。

4.5.2 转移读取

默认情况下，一个称为"源"的 MySQL 实例服务所有读写访问。在生产环境中，源应该有至少一个副本：复制了源上所有写操作的另一个 MySQL 实例。第 7 章将介绍复制，这里提到它的目的是为讨论转移读取做好准备。

通过从源转移读取能够改进性能。这种技术使用 MySQL 副本或缓存服务器来服务读访问（稍后将详细介绍）。这种技术在两个方面改进了性能。首先，它降低了源上的负载，这就释放了一些时间和系统资源，使得剩余的查询运行得更快。其次，它改进了被转移的读取的响应时间，因为服务这些读取的副本或缓存没有进行大量写入。这是一种双赢的技术，常用来实现高吞吐量、低延迟的读取。

从副本或缓存读取的数据不保证是当前值（最新值），因为进行 MySQL 复制和写入缓存等操作时存在固有的、不可避免的延迟。因此，来自副本和缓存的数据是最终一致的：在（希望是）很短的延迟后，它变为当前值。只有源上的数据是当前值（不管在什么事务隔离级别下）。因此，在从副本或缓存服务读取之前，下面的语句必须成立：读取过时（但最终一致）的数据是可以接受的，并且不会导致应用程序或其用户遇到问题。

思考一下这个语句，因为我多次见到开发人员思考并意识到，"没错，应用程序返回稍微过时的数据是没问题的。"一个常见的例子是帖子或者视频的点赞数：可能当前值是100，但缓存返回98，但它们是足够接近的，特别是当缓存在几毫秒后返回当前值时就更没问题了。如果对于你的应用程序，前述语句不成立，就不要使用这种技术。

除了最终一致性可以接受这个要求之外，被转移的读取也不能是多语句事务的一部分。多语句事务必须在源上执行。

 总是要确保被转移读取的最终一致性是可以接受的，并且它们没有包含在多语句事务中。

在从副本或缓存服务读取之前，应该彻底解决这个问题：当副本或缓存离线时，应用程序在性能降级的情况下如何运行？

只有"不知道"才是这个问题唯一的错误答案。一旦应用程序转移读取，一般就会严重依赖副本或缓存来服务那些读取。必须针对副本或缓存离线时导致应用程序降级运行的情况，设计、实现和测试应用程序。"降级"指的是应用程序正在运行，但明显比正常情况下慢得多，限制了客户端的请求，或者由于某些部分离线或被调节而没有完全工作。只要应用程序没有宕机——完全离线，或者没有响应且没有对人友好的错误消息——你的工作就做得不错，让应用程序能够在降级的情况下运行。

在讨论 MySQL 的副本和缓存服务器的对比之前，最后再提一点：不要转移全部读取。转移读取不在源上为副本或缓存能够完成的工作浪费时间，继而改进了性能。因此，应该首先转移慢（耗时）的读取：在查询概要文件中显示为慢查询的读取。这种技术很强大，所以应该一个个转移读取，因为可能只需要转移几个读取，就能够显著改进性能。

MySQL 副本

使用 MySQL 副本来服务读取很常见，因为每个生产环境的 MySQL 设置都应该已经有至少一个副本，而有两个或更多副本是很常见的。因为已经有了基础设施（副本），所以你只需要修改代码，为被转移的读取使用副本而不是源。

在解释为什么要优先选择副本而不是缓存服务器之前，需要解决一个重要的问题：应用程序能够使用副本吗？因为副本用于高可用性，管理 MySQL 的人可能不打算让副本用于服务读取。一定要确定副本是否能够用于服务读取，因为如果不能，就可能在没有通知的情况下，为了维护而让副本离线。

假定你的副本能够用于服务读取，则应该优先选择使用它们，而不是缓存服务器，原因有 3 个：

可用性

   因为副本是高可用性的基础，所以应该具有与源相同的可用性——例如 99.95% 或 99.99% 的可用性。这样一来，就没必要担心副本：管理 MySQL 的人也在管理副本。

灵活性

   在上一小节提到，你应该首先转移慢（耗时）的读取。对于缓存来说，尤其应该如此，因为缓存服务器很可能具有有限的 CPU 和内存——不应该在无关紧要的读取上浪费的资源。与之相对，用于高可用性的副本应该具有与源相同的硬件，所以具有可供使用的资源。将无关紧要的读取转移到副本上没有太大影响，所以在选择转移什么时会很灵活。在少见的情况下，你有纯粹的读副本，它们不用于高可用性，所以硬件没那么强大，此时不要在无关紧要的读取上浪费资源。这在云中更加常见，因为在云中，很容易置备具有大存储但 CPU 和内存小的读副本（这是为了降低费用）。

简单性

   应用程序并不需要做任何工作，就可以让副本与源保持一致，因为这是作为一个副本固有的特征。使用缓存时，应用程序必须管理更新、失效和（可能的）逐出。但是，真正简单的地方是，副本不需要对查询做任何修改：应用程序可以在副本上执行完全相同的 SQL 语句。

这 3 个原因是优先选择 MySQL 副本而不是缓存服务器的主要原因，但缓存服务器有一个重要的优势：它比 MySQL 快得多。

缓存服务器

缓存服务器没有受到 SQL、事务或持久存储的阻碍。这让它比 MySQL 快得多，但它也需要在应用程序中做更多工作才能恰当使用。如前所述，应用程序必须管理缓存的更新、失效和（可能的）逐出。而且，应用程序需要一个能够使用缓存的数据模型，通常是一个键值模型。多做的工作是值得的，因为基本上没有什么比缓存更快了。Memcached（*https://memcached.org*）和 Redis（*https://redis.io*）是两个流行的、广泛使用的缓存服务器。

 如果你听说过 MySQL 有一个内置的查询缓存，那么请忘掉它，不要使用它。这个内置的查询缓存在 MySQL 5.7.20 中被弃用，并在 MySQL 8.0 中被删除了。

对于被频繁访问但不会频繁改变的数据，缓存十分理想。对于 MySQL 副本，无须考虑这一点，因为所有修改都会被复制过去，但是缓存只存储应用程序放进去的内容。一个坏例子是用秒计算的当前 UNIX 时间戳：它总是在改变。在这样的坏情况中，有一个例外情况：访问的频率远大于变化的频率。例如，如果用秒计算的当前 UNIX 时间戳在每秒被请求 100 万次，则缓存当前时间戳可能是合适的。一个好例子是当前年份：它不会频繁改变。但是，在这样的好情况中，有一个例外情况：访问的频率远小于变化的频率。例如，如果当前年份在每秒中只被请求一次，则缓存几乎不能提供价值，因为对于这种数据访问，1 QPS 不会造成任何影响。

使用缓存时，需要决定缓存是临时的还是持久的。MySQL 副本也无须考虑这一点，因为它们总是持久的，但一些缓存服务器可以是两者之中的任何一种。如果缓存真的是临时的，就应该能够对缓存数据做类似 TRUNCATE TABLE 的处理，而不会影响应用程序。你还需要决定如何重建临时缓存。一些应用程序在缓存未命中——缓存中没有请求的数据——时重建缓存。其他应用程序让一个外部进程从另一个数据源重建缓存，例如在缓存中加载 Amazon S3（*https://oreil.ly/XMQxR*）中存储的镜像。一些应用程序严重依赖缓存，或者缓存特别大，导致重建缓存不现实。对于这种应用程序，需要使用持久的缓存。无论是决定使用临时的还是持久的缓存，都需要测试你的决定，验证应用程序在缓存失败并恢复时能否按照期望的那样工作。

4.5.3 将写操作加入队列

使用队列来稳定写操作的吞吐量。图 4-5 演示了不稳定的写操作吞吐量，它在尖峰超过 30 000 QPS，在低谷不足 10 000 QPS。

即使在不稳定的写操作吞吐量下，当前的性能是可以接受的，这也不是成功之道，因为不稳定的吞吐量只会随着规模增加而变坏——并不会自己稳定下来。（回忆一下 4.2 节的

图 4-3，可以知道扁平的值不等于稳定。）使用队列允许应用程序以稳定的速率处理变化
（写操作），如图 4-6 所示。

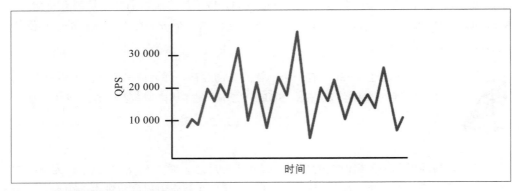

图 4-5：不稳定的写操作吞吐量

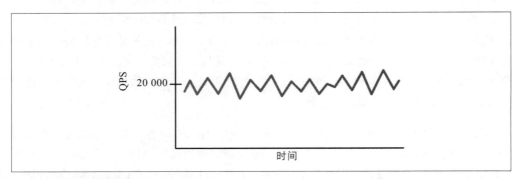

图 4-6：稳定的写操作吞吐量

将写操作加入队列和稳定的写操作吞吐量的真正强大之处是，它们允许应用程序以优雅
且可预测的方式响应惊群：导致应用程序或数据库（或两者同时）疲于奔命的一大批请
求。例如，假设应用程序在正常情况下每秒处理 20 000 次修改。但是，应用程序离线了
5 s，导致出现了 100 000 次待处理的修改。一旦应用程序重新上线，就会收到 100 000
次待处理的修改——一个惊群——加上当前这一秒在正常情况下应该处理的 20 000 次修
改。应用程序和 MySQL 如何处理惊群呢？

使用队列时，惊群不会影响 MySQL：它们会进入队列，MySQL 会照常处理修改。唯一
的区别是，一些修改比正常情况下发生得更晚。只要写操作的吞吐量是稳定的，就可以
增加队列使用者的数量，以更快地处理队列。

如果不使用队列，则根据经验，可能出现两种情况。你极为幸运，MySQL 能够处理
惊群，或者 MySQL 无法处理惊群。不要仰仗运气。MySQL 不会调节查询的执行，所

以当遇到惊群时，它会试图执行全部查询。（不过，MySQL 企业版、Percona Server 和 MariaDB Server 都有一个线程池，可以限制并发执行的查询的个数，它起到了调节器的作用。）这无法成功，因为 CPU、内存和磁盘 I/O 在本质上是有限的——更不用提还有通用可伸缩性定律（等式 4-1）了。尽管如此，MySQL 总是会尝试这么做，因为它雄心勃勃，并且有点莽撞。

这种技术还有其他优势，所以值得投入精力来实现。一个优势是，它将应用程序与 MySQL 的可用性解耦：应用程序可以在 MySQL 离线时接受修改。另一个优势是，它可以用来恢复丢失或者被丢弃的修改。假设一次修改需要多个步骤，其中一部分步骤可能运行时间很长，或者不稳定。如果某个步骤失败或者超时，应用程序可以将修改重新入队，以再次尝试执行。第三个优势是，如果队列是一个事件流，如 Kafka（*https://oreil.ly/fRZpa*），就能够重播修改。

 对于侧重写的应用程序，将写操作加入队列是最佳实践，几乎是必须要做的工作。应该投入时间来学习和实现队列。

4.5.4 将数据分区

当数据较少时，改进性能更加容易，这一点在学习完第 3 章后应该是显而易见的。数据对于你有价值，但对于 MySQL 是负担。如果你不能删除或者归档数据（参见 3.3 节），那么至少应该分区（在物理上隔开）数据。

首先，我们来简单介绍 MySQL 分区（*https://oreil.ly/BNopd*），然后把它放到一边。MySQL 支持分区，但需要特殊处理。实现或者维护分区并不简单，而且一些第三方 MySQL 工具不支持分区。因此，我不推荐使用 MySQL 分区。

对于应用程序开发人员来说，最有用、比较常见且比较容易实现的数据分区类型是将热数据和冷数据分开：分别代表频繁访问和不频繁访问的数据。分隔热数据和冷数据需要结合使用分区和归档。它根据访问进行分区，并通过将不频繁访问的（冷）数据从频繁访问的（热）数据的访问路径移开来进行归档。

我们来看一个例子：一个存储付款信息的数据库。热数据是过去 90 天的付款信息，这有两个原因。首先，付款在结清后通常不会改变，但有例外情况，例如在以后发生的退款。但是，在一段时间过后，支付最终会完成，不再能够修改。其次，应用程序只显示过去 90 天的支付信息。要查看更早的支付，用户必须查找过去的报表。超过 90 天的支付信息是冷数据。对于一年来说，这涉及 275 天，大约是 75% 的数据。为什么让 75%

的数据漫无目的地留在 MySQL 这样的事务型数据存储中呢？这是一个反问句：并没有很好的理由。

分隔热数据和冷数据主要是对前者的优化。将冷数据存储到其他位置会立即带来 3 个优势：内存中能够容纳更多热数据，查询不会浪费时间检查冷数据，并且操作（如修改模式）变得更快。当冷数据具有完全不同的访问模式时，分隔热数据和冷数据也是对后者的优化。在上面的例子中，旧的支付信息可能按照月份被分组为一个数据对象，它不再需要为每次支付保留一行。在那种情况下，更适合使用文档存储或者键值存储来存储和访问冷数据。

至少可以在同一个数据库的另外一个表中归档冷数据。这相对简单，只需要使用一个受控的 INSERT...SELECT 语句，从热表中选择数据，然后插入冷表中。然后，从热表中 DELETE 归档的冷数据。为实现一致性，将这些操作放到一个事务中。具体情况参见 3.3 节。

这种技术可以通过多种不同的方式实现，对于如何以及在什么地方存储和访问冷数据，实现方法尤其多。但是，这种技术在根本上来讲非常简单且极为有效：将不频繁访问的（冷）数据从频繁访问的（热）数据的访问路径移开，以改进后者的性能。

4.5.5 不要使用 MySQL

对于修改应用程序，我最后想说的是：最大的修改是当 MySQL 明显不是最适合访问模式的数据存储时，不使用 MySQL。有时，很容易看出来 MySQL 什么时候不是最佳选项。例如，前面章节中提到了一个负载为 5962 的查询。该查询用于选择一个图中的顶点。显然，关系型数据库并不是图数据的最佳选择；最佳选择是图数据存储。即使键值存储也会比关系型数据库更好，因为图数据与关系型数据库的概念（如规范化和事务）完全没有关系。另一个简单且常见的例子是时序数据：面向行的事务型数据库并不是最佳选择；最佳选择是时序数据库，或者可能是列式存储。

即使不是最佳选择，MySQL 也能够针对多种数据和访问模式进行很好的伸缩。但是，不要理所应当地使用 MySQL——要成为你的团队中第一个提出这个问题的工程师："可能 MySQL 不是最佳选择？"不要担心，我能这么说，你也能。如果有人批评你，告诉他们我支持你的决定：应该使用最适合工作的工具。

尽管如此，MySQL 仍然是一个极为出色的工具。请至少读完本章和下一章，然后再做出不使用 MySQL 的决定。

4.6 更好、更快的硬件

2.1.1 节不鼓励通过纵向扩展硬件来提高性能。但是，该小节的第一句话非常谨慎："当 MySQL 的性能不可接受时，不要一开始就纵向扩展……"这句话的关键词是"一开始"，它引出了一个关键的问题：什么时候是纵向扩展硬件的合适时间？

回答这个问题很困难，因为这取决于多个因素：查询、索引、数据、访问模式以及它们如何利用当前的硬件。例如，假设应用程序有一个极为低效的访问模式：它将 MySQL 用作一个队列，并在多个应用程序实例中非常快速地轮询它。在首先修改访问模式之前，我不会纵向扩展硬件。但有时，工程师没有进行这种应用程序修改所需的时间。

表 4-2 是一个检查清单，用于帮助判断什么时候应该纵向扩展硬件。当你可以勾掉列 1 中的全部项、列 2 中的至少两项时，就强烈说明是时候纵向扩展硬件了。

表 4-2：硬件升级检查清单

全部勾掉	至少勾掉两项
响应时间太长	CPU 使用率大于 80%
已经优化了慢查询	运行的线程数大于 CPU 核心数
已经删除或者归档了数据	内存小于总数据大小的 10%
已经检查和优化了访问模式	存储 IOPS 的使用率大于 80%

列 1 重述了从第 1 章开始介绍的关键点，它为花钱升级硬件提供了正当理由。列 2 需要勾掉至少两项，因为硬件是共同工作的。只是大量使用一种硬件并不一定意味着存在问题或者慢性能。相反，这可能是一种好现象：你完全利用了那种硬件。但是，当一种硬件过载时，通常会开始影响其他硬件。例如，当慢存储导致积压查询时，会导致积压客户端，进而导致高 CPU 使用率，因为 MySQL 在试图执行太多线程。这就是为什么列 2 需要至少勾掉两项。

列 2 中的值应该一致地大于或小于建议的阈值。偶尔的尖峰或者低谷是正常的。

如果你运行自己的硬件，则存储 IOPS 的最大数量由存储设备决定。如果你不确定，就可以查看设备的规范，或者咨询管理硬件的工程师。在云中，存储 IOPS 是分配或者置备的，由于你购买了 IOPS，所以通常更容易知道最大 IOPS 是多少。但如果不确定，可以查看 MySQL 的存储设置，或者咨询云提供商。6.5.11 节的"IOPS"部分将介绍哪个查询指标报告存储 IOPS。

取决于应用程序是侧重读还是侧重写（参见 6.5.3 节的"读 / 写"部分），存储 IOPS 的使用率还有另一个考虑因素：

侧重读

对于侧重读的访问模式，稳定的高 IOPS 很可能是因为内存不足，而不是 IOPS 不足。当数据不在内存中时，MySQL 会从磁盘读取数据，而 MySQL 特别擅长将工作集保留在内存中（参见 3.1.1 节的"工作集大小"部分）。但是，有两个因素结合起来，可能导致读操作的高 IOPS：工作集大小远大于内存大小，并且读操作的吞吐量特别高（参见 4.4.2 节）。这种组合导致 MySQL 在磁盘和内存之间交换大量数据，问题表现为高 IOPS。这种情况很少见，但有可能发生。

侧重写

对于侧重写的访问模式，稳定的高 IOPS 很可能是因为 IOPS 不足。简单来说：存储设备写数据的速度不够快。正常情况下，存储设备通过写缓存来实现高吞吐量（IOPS），但缓存不是持久的。MySQL 要求持久存储：将数据物理存储到磁盘上，而不是仅保留在缓存中。（即使针对基于闪存、没有磁盘的存储，仍然使用"磁盘上"这个术语。）因此，MySQL 必须刷新数据——强制把数据写入磁盘。刷新会严重限制存储设备的吞吐量，但 MySQL 使用复杂的技术和算法，实现了保证持久性前提下的高性能——6.5.11 节的"页面刷新"部分将进行详细讨论。目前，唯一的解决方案——因为你已经优化了查询、数据和访问模式——是更多地存储 IOPS。

谨慎地认同扩展硬件后，看起来我们已经到达了旅程的终点。无论我们需要移动多少个小鹅卵石、大鹅卵石或巨石，总是可以使用更大的卡车来搬运它们。但是，如果你需要移动一座山，应该怎么办？这时就需要使用下一章介绍的技术：分片。

4.7 小结

本章主要介绍数据访问模式，它们决定了如何修改应用程序来高效地使用 MySQL。本章要点如下：

- MySQL 只会执行应用程序查询，其他什么都不做。

- 数据库性能会在极限位置变得不稳定，这个极限小于 100% 的硬件能力。

- 一些应用程序的每个细节都针对高性能设计和实现，所以具有特别好的 MySQL 性能。

- 访问模式描述了应用程序如何使用 MySQL 来访问数据。

- 必须修改应用程序，才能改变其数据访问模式。

- 只有在用完其他解决方案之后，才考虑通过纵向扩展硬件来改进性能。

下一章将介绍 MySQL 分片的基本机制，使 MySQL 能够处理大量数据。

4.8 练习：描述访问模式

本练习的目的是描述最慢查询的访问模式。（要找出慢查询，请参见 1.3.3 节的"查询概要文件"部分和 1.9 节。）对于最慢的查询，描述 4.4 节中的全部 9 种访问模式特征。如该节所述，访问模式是纯粹知识。利用这种知识，思考如何应用 4.5 节介绍的修改，通过修改该查询的访问模式来间接地优化它。即使无法修改应用程序，知道访问模式也是专家的做法，因为 MySQL 的性能依赖于查询、数据和访问模式。

第 5 章

分片

在一个 MySQL 实例上，性能取决于查询、数据、访问模式和硬件。当认真应用直接和间接查询优化不再能够交付可接受的性能时，就达到了单个 MySQL 实例处理应用程序工作负载的相对极限。要超越这个相对极限，必须将应用程序的工作负载拆分到多个MySQL 实例上，以实现 MySQL 的规模化。

数据库分片是横向扩展（或水平扩展）的一种常见且广泛使用的技术：通过将工作负载分散到多个数据库来提升性能。（与之相对，纵向扩展，或称垂直扩展，通过增加硬件能力来提升性能。）分片将一个数据库拆分为多个数据库。每个数据库是一个分片，每个分片通常存储在一个运行于单独硬件上的单独 MySQL 实例中。分片在物理上分隔开，但在逻辑上是相同的（极大）数据库。

MySQL 的规模化需要进行分片。在本章中将多次重复这句话，因为这是工程师不太愿意接受的一个事实。为什么？因为分片不是 MySQL 的固有特性或能力。因此，分片很复杂，并且完全特定于应用程序，这意味着不存在简单的解决方案。但是，不要泄气：分片是已被解决的问题。工程师进行横向扩展已经有几十年的时间了。

本章将介绍分片的基本机制，以实现 MySQL 的规模化。本章主要分为 4 节。5.1 节解释为什么单个数据库不能伸缩，为什么必须进行分片。5.2 节完成第 3 章和第 4 章的比喻：为什么小鹅卵石（数据库分片）比巨石（巨大的数据库）更好。5.3 节简单介绍关系型数据库分片这个复杂的主题。5.4 节给出分片的替代方案。

5.1 为什么单个数据库不能伸缩

单个数据库能够让单个服务器过载，没有人怀疑这一点——这也是为什么各种类型的服务器和应用程序都需要横向扩展，并不只是 MySQL。因此，有必要进行分片，因为这是 MySQL 横向扩展的方式：更多的数据库。但是，考虑到 MySQL 可以使用非常强大的硬件，并且一些基准程序说明 MySQL 在强大的硬件上能够表现出卓越的性能，单个 MySQL 数据库为什么不能伸缩就成了一个合理的问题。接下来将给出 5 个原因，首先是最根本的原因：应用程序工作负载可能远超单个服务器硬件的速度和能力。

5.1.1 应用程序的工作负载

图 5-1 简单地演示了一个没有负载的服务器的硬件能力。

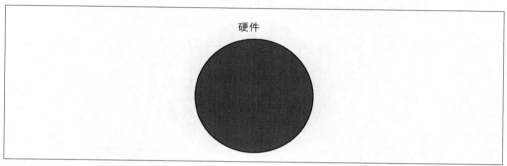

图 5-1：没有负载的硬件

我故意让图 5-1 很简单——但没有过分简单——因为它暗含着非常重要的一点：硬件能力是有限的。圆形代表硬件的限制。我们假定硬件专门用于为一个应用程序运行一个 MySQL 实例——没有虚拟化、虚拟货币挖掘或其他负载。硬件上运行的所有东西都必须放在圆形内。因为这是专用硬件，所以其上只运行了如图 5-2 所示的应用程序工作负载：查询、数据和访问模式。

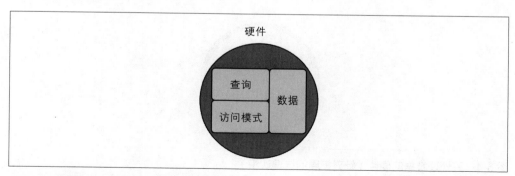

图 5-2：具有标准 MySQL 工作负载的硬件

查询对应于第 2 章的内容，数据对应于第 3 章的内容，访问模式对应于第 4 章的内容，这并不是巧合。它们共同构成了应用程序的工作负载：导致 MySQL 产生负载的所有东西，MySQL 的负载又导致硬件负载（CPU 使用率、磁盘 I/O 等）。方框的大小很重要：方框越大，负载越大。在图 5-2 中，工作负载在硬件能力范围内，并且还有多余的一点空间，操作系统也需要使用硬件资源。

对于性能而言，查询、数据和访问模式是无法分开的。（1.5.2 节用 TRUNCATE TABLE 证明了这一点。）数据大小是横向扩展的常见原因，因为如图 5-3 所示，这会导致工作负载超出单个服务器的能力。

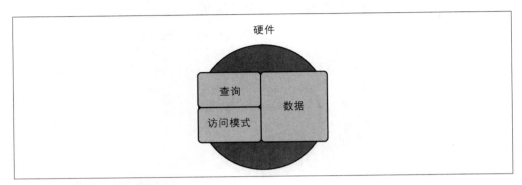

图 5-3：处理太多数据的硬件

数据大小增加时，最终会影响查询和访问模式。购买更大的硬盘无法解决这个问题，因为如图 5-3 所示，还有足够的能力处理数据，但数据并不是工作负载的唯一组成部分。

图 5-4 演示了一种常见的错误认识，这种错误认识让工程师认为一个数据库可以扩展到最大数据大小，对于单独的 InnoDB 表，这个最大数据大小目前是 64 TB。

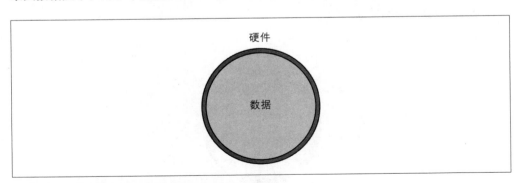

图 5-4：只处理数据的硬件（针对扩展的错误认识）

数据只是工作负载的一部分，另外两个部分（查询和访问模式）是不能被忽视的。在现实中，对于一个服务器处理大量数据的情况，要想得到可以接受的性能，工作负载必须如图 5-5 所示。

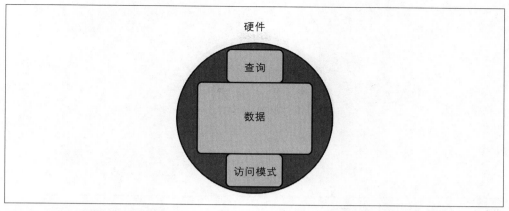

图 5-5：处理大量数据的硬件

如果查询很简单，并且有非常好的索引，并且访问模式的影响不大（例如吞吐量极低的读取），则一个服务器可以存储大量数据。这并不只是一个巧妙的示意图；真实应用程序的工作负载会如同图 5-5 显示的那样。

这 5 个示意图揭示了一个事实：单个数据库不能伸缩，因为应用程序的工作负载（由查询、数据和访问模式构成）必须在硬件的能力范围内。在 2.1.1 节和 4.6 节，你已经知道，硬件解决不了这个问题。

MySQL 的规模化要求进行分片，因为应用程序的工作负载可能远超单个服务器硬件的速度和处理能力。

5.1.2 基准是人为设计的

基准是人为设计的（假的）查询、数据和访问模式。它们只能是假的，因为它们不是真实的应用程序，当然肯定不会是你的应用程序。因此，基准不能告诉你，你的应用程序如何表现和伸缩，即使基准和你的应用程序运行在相同的硬件上也做不到。而且，基准主要关注一种或多种访问模式（参见 4.4 节），这会产生如图 5-6 所示的工作负载。

大部分应用程序的工作负载不会像这样，让性能主要受到一种或多种访问模式的影响。但是，对于基准来说，这种工作负载很常见，因为它允许 MySQL 专家对 MySQL 的特定方面进行压力测试和测量。例如，如果一个 MySQL 专家想测量一种新的页面刷新算法的有效性，就可能使用一个 100% 的只写工作负载，它包含少量完全优化的查询和极少的数据。

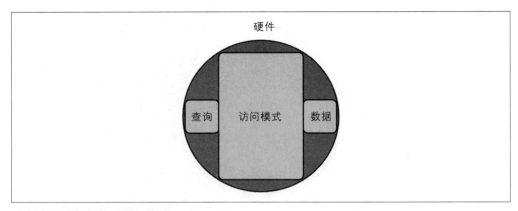

图 5-6：处理基准工作负载的硬件

但必须要明确说明：基准非常重要，对于 MySQL 专家和 MySQL 行业来说不可或缺。（如 2.1.2 节所述，基准测试主要是实验室工作。）基准用于以下工作：

- 比较硬件（一种存储设备与另一种存储设备）

- 比较服务器优化（一种刷新算法与另一种刷新算法）

- 比较不同的数据存储（MySQL 与 PostgreSQL——经典对决）

- 测试极限位置的 MySQL（参见 4.2 节）

这些工作对于 MySQL 十分重要，也是 MySQL 能够实现出色性能的原因。但是，在上面所列的条目中，明显没有与你的应用程序及其特定工作负载有关的条目。因此，无论你读到或听到 MySQL 在基准测试中有多么出色的性能，这并不等同于在你的应用程序中会有同样的性能。创建这些基准的专家也会告诉你：MySQL 的规模化需要分片。

5.1.3 写操作

单个 MySQL 实例上的写操作很难伸缩，这有几个原因：

单个可写（源）实例

为了实现高可用性，生产环境的 MySQL 使用了多个实例，并通过复制拓扑将这些实例连接起来。但是，写操作实际上被限制到单个 MySQL 实例，以避免写冲突：在相同时间多次写入相同的行。MySQL 支持多个可写实例，但很难看到有人使用这种功能，因为写冲突造成的问题太麻烦。

事务和锁

事务使用锁来保证一致性——遵守 ACID 的数据库中的 C。写操作必须获得行锁，有时锁住的行数会比你预想的多——8.1 节会解释原因。锁会导致锁争用，这使得4.4.7 节介绍的"并发性"访问模式特征在写操作能够多么好地伸缩方面成为一个关键因素。如果工作负载在相同的数据上侧重写，则即使世界上最好的硬件也无法提供帮助。

页面刷新（持久性）

页面刷新是 MySQL 把来自写操作的修改持久化到磁盘的存在延迟的过程。整个过程非常复杂，本节不进行解释，但关键点是：页面刷新是写操作性能的瓶颈。虽然MySQL 非常高效，但页面刷新在本质上是缓慢的，因为它必须确保数据是持久的：存储到磁盘。没有持久性，则使用缓存意味着写操作会特别快，但持久性是一个必须满足的要求，因为所有硬件最终都会崩溃。

写放大

写放大指的是写操作需要更多写操作。二级索引是最简单的例子。如果一个表有 10个二级索引，则一次写入会需要额外的 10 次写入，以更新这些索引。页面刷新（持久性）会产生额外的写操作，而复制会产生更多的写操作。这不是 MySQL 独有的；它也会影响其他数据存储。

复制

高可用性要求必须进行复制，所以所有写操作都必须复制到其他 MySQL 实例——副本。第 7 章将讨论复制，但这里介绍与扩展写操作有关的几个要点。MySQL 支持异步复制、半同步复制和组复制（*https://oreil.ly/oeJtD*）。异步复制对写操作的性能有很小的影响，因为数据修改在事务提交时写入并刷新到二进制日志中——但之后就没有影响了。半同步复制对写操作的性能有更大的影响；它根据网络延迟来减小事务的吞吐量，因为每次提交都必须被至少一个副本确认。因为网络延迟是使用毫秒测量的，所以它对写操作性能的影响很明显，但这是一种物有所值的折中，因为它保证不会丢失提交的事务，而异步复制则不能保证这一点。组复制更加复杂，也更难扩展写操作。考虑到第 7 章将介绍的多种原因，本书不讨论组复制。

这 5 个原因是在单个 MySQL 实例上扩展写操作时难以克服的挑战，即使 MySQL 专家也难以克服它们。MySQL 的规模化需要使用分片来克服这些挑战，并扩展写操作的性能。

5.1.4 模式修改

模式修改并不只是例行工作，它们几乎是必须要做的工作。而且，极大的表频繁发生变化并不是罕见的事情，因为它们的大小反映了它们的使用情况，而使用表会需要开发代码，开发代码又导致表发生变化。即使你努力克服了其他所有障碍，将单个表扩展到极大，修改该表需要的时间也将是无法接受的。修改一个大表需要多长时间呢？可能需要几天或者几周。

对于 MySQL 或应用程序来说，长时间等待不是问题，因为在线模式修改（Online Schema Change，OSC）工具，如 pt-online-schema-change（*https://oreil.ly/tSrrr*）和 gh-ost（*https://oreil.ly/nUuvv*），以及某些内置的在线 DDL 操作（*https://oreil.ly/5KiA7*），能够运行几天或者几周，同时仍然允许应用程序正常工作——因此它们才被称为"在线"。但是，对于开发应用程序的工程师来说，则会造成问题，因为长时间的等待不可能不被注意到；相反，对于你、其他工程师甚至其他团队来说，这种等待越来越可能成为烦人的阻碍。

例如，就在几周前，我帮助一个团队修改了几个表，每个表中包含 10 亿行。受与 MySQL 无关的多种技术原因影响，这些表在几乎两周的尝试后，最终没有成功完成修改。造成的阻碍影响的远不止是表或者团队；简单来说，它阻碍了组织级别的目标——其他几个团队几个月的工作。好在，需要做的模式修改刚好是一个能够立即完成在线 DDL 操作（*https://oreil.ly/5KiA7*）。但是，能够立即完成的模式修改是极为少见的，所以不要指望它们。相反，应该做的是不要让一个表变得太大，导致你无法在合理的时间内修改它——什么是合理的时间，要由你、你的团队和你的公司来决定。

MySQL 的规模化需要进行分片，因为工程师不能等待几天或几周的时间来修改模式。

5.1.5 操作

如果你精准且细心地执行了直接和间接查询优化，就可以把单个数据库扩展到人们难以相信的大小。但是，5.1.1 节的硬件和工作负载示意图没有描述下面的操作：

- 备份和还原

- 重建失败的实例

- 升级 MySQL

- MySQL 的关闭、启动和从崩溃恢复

数据库越大，这些操作需要的时间越长。作为应用程序开发人员，你可能不会管理这些操作，但它们会对你造成影响，除非管理数据库的工程师极为擅长——并致力于——实现零停机时间操作。例如，云提供商既不擅长又不致力于实现零停机时间操作；它们只是试图最小化停机时间，这意味着数据库可能会离线 20 s 到几小时。

MySQL 的规模化需要进行分片，以高效地管理数据，这就引入了下一节的内容：需要小鹅卵石，而不是巨石。

5.2 小鹅卵石而不是巨石

移动小鹅卵石要比移动巨石容易得多。我一再使用这个比喻，因为它很贴切：MySQL 的规模化是通过使用许多小实例实现的。（为了回忆起这个比喻，可以阅读第 3 章和第 4 章的介绍性小节。）

在这个上下文中，"小"有两个含义：

- 应用程序的工作负载在硬件上运行时有可接受的性能。

- 标准操作（包括 OSC）的执行时间可以接受。

一开始看起来，这让"小"的相对性太强，以至于没有什么用，但在实际中，硬件能力的范围有限，这大大缩小了可选的范围，几乎成为一个客观的度量。例如，在撰写本书时，我建议工程师将单个 MySQL 实例的总数据大小限制为 2 TB 或 4 TB：

2 TB

> 对于普通的查询和访问模式，商用硬件就足够实现可接受的性能，操作能够在合理的时间内完成。

4 TB

> 对于特别优化的查询和访问模式，中高端硬件足够实现可接受的性能，但是操作需要的时间可能比可接受的时间稍微长一点。

这些限制值只是反映了你在今天（2021 年 12 月）能够方便地购买的硬件能力。多年前，限制值要小得多。（还记得磁盘会物理旋转并发出嗡嗡的声音的时候吗？这种感觉真奇怪。）多年以后，限制值会变得比现在大得多。

当数据库进行分片后，分片的数量对于应用程序来说并不重要，因为应用程序通过代码访问它们。但是，对于操作——特别是操作 MySQL 实例的工程师来说——分片的大小非常重要：管理一个 500 GB 的数据库要比管理一个 7 TB 的数据库容易得多。而且，因为操作是自动完成的，所以管理任意数量的小数据库很容易。

当进行分片，并作为许多小数据库运营时，MySQL 的性能是真正没有限制的——要小鹅卵石，不要巨石。

5.3 分片简介

分片的解决方案和实现不可避免地与应用程序的工作负载捆绑在一起。即使对于下一节（5.4 节）介绍的其他解决方案，这一点也成立。因此，没人能告诉你如何分片，也不存在完全自动化的解决方案。准备好踏上一段漫长但收获丰厚的旅程吧。

从想法变为实现时，分片有两条路径可走：

为分片设计一个新的应用程序

　　第一种也是最少采用的路径是，应用程序从一开始就是针对分片设计的。如果你在开发一个新的应用程序，我强烈建议你在需要时采用这条路径，因为从一开始就进行分片，要比以后进行迁移容易得多。

　　为了判断是否需要分片，可以估测数据大小，以及接下来 4 年的数据增长情况。如果估测的 4 年后的数据大小在今天的硬件的能力范围内，则可能不需要进行分片。我把这种情况称为四年拟合。另外，还要试着估测应用程序工作负载的另外两个方面——查询和访问模式——的四年拟合情况。对于新的应用程序，它们很难估测（并且可能会发生变化），但是你应该会有一些想法和期望，因为它们是设计和实现应用程序的必要部分。

　　另外，考虑数据集是有界还是无界的。有界数据集具有内在的最大大小或者内在的缓慢增长。例如，每年新发布的智能手机的数量很小，并且其增长本身会很慢，因为没有理由相信制造商每年会发布几千种新手机。无界数据集则没有固有的限制。例如，图片是无界的：人们可以发布无限数量的图片。因为硬件能力是有界的，应用程序总是应该为无界数据集定义和施加外在的限制。不要让数据没有限制地增长。无界数据集强烈意味着需要进行分片，除非你经常删除或归档旧数据（参见3.3 节）。

将现有应用程序迁移到分片

　　第二种也是更加常用的路径是，将现有数据库和应用程序迁移到分片。这种路径明显更困难、更耗时且风险也更大，因为到了需要采用这种路径的时候，数据库已经非常大——MySQL 在把一块巨石拖上山。即使有一个由经验丰富的开发人员组成的团队，也需要计划用 1 年或更久的时间来进行迁移。

　　本书无法讨论如何将一个数据库迁移到分片数据库，因为这是一个定制的过程：它取决于分片解决方案和应用程序的工作负载。但是，有一点是确定的：你需要把数据从源（单个）数据库复制到新的分片——可能需要复制多次——因为初始迁移本质上是第一次重新分片，这是 5.3.3 节的"重新分片"部分将解决的一项挑战。

无论采用哪种路径，分片都是一个复杂的过程。首先，选择一个分片键和分片策略，并理解你将会面对的挑战。这些知识确定了旅程的目的地：可以相对容易地操作的分片数据库。然后，规划一条路径来从某个数据库走到该目的地。

5.3.1 分片键

要进行 MySQL 分片，应用程序必须在代码中将数据映射到分片。因此，最根本的决定是使用什么分片键：用于将数据分片的一个或多个列。分片键与分片策略（下一节将讨论）一起使用，将数据映射到分片。应用程序而不是 MySQL 负责根据分片键来映射和访问数据，因为 MySQL 本身没有分片的概念——MySQL 不知道分片的存在。

术语"分片"可交替用于数据库或存储数据库的 MySQL 实例。

理想的分片键具有 3 个属性：

高基数

理想的分片键具有高基数（参见 2.4.3 节），以便能够在分片之间均匀分布数据。让你能够观看视频的网站是一个好例子：它可以为每个视频分配一个唯一标识符，例如 dQw4w9WgXcQ。存储该标识符的列就是一个理想的分片键，因为它的每个值都是唯一的，所以基数达到最大。

引用应用程序实体

理想的分片键会引用应用程序实体，以便访问模式不会跨越分片。存储支付信息的应用程序是一个好例子：尽管每次支付都是唯一的（最大基数），但客户是应用程序实体。因此，应用程序的主要访问模式是按客户而不是支付访问。按客户进行分片很理想，因为一个客户的所有支付信息应该在一个分片内。

小

理想的分片键应该尽可能小，因为它会被大量使用：大部分甚至全部查询会包含分片键，以避免散点查询——这是 5.3.3 节将介绍的几种挑战之一。

将理想的分片键和分片策略结合起来，能够避免或者减轻 5.3.3 节介绍的挑战，尤其是事务和连接挑战。

花足够的时间来为你的应用程序识别或者创建理想的分片键。这个决定打下了一半的基础，另外一半是确定使用分片键的分片策略。

5.3.2 策略

分片策略根据分片键的值将数据映射到分片。应用程序实现分片策略，将查询发送到特定的分片，该分片包含与分片键的值对应的数据。这个决定打下了另一半基础。分片键和分片策略一旦被实现，就很难更改，所以要仔细选择。

有 3 种常用的策略：哈希、范围和查找（或目录）。这 3 种策略都得到了广泛的应用。最佳选择取决于应用程序的访问模式，特别是行访问（参见 4.4.8 节），如下文所示。

哈希

哈希分片使用一个哈希算法（用于生成一个整数哈希值）、取余运算符（mod）和分片的数量（N），将哈希键值映射到分片。图 5-7 描述了哈希策略，从顶部的哈希键值开始，沿着实线箭头走到了底部的分片。

哈希算法使用哈希键值作为输入，输出一个哈希值。将哈希值（它是一个整数）与分片数（N）取余，将返回分片编号：这是 0 到 $N-1$ 之间的一个整数。在图 5-7 中，哈希值 75482 mod 3 = 2，所以分片键值对应的数据包含在分片 2 中。

 如何将分片编号映射到 MySQL 实例由你自己决定。例如，你可以为每个应用程序实例部署分片编号到 MySQL 主机名的映射。或者，应用程序可以通过查询一个服务，如 etcd（*https://etcd.io*），来了解分片编号如何映射到 MySQL 实例。

你可能在想，"修改分片的数量（N）不会影响数据到分片的映射吗？"会。例如，75483 mod 3 = 0，但是，如果将分片的数量增加为 5，相同的分片键值将映射到一个新的分片编号：75483 mod 5 = 3。好消息是，这是一个已被解决的问题：一致的哈希算法能够独立于 N，输出一个一致的哈希值。关键词是一致：哈希值仍可能在分片变化时改变，但发生的可能性要小多了。因为分片很可能改变，所以你应该选择使用一种一致的哈希算法。

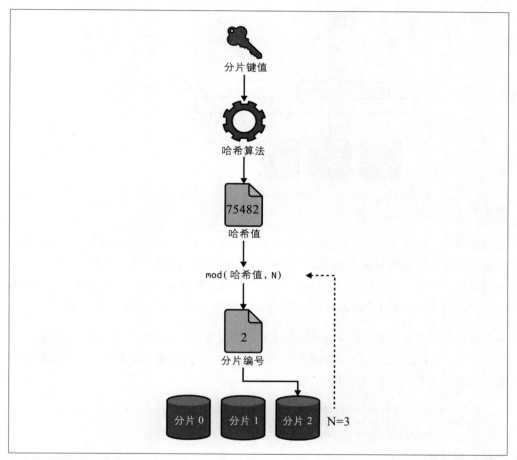

图 5-7：哈希分片

哈希分片对所有分片键都能够工作，因为它将分片键值抽象为一个整数。这并不意味着它更好或更快，而只是意味着它更加容易，因为哈希算法会自动映射所有分片键值。但是，自动也是它的缺点，因为正如 5.3.3 节的"重新平衡"部分所述，这意味着几乎无法手动将数据移动到新的位置。

点访问（参见 4.4.8 节）很适合使用哈希分片，因为一行只会映射到一个分片。与之相对，由于 5.3.3 节介绍的"跨分片查询"挑战（这是一种常见的挑战），范围访问很可能无法进行哈希分片——除非范围非常小。受相同原因影响，随机访问可能也无法进行哈希分片。

范围

范围分片定义了相邻的键值范围，并将一个分片映射到一个范围，如图 5-8 所示。

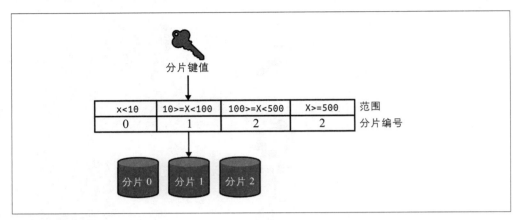

图 5-8：范围分片

必须提前定义键值范围。这样在把数据映射到分片时就很灵活，但这需要充分了解数据分布，以便能够确保在分片之间均匀分布数据。因为数据分布会发生变化，所以可能会需要重新分片（参见 5.3.3 节的"重新分片"部分）。范围分片的一个优势是，不同于哈希分片，你可以修改（重新定义）范围，这有助于手动将数据移动到其他位置。

所有数据都可以被归类和划分到不同范围中，但这对于一些数据并不合理，如随机标识符。而且，一些数据看上去是随机的，但仔细检查后会发现，它们实际上是紧密排序的。例如，下面显示了 MySQL 生成的 3 个 UUID：

```
f15e7e66-b972-11ab-bc5a-62c7db17db19
f1e382fa-b972-11ab-bc5a-62c7db17db19
f25f1dfc-b972-11ab-bc5a-62c7db17db19
```

你能看到区别吗？这 3 个 UUID 看起来是随机的，但取决于范围的大小，它们很可能会归类到相同的范围内。规模大时，这会将大部分数据映射到相同的分片中，从而违反了分片的目的。（UUID 算法是不同的：有的算法有意生成紧密排序的值，而其他的算法有意生成随机排序的值。）

当满足以下条件时，范围分片的效果最好：

- 分片键值的范围是有界的

- 你可以确定范围（最小值和最大值）

- 你知道值的分布，并且值的分布大体上是均匀的

- 范围和分布不大可能改变

例如，可以按照从 AAAA 到 ZZZZ 的股票符号对股票数据进行分片。虽然 Z 范围内的数据分布可能较少，但整体上，数据分布足够平均，能够确保一个分片不会比其他分片大得多，或者访问得频繁得多。

点访问（参见 4.4.8 节）能够很好地利用范围分片，前提是行访问在这些范围上分布得很平均，能够避免热分片——这是 5.3.3 节的"重新平衡"部分讨论的一种常见挑战。范围访问也能很好地利用范围分片，前提是行访问在分片范围以内；否则，5.3.3 节将介绍的"跨分片查询"将成为问题。考虑到相同的原因，即跨分片查询，随机访问很可能也无法实现。

查找

查找（或目录）分片是将分片键值映射到分片的一种自定义映射。图 5-9 描述了一个查找表，它将国家代码顶级域名映射到分片。

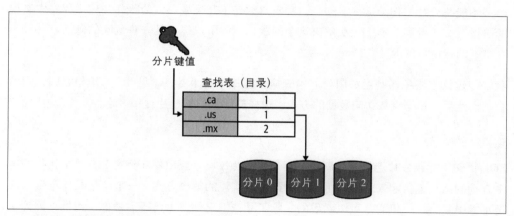

图 5-9：查找（目录）分片

查找分片是最灵活的分片方式，但它需要维护一个查找表。查找表是一个键值映射：分片键值是键，数据库分片是值。你可以把查找表实现为一个数据库表，持久缓存中的一个数据结构，随应用程序部署的一个配置文件等。

查找表中的键可以是单个值（如图 5-9 所示），也可以是范围。如果键是范围，则实际上就是范围分片，但查找表让你能够控制范围。但是，这种控制能力是有代价的：修改范围意味着需要重新分片——这是一种常见的挑战。如果键是单个值，则当唯一分片键值的数量可以管理时，使用查找分片是合理的做法。例如，存储美国公共健康统计数据的一个网站可以按州和县名称进行分片，因为县的总数不超过 3500 个，而且它们几乎不会改变[注1]。查找分片的一个优势让它很适合用在这个示例中：将所有人口很少的县映射到一个分片很容易，但在使用哈希或范围分片时无法实现这种自定义映射。

全部 3 种行访问模式（参见 4.4.8 节）都可以使用查找分片，但效果要取决于为了将分片键值映射到数据库分片而创建和维护的查找表的大小和复杂度。这里有必要专门提一下随机访问：查找分片允许映射（或重新映射）分片键值，从而减轻随机访问导致的跨分片查询问题，这是使用哈希和范围分片几乎无法实现的。

5.3.3 挑战

如果能够进行完美的分片，则只需要分片一次，每个分片将具有相同的数据大小和访问。第一次进行分片时可能出现这种情况，但不会一直这样。下面的挑战将影响你的应用程序和分片后的数据库，所以要提前计划：知道你需要如何避免或减轻它们。

事务

事务不能跨分片工作。这更多的是一种阻碍，而不是挑战，因为除非在应用程序中实现两阶段提交，否则基本上无法解决这个问题，但两阶段提交是一种危险的做法，并且不在本书的讨论范围内。

我强烈建议你避免遇到这种阻碍。检查应用程序中的事务（参见 8.5 节）和它们访问的数据。然后，根据事务访问数据的方式，选择能够工作的分片键和策略。

连接

SQL 语句不能跨分片连接表。解决方案是跨分片连接：应用程序将多个分片上执行的多个查询的结果连接起来。这并不是一种很容易实现的解决方案——取决于具体连接，甚至可能很复杂——但它是可以实现的。除了复杂性之外，主要还需考虑一致性：因为事务不能跨分片工作，所以每个分片的结果并不是所有数据的一致视图。

跨分片连接是一种特殊用途的跨分片查询（其特殊用途是连接结果）；因此，它会遇到相同的挑战。

跨分片查询

跨分片查询需要应用程序访问多个分片。这个术语指的是应用程序访问，而不是字面上的查询，因为一个查询不能在多个 MySQL 实例中执行（更准确的术语其实是跨分片应用程序访问）。

注 1：县名只在一个州内是唯一的，所以才需要使用州名。

跨分片查询会遇到延迟，这是访问多个 MySQL 实例固有的延迟。当跨分片查询是例外情况，而不是常规情况时，分片的效果最好。

如果分片是完美的，那么每个应用程序请求将只访问一个分片。这是目标，但不用逼着自己一定要实现完美分片，因为一些应用程序即使在被高效分片时，也必须访问多个分片来完成特定的请求。点对点支付应用程序是一个好例子。每个客户是一个清晰限定的实体：与一个客户有关的所有数据都应该位于相同的分片内，这就意味着数据是按客户分片的。但是，客户之间通过转出和收入钱来进行互动。这样一来，应用程序不可避免地需要至少访问两个分片：一个用于转出钱的客户，另一个用于收入钱的客户。应该最小化跨分片查询，但再说一次：不要逼着自己一定要消除它们，当应用程序逻辑必须为特定请求使用跨分片查询时更是如此。

散点查询（或散点收集查询）是一个相关的挑战：查询需要应用程序访问许多（甚至全部）分片（同样，这个术语指的是应用程序访问，而不是字面上的查询）。适当数量的跨分片查询是不可避免的、可以接受的，但散点查询则与分片的目的和优势完全对立。因此，应该避免并消除散点查询。如果做不到——应用程序需要使用散点查询——则可能分片不是正确的解决方案，或者需要修改访问模式（参见 4.4 节）。

重新分片

重新分片（或分片拆分）将一个分片拆分为两个或更多个新的分片。重新分片是应对数据增长的必要方式，也可以用来在分片之间重新分布数据。是否以及何时有必要进行重新分片，取决于对处理能力的规划：估测的数据增长率，以及最初创建了多少分片。例如，我见过一个团队将数据库拆分为 4 个分片，结果由于数据大小的增长速度超出预期，在不到两年之后就需要重新分片。与之相对，我见过另一个团队将数据库拆分为 64 个分片，以应对超过 5 年的预期数据增长。如果在最开始（第一次分片时）能够负担多出的分片，则为至少 4 年的数据增长创建足够的分片——不要过分地估测数据增长，但在估测时也要慷慨一点。

这是关于分片的一个黑暗的秘密：分片会导致更多的分片。如果你在想，"我能只分片一次，然后一劳永逸吗？"答案是"不大可能"。因为你的数据库增长到需要进行分片的程度，所以很可能会继续增长，继续需要更多分片——除非你狂热地实现数据越少越好的思想（参见 3.1.2 节）。

重新分片之所以是挑战，是因为它需要将数据从旧分片迁移到新分片。本书不介绍如何迁移数据，但这里指出 3 个高层面的要求：

- 一开始需要将数据从旧分片批量复制到新分片

- 将旧分片上的修改同步到新分片（在数据复制过程之中和之后）

- 有一个从使用旧分片切换到使用新分片的过程

要安全、正确地迁移数据，需要对 MySQL 有深入的认识。因为数据迁移特定于应用程序和基础设施，所以没有详细介绍这个过程的图书或其他资源。如果有必要，可以聘用一位 MySQL 顾问来帮助设计一个过程。另外，可以看看 Shopify 的工程师开发的 Ghostferry（*https://oreil.ly/7aM3I*），他们是 MySQL 分片的专家。

重新平衡

重新平衡操作会调整数据的位置，以便让访问更加均匀地分布。为了处理热分片，必须进行重新平衡：热分片是访问次数远大于其他分片的分片。虽然分片键和分片策略决定了数据的分布，但应用程序及其用户决定了如何访问数据。如果一个分片（热分片）包含所有最频繁访问的数据，则性能不是均匀分布的，这就让横向扩展失去了效果。横向扩展的目标是所有分片上有均匀的访问，以及相似的性能。

重新平衡依赖于分片策略：

哈希

使用哈希分片时，基本上不可能重新调整数据的位置，因为哈希算法会自动将数据映射到分片。一种解决方案（或变通方案）是使用一个查找表，在其中包含重新调整位置的分片键。应用程序首先检查查找表：如果查找表中存在分片键，就使用表中指定的分片；否则，使用哈希算法寻找分片。

范围

通过重新定义范围，将热分片拆分为更小的单独分片，能够使用范围分片重新调整数据的位置，但这个过程并不简单——这是与重新分片相同的过程。

查找

使用查找分片重新调整数据的位置相对简单，因为你控制着数据到分片的映射。因此，只需更新查找表，重新映射与热数据对应的分片键值。

在物理上重新调整热数据的位置时，需要与重新分片相同（或相似）的数据迁移过程。

在线模式修改

在一个数据库中修改表很容易，但如何在每个分片上修改表？你需要在每个分片上运行 OSC（在线模式修改），但这并不是挑战。真正的挑战是让 OSC 过程在多个分片上自动运行，并跟踪被修改的分片。对于 MySQL，在撰写本书时还没有开源的解决方案；你必须自己开发一个解决方案。(但是，下一节将介绍的一些 MySQL 的替代选项有解决方案。)这是分片时复杂程度最低的挑战，但仍然是一个挑战。不能因为模式修改很平常就忽视这个挑战。

5.4 替代选项

分片很复杂，并且对于用户或客户没有直接价值。它对于应用程序有价值，可以让应用程序保持伸缩，但对于工程师来说，它是需要付出很大努力的工作。因此，其他解决方案变得越来越流行和健壮就不奇怪了。但是，不要急于将你的数据交给另一项技术管理。MySQL 是一项非常成熟的技术，其可靠性非常高，并且已经被很深入地理解，所以它是一个安全且合理的选择。

5.4.1 NewSQL

NewSQL 指的是一种关系型的、遵守 ACID 的数据存储，它内置了对横向扩展的支持。换句话说，它是一个你不需要进行分片的 SQL 数据库。如果你在想，"太好了！既然如此，为什么还使用 MySQL 呢？"接下来的 5 点将解释为什么 MySQL——无论是否进行分片——仍然是世界上最流行的开源数据库：

成熟性

SQL 诞生于 20 世纪 70 年代，MySQL 诞生于 20 世纪 90 年代。数据库的成熟性意味着两点：你可以相信数据存储不会丢失或者损坏你的数据，并且对于数据存储的每个方面，都已经存在深入的知识。要特别关注 NewSQL 数据存储的成熟性：第一个真正稳定的 GA（Generally Available，公共可用）版本在什么时候发布？从那之后，发布的频率和质量如何？有哪些深入且权威的知识被公开？

SQL 兼容性

NewSQL 数据存储使用 SQL（毕竟它的名字中就包含 SQL），但是兼容性存在很大变化。不要指望能够直接将 MySQL 替换为任何 NewSQL 数据存储。

复杂的操作

对横向扩展的内置支持是通过一个分布式系统实现的。这通常涉及多个不同但彼此配合的组件。(如果 MySQL 是一个独奏的萨克斯管吹奏者，那么 NewSQL 就是一个 5 人乐队。)如果 NewSQL 是完全托管的，那么它的复杂性可能没有关系。但是，如果你自己需要管理它，就需要阅读它的文档，理解它的操作方式。

分布式系统的性能

回忆一下通用可伸缩性定律（等式 4-1）：

$$X(N) = \frac{\gamma N}{1 + \alpha(N-1) + \beta N(N-1)}$$

N 代表软件负载（并发请求、正在运行的进程等），硬件处理器数量，或者分布式系统中的节点数量。如果应用程序的查询需要的响应时间小于 10 ms，那么可能无法使用 NewSQL 数据存储，因为分布式系统存在固有的延迟。但是，这种级别的响应时间并不是 NewSQL 解决的问题，它解决的是一种更大、更常见的问题：在合理的响应时间（例如 75 ms）内，内置支持横向扩展到很大的数据大小（相对于单个实例而言）。

性能特征

查询的响应时间（性能）受什么因素影响？对于 MySQL 来说，高层面的影响因素包括索引、数据、访问模式和硬件——前面 4 章介绍的所有内容。除它们之外，还包括一些更低级别的细节——如 2.2.3 节的"最左前缀要求"，3.1.1 节的"工作集大小"和 4.1 节的"MySQL 什么都不做"——理解了它们，也就理解了 MySQL 的性能，以及如何改进性能。NewSQL 数据存储会有新的、不同的性能特征。例如，索引总是提供最大、最好的帮助，但由于数据在分布式系统中的存储和访问方式不同，索引在 NewSQL 数据存储中可能以不同的方式工作。类似地，MySQL 上一些好的访问模式，在 NewSQL 上可能是坏的访问模式，反之亦然。

这 5 点是免责声明：NewSQL 是一种很有前景的技术，你应该研究是否能够使用它来代替 MySQL 分片，但使用 NewSQL 替换 MySQL 并不是一个非常轻松的过程。

在撰写本书时，只有两种可行的开源 NewSQL 解决方案是与 MySQL 兼容的：TiDB（*https://oreil.ly/GSCc0*）和 CockroachDB（*https://oreil.ly/wKZ2Z*）。这两种解决方案对于数据存储来说都太新：CockroachDB v1.0 GA 发布于 2017 年 5 月 10 日；TiDB v1.0 GA 发布于 2017 年 10 月 16 日。因此，至少在 2027 年之前，要谨慎地使用 TiDB 和 CockroachDB——当 MySQL 在 21 世纪初成为主流技术时，也已经诞生 10 年了。如果你使用 TiDB 或 CockroachDB，请把你学到的东西写下来，并且如果有可能，请为这些开源项目做贡献。

5.4.2 中间件

中间件解决方案在应用程序和 MySQL 分片之间工作。它试图隐藏或抽象掉分片的细节，或至少让分片更加简单。当直接的、手动的分片太难完成，并且 NewSQL 不可行时，中间件解决方案可以提供帮助。Vitess（*https://oreil.ly/6AvRY*）和 ProxySQL（*https://oreil.ly/5iTkH*）是领先的两个开源中间件解决方案，但它们完全不同。ProxySQL 能够分片，而 Vitess 就是在分片。

顾名思义，ProxySQL 是一个代理，它支持通过几种机制进行分片。为了理解它的工作方式，可以阅读"Sharding in ProxySQL"（*https://oreil.ly/N0eYa*）和"MySQL Sharding with ProxySQL"（*https://oreil.ly/KDvjE*）。在 MySQL 的前端使用一个代理，类似于经典的 Vim 和 Emacs 之间的分裂，只不过没那么刻薄：工程师使用这两个编辑器做了大量出色的工作，具体使用哪一个编辑器，只是个人喜好而已。类似地，无论是否使用了代理，都有成功的公司，这只是个人喜好而已。

Vitess 是专门开发的一种 MySQL 分片解决方案。因为分片很复杂，所以 Vitess 也有其自己的复杂性，但它最大的优势是解决了所有挑战，特别是重新分片和重新平衡。而且，Vitess 是由 YouTube 的 MySQL 专家创建的，他们深刻理解大规模的 MySQL。

在进行分片之前，一定要评估 ProxySQL 和 Vitess。任何中间件解决方案都需要学习和维护额外的基础设施，但其优势可能大于成本，因为手动分片 MySQL 也需要大量的工程时间和精力，并需要工程师保持心情平静。

5.4.3 微服务

分片关注一个应用程序（或服务）及其数据，特别是数据大小和访问。但是，有时应用程序才是真正的问题：由于需要满足太多目的或业务功能，它有太多数据或访问。避免单体式应用程序是标准的工程设计和实践，但这并不意味着工程师总是会履行这种实践。在开始分片之前，应该审查应用程序的设计及数据，确保已经不能再把某些部分分离出去作为单独的微服务。这比分片容易多了，因为新的微服务和它的数据库是完全独立的——并不需要分片键或策略。新的微服务还可能有完全不同的访问模式（参见 4.4 节），从而允许它在存储数据时使用更少的硬件——或者，新的微服务可能并不需要关系型数据存储。

5.4.4 不要使用 MySQL

与 4.5.5 节类似，在完全公正地评估 MySQL 分片的替代选项时，最后必须指出：如果另一种数据存储或技术的效果更好，则不要使用 MySQL。如果你采取的路径是为分片设计一个新的应用程序，则一定要评估其他解决方案。MySQL 分片是已被解决的问题，但并没有快速、简单的解决方案。如果你采取的路径是将现有应用程序迁移到分片，则仍然应该在 MySQL 分片和迁移到另一种解决方案之间权衡。这听起来在规模化时会是不小的负担，也的确如此，但许多公司一直在这么做，所以你也可以。

5.5 小结

本章介绍了通过 MySQL 分片来实现规模化 MySQL 的基本机制。本章要点如下：

- MySQL 通过分片横向扩展。
- 分片将一个数据库拆分为多个数据库。
- 单个数据库不能伸缩，主要是因为查询、数据和访问模式的组合（即应用程序的工作负载）会大大超出单个服务器的硬件的速度和能力。
- 管理多个小数据库（分片）要比管理一个巨大的数据库容易很多——选择小鹅卵石，而不是巨石。
- 数据按照分片键分片（拆分），你必须认真选择分片键。
- 分片键与分片策略一起使用，将数据（根据分片键）映射到分片。
- 最常用的分片策略包括哈希（使用哈希算法）、范围和查找（目录）。
- 分片有几个必须解决的挑战。
- 分片有几个替代选项，你应该评估它们。

下一章将介绍 MySQL 的服务器指标。

5.6 练习：四年拟合

本练习的目的是确定数据大小的四年拟合。从 5.3 节可知，四年拟合是对应用到今天的硬件能力的 4 年内的数据大小或访问的估测。如果估测的数据大小或访问能够被今天的硬件能力处理，则可能不需要分片（关于对硬件处理能力的讨论，请参见 5.1.1 节）。

要完成这个练习，需要知道历史数据大小。如果你还没有开始测量和记录数据大小，那么可以跳到 6.5.10 节来学习如何测量和记录数据大小。

最简单的计算就够用了。例如，如果数据库在过去每个月增长 10 GB，则 4 年后，数据库将增长 12 个月 ×4 年 ×10 GB/ 月 = 480 GB——假设没有删除或归档数据（参见 3.3 节）。如果数据库今天是 100 GB，则 4 年后将是 580 GB：你短期内还不需要进行分片（尽管对访问负载进行了四年拟合），因为 MySQL 在今天的硬件上能够轻松处理 580 GB 的数据。

如果你的数据大小的四年拟合结果说明可能需要进行分片，则要认真对待，并深入调查，确定确实需要分片：数据库正在朝着单个 MySQL 实例无法处理的方向稳定增长吗？如果答案是肯定的，则提早分片，因为分片实际上是一个复杂的数据迁移过程；因此，数据越少，这个过程越容易。如果答案是否定的，那么恭喜你：确保系统在将来的几年间能够继续扩展，在所有工程领域都是一种专家实践。

第6章
服务器指标

MySQL 指标与 MySQL 性能密切相关,这一点显而易见。毕竟,在任何系统中,指标的目的都是测量和报告该系统的运行情况。但是,它们如何相关,就不明显了。如果你现在认为 MySQL 指标就像图 6-1 中描绘的那样,也并非不合理。在图 6-1 中,MySQL 是一个黑盒子,其内部包含指标,这些指标以某种方式说明了 MySQL 的某些信息。

图 6-1:MySQL 作为一个黑盒子——指标没有透露太多信息

这种观点并非不合理(或少见),因为对 MySQL 指标的讨论很多,但从没有人讲解它们。即使在我自己使用 MySQL 的生涯中,也从来没有读到或听到对 MySQL 指标的阐释——而我曾经与创建这些指标的人们一同工作过。之所以缺少对 MySQL 指标的讲解,是因为人们错误地假定,指标是不需要理解或解释的,因为它们的意义非常明显。如果单独考虑一个指标,这种假定看起来是成立的,例如 Threads_running 代表正在运行的线程数——除此之外还需要知道什么吗?但是,单独考虑就是一种谬误:MySQL 的性能通过一组 MySQL 指标被揭示出来。

可以把 MySQL 想象为一个棱镜。就像光线通过棱镜一样,应用程序让工作负载通过 MySQL。这个工作负载在物理上与 MySQL 和运行 MySQL 的硬件交互。指标就是工作负载在 MySQL 中"折射"出的"光谱",如图 6-2 所示。

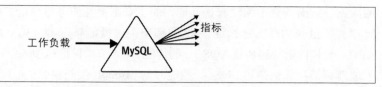

图 6-2：MySQL 就像一个棱镜——指标揭示工作负载的性能

在物理学中，这种技术称为光谱分析法：通过物质与光的交互来了解物质。对于 MySQL，这不只是一个聪明的比喻，MySQL 指标和 MySQL 服务器性能之间的实际关系就是如此，这有两点证明：

- 当你让光线通过一个真正的棱镜时，产生的色谱揭示了光线的属性，而不是棱镜的属性。类似地，在 MySQL 上运行工作负载时，得到的指标揭示了工作负载的属性，而不是 MySQL 的属性。

- 按照前面章节——特别是 4.1 节——的介绍，性能可以直接归因于工作负载：查询、数据和访问模式。如果没有工作负载，所有指标值都会是 0（一般来说）。

以这种方式来看，就能够以新的视角来讲解 MySQL 指标，这正是本章的重点。

这种比喻有另一种教育用途：它将 MySQL 指标拆分成了不同的光谱（就像光线的光谱那样）。这一点很有用，因为 MySQL 指标庞大而无序（MySQL 中散布着几百个指标），但有效的教学需要有关注点、有组织。因此，6.5 节将超过 70 个指标分为 11 个光谱进行介绍，这构成了本章的主要内容。

在我们让"光线"通过 MySQL 之前，最后要指出一点：对于理解和分析 MySQL 服务器性能，只有少部分指标是必要的。其余指标的相关性和重要性存在很大的变化：

- 一些指标是噪声

- 一些指标是历史遗留指标

- 一些指标默认是禁用的

- 一些指标有很强的技术针对性

- 一些指标只在特定的场景中有用

- 一些指标用于信息目的，不能算严格意义上的指标

- 一些指标是我们无法理解的

本章将分析一些 MySQL 指标光谱，它们对于理解工作负载如何与 MySQL 服务器性能进行交互并造成影响十分重要。本章主要分为 6 节。6.1 节介绍查询性能和服务器性能

的区别。前面的章节关注查询性能，而本章则关注服务器性能。6.2 节有点枯燥——到时你会明白我为什么这么说。6.3 节列出关键性能指示器（Key Performance Indicator，KPI），它们能够快速衡量 MySQL 的性能。6.4 节探讨指标领域：通过一个模型，更加深入地理解指标如何描述 MySQL 性能并与 MySQL 性能相关。6.5 节介绍 MySQL 指标的光谱：将超过 70 个 MySQL 指标组织到 11 个光谱中——这是一个激动人心的旅程，展现了 MySQL 的内部工作方式，学完后你会以新的视角看待 MySQL。6.6 节介绍与监控和警报有关的重要主题。

6.1 查询性能与服务器性能对比

MySQL 的性能有两面：查询性能和服务器性能。前面的章节讨论查询性能：通过优化工作负载来改进响应时间。本章将讨论服务器性能：将 MySQL 的性能作为执行工作负载的函数。

 在本章中，MySQL 性能指的是服务器性能。

简单来说，工作负载是输入，服务器性能是输出，如图 6-3 所示。

如果将优化后的工作负载输入 MySQL，MySQL 会输出高性能。服务器性能不佳几乎总是工作负载的问题，而不是 MySQL 的问题。为什么？因为 MySQL 极为擅长执行各种各样的工作负载。MySQL 是一个成熟的、高度优化的数据存储——经过了世界级专家几十年的调优。因此，本书才用前 5 章的内容来讨论查询性能，而只用一章（本章）分析服务器性能。

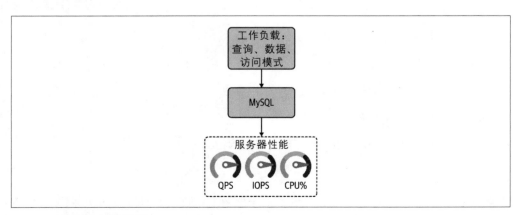

图 6-3：查询和服务器性能

分析服务器性能有 3 个原因：

并发和争用

并发会导致争用，从而降低查询性能。独自执行的查询展现出的性能与该查询和其他查询一起执行时展现的性能不同。回忆一下等式 4-1 中的通用可伸缩性定律：争用（a）在等式的除数中，这意味着当负载增加时，它会降低吞吐量。除非你生活在另一个宇宙中，否则并发和争用是不可避免的。

服务器性能分析最有用的场景（以及最常见的目的），是查看当所有查询（并发）竞争共享且有限的系统资源（争用）时，MySQL 如何处理工作负载。某些工作负载只有很少的（甚至没有）争用，而其他工作负载即使在 MySQL 竭尽全力时，也会"杀死"性能，包括查询和服务器性能。4.4.7 节介绍的"并发性"访问模式特征自然是造成争用的主要原因，但其实所有访问模式特征都很重要。分析服务器性能能够揭示工作负载中查询在一起工作时的效果。作为负责这项查询的工程师，我们需要确保它们能够在一起很好地工作。

调优

服务器性能能够直接（但不能完全）归因于工作负载。影响服务器性能的还有另外 3 个因素：MySQL、操作系统和硬件。在分析查询性能时，假定 MySQL、操作系统和硬件已被合理配置，足以处理工作负载。尽管可能存在问题（如发生故障的硬件）和 bug，但这 3 个因素影响性能的程度远低于工作负载，因为我们生活在一个富足的时代：MySQL 的成熟度非常高，并且已经高度优化；操作系统高级而复杂；硬件的速度快，且价格能够被人接受。

2.1.2 节的内容仍然成立：MySQL 调优就像从蔓菁中挤出血。你可能从不需要对 MySQL 调优。但是，如果进行 MySQL 调优，就需要使用已知且稳定的负载来分析服务器性能；否则，就无法确定得到的任何性能收益是调优的结果。这是基础科学：控制、变量、可重现性和可证伪性。

性能退化

本书中一直在称赞 MySQL，但如果我不清晰指出下面这一点至少一次，就是我的疏忽：有时，MySQL 会犯错。但是，如果总是出错，MySQL 就不可能成为世界上最流行的开源关系型数据库。它通常是正确的，所以只有当确认了查询性能、MySQL 调优和硬件故障不是问题时，作为最后采取的手段，专家才会怀疑性能退化（或 bug）。

著名的 MySQL 专家 Vadim Tkachenko 撰写的博客文章"Checkpointing in MySQL and MariaDB"（*https://oreil.ly/MuRIt*）和"More on Checkpoints in InnoDB MySQL

8"（*https://oreil.ly/NDQkP*）包含通过分析服务器性能，揭示性能退化的一些非常好的例子。Vadim 做这类工作很正常；我们这些人则需要努力解决更加简单的问题，例如编制索引以及是否在午餐前喝第三杯咖啡。

存在缺陷的光学

针对将 MySQL 与棱镜进行类比（图 6-2），调优和性能退化是例外情况，它们揭示了工作负载的属性，而不是 MySQL 的属性。已知且稳定的工作负载就像让纯蓝色光线通过棱镜：假定输入是正确的，那么错误的输出会揭示关于棱镜本身的问题。

并发和争用是本章暗含的关注点，因为在维护执行这些查询的应用程序时，处理并发和争用也是工程师的责任。调优和性能退化是 MySQL DBA 和专家的责任。学习针对前者（并发和争用）分析服务器性能，是针对后者的一个绝佳的培训机会，因为两者的区别主要在于关注点。我希望前者能够激发对后者的兴趣，因为 MySQL 行业需要更多的 DBA 和专家。

6.2 正常且稳定：最好的数据库是枯燥的数据库

大部分时候，当工程师熟悉了应用程序以及其工作负载在 MySQL 上运行的方式之后，就很自然地能够理解"正常"和"稳定"的含义。人很擅长模式识别，所以很容易看出来任何指标的图形不正常。因此，我不会对大家都理解的术语进行长篇大论，但是需要阐明两点，以确保我们具有相同的起点，并且也是为了应对一种很少见的情形：工程师询问，对于 MySQL 的性能，"什么是正常情况？"

正常情况

每个应用程序、工作负载、MySQL 配置和环境都是不同的。因此，"正常情况"就是在典型的一天中，当所有东西都正确运行时，MySQL 针对你的应用程序展现出的性能。这种"正常情况"——你的"正常情况"——是一个基准，可以用来判断性能的某个方面比正常情况更高还是更低、更快还是更慢、更好还是更坏。就是这么简单。

当我说明一个假定的正常情况时，例如"Threads_running 小于 50 是正常的"，这只是一种简化的描述，完整说法是："假定当前硬件的 CPU 核心数通常小于 48 个，并且假定基准显示，MySQL 的性能在同时运行的线程数超过 64 个后就不能很好地伸缩，根据我的经验，Threads_running 的稳定值在这种情况下小于 50。"但是，如果对于你的应用程序来说，60 个线程同时运行是正常且稳定的，那么非常好：你实现了卓越的性能。

稳定

在追求更高性能的过程中，不要遗忘性能稳定的重要性。4.2 节演示并解释，为什么从 MySQL 压榨出最大性能并不是目标：在极限位置，性能变得不稳定，这时会有比性能更严重的问题。稳定性并不会限制性能，它确保性能在任何级别都是稳定的，因为这才是我们真正想看到的：MySQL 一直很快，而不是有时很快。

有些时候，MySQL 性能很光鲜——有着高峰、低谷、尖叫的粉丝和挤满人的场馆——但将数据库优化到枯燥无趣的程度才是真正的艺术：所有查询都快速响应，所有指标都稳定且正常，所有用户都高兴。

6.3 关键性能指示器

有 4 个指标能够快速衡量 MySQL 性能：

响应时间

响应时间出现在这里并不令人意外：如 1.2 节所示，这是唯一的每个人都真正关心的指标。但是，即使响应时间很快，你也必须考虑其他 KPI。例如，如果每个查询都出错并失败，那么响应时间会非常出色（接近 0），但这并不正常。目标是正常且稳定的响应时间，响应时间越短越好。

错误率

错误率是发生错误的比率。哪些错误？至少包括查询错误，但理想情况下包括所有错误：查询、连接、客户端和服务器。不要指望错误率能够为 0，例如，如果客户端丢弃连接，你、应用程序或者 MySQL 什么都做不了。目标是正常且稳定的错误率，错误率越低（接近 0）越好。

QPS

每秒查询数出现在这里也不奇怪：执行查询是 MySQL 的主要目的和工作。QPS 能够指示性能，但不等于性能。例如，异常高的 QPS 可能标志着存在问题。目标是正常且稳定的 QPS，这个值不固定。

运行的线程数

运行的线程数衡量 MySQL 为了实现 QPS 有多么努力工作。一个线程执行一个查询，所以必须考虑这两个指标，因为它们密切相关。目标是正常且稳定的运行线程数，这个数字越小越好。

6.5 节将详细介绍这些指标。这里要表达的是，这 4 个指标是 MySQL 的 KPI：当这 4 个指标的值正常时，基本上可以保证 MySQL 的性能是正常的。总是应该监控响应时间、错误率、QPS 和运行的线程数。6.6.3 节将讨论是否应该针对它们发出警报。

将复杂系统的性能简化为几个指标，并不是 MySQL 或计算机独有的做法。例如，你有一些重要的生命体征：身高、体重、年龄、血压和心率。5 个生理指标简洁、精确地衡量了你的健康状况。类似地，4 个 MySQL 指标简洁、精确地衡量了服务器的性能。这当然很好，但包含所有指标的指标领域才真正能够帮助我们获得对性能的深入认识。

---

4 个黄金信号等

KPI 不是一个新的概念。在 2016 年，Betsy Beyer 等人撰写的 *Site Reliability Engineering*（O'Reilly）让"黄金信号"的术语和概念成了工程领域的支柱，它们包括时延、流量、错误率和饱和率。著名的系统性能专家 Brendan Gregg 创造了一种类似的方法论，"The USE Method"（*https://oreil.ly/mZ5SV*），其信号包括使用率、饱和率和错误率。Weaveworks 的 Tom Wilkie 创造了另外一种方法论，"The RED Method: Key Metrics for Microservices Architecture"（*https://oreil.ly/1fD6B*），其信号包括速率、错误率和持续时长。不同的方法论使用的术语会有变化，但概念是相同的。

6.4 指标领域

每个 MySQL 指标都属于 6 个分类之一，如图 6-4 中的 6 个方框所示。我把这些分类统称为指标领域。

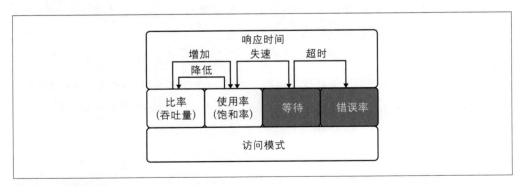

图 6-4：指标领域

孤立地分析指标并不能彻底理解 MySQL 的性能，因为性能不是一个孤立的属性。性能是许多因素的结果，而这些因素存在许多相关的指标。指标领域是理解指标如何相关的一种模型。这些关系将指标连接起来，构成了复杂的 MySQL 性能。

6.4.1 响应时间

响应时间指标说明 MySQL 用了多长时间来响应。在指标领域中，它们处于顶层，因为它们包围（或隐藏）了更低级别的细节。

查询响应时间当然是最重要的指标，也是唯一常被监控的指标。MySQL 分阶段执行语句，各个阶段的执行时间可被记录下来。它们也是响应时间指标，但它们测量的是查询执行外围的时间，而不是内部的时间。实际的查询执行只是许多阶段中的一个阶段。回忆一下第 1 章的示例 1-3，执行一条 UPDATE 语句的实际 UPDATE 只是 15 个阶段中的 1 个阶段。因此，阶段响应时间主要被 MySQL 专家用来调查难以理解的服务器性能问题。

响应时间指标很重要，但也是完全不透明的：MySQL 做的什么工作占用了时间？为了回答这个问题，我们必须深入指标领域。

6.4.2 比率

比率指标说明 MySQL 完成一个离散任务的速度有多快。每秒查询数（QPS）是一个普遍适用的、广为人知的数据库比率指标。大部分 MySQL 指标都代表比率——这并不奇怪——因为 MySQL 执行许多离散的任务。

当比率增加时，可能会增加相关的使用率。一些比率是无害的，不会增加使用率，但重要的、常被监控的比率确实会增加使用率。

比率与使用率的关系假定不存在其他变化。这意味着只有当你修改与比率或者它影响的使用率相关的东西时，才可能增加比率，但不增加使用率。修改比率通常比修改使用率更加容易，因为比率是产生这种关系的原因。例如，当 QPS 全面增加时，CPU 使用率也可能增加，因为更多查询需要更多 CPU 时间（增加 QPS 可能会增加其他使用率，CPU 就是一个例子）。为了避免或者降低 CPU 使用率的增加，应该优化查询，使得执行它们需要更少的 CPU 时间。或者，可以通过纵向扩展来增加 CPU 核心的个数，但 2.1.1 节和 4.6 节说明了这种方法的缺点。

比率和使用率之间的关系并不是新知识——你很可能已经知道这种关系——但是，着重指出它很重要，因为它是将指标领域联合起来的一系列关系的起点。不要为使用率感到遗憾：它会进行抵抗。

6.4.3 使用率

使用率指标说明 MySQL 使用了多少有限资源。在计算机中，使用率指标随处可见：

CPU 使用率、磁盘使用率等。因为计算机是资源有限的机器，所以几乎所有东西都可以用使用率表达：没有哪个资源具有无限的能力，云也不行。

有界比率可以表达为使用率。如果存在最大比率，则比率是有界的。例如，磁盘 I/O 通常被表达为一个比率（IOPS），但每个存储设备都有一个最大比率。因此，磁盘 I/O 使用率是当前比率与最大比率的比率。与之相对，无界比率不能表达为使用率，因为此时不存在最大比率，例如 QPS、发送和接收的字节数等。

当使用率增加时，可能会降低相关的比率。我相信你见到过或者经历过类似的现象：一个异常的查询导致 100% 的磁盘 I/O 使用率，导致 QPS 急剧下降，进而导致应用程序停止工作。或者，MySQL 占用了 100% 的内存，导致操作系统内核"杀死"它，这导致了极端的比率下降：变为 0。这种关系是 USL（回忆一下等式 4-1）的一种表现：使用率会增加争用（α）和相干性（β），它们包含在等式的除数中。

在正好或者接近 100% 使用率时会发生什么？MySQL 会等待。在图 6-4 中，这由使用率和等待之间的箭头指出——使用率和等待的关系。箭头被标记为失速，因为查询执行会等待，然后恢复——这可能会发生多次。这里强调了接近，是因为如 4.2 节所述，在达到 100% 的使用率之前就可能发生失速。

失速是不稳定的，但受两个原因影响，失速不可避免：MySQL 的负载通常超出硬件能力；时延是所有系统（特别是硬件）固有的一种现象。第一个原因可以通过降低负载（优化工作负载）或增加硬件能力来改进。第二个原因很难处理，但不是无法处理。例如，如果你仍在使用旋转磁盘，则升级到 NVMe 存储将显著降低存储时延。

6.4.4 等待

等待指标说明了查询执行过程中的空闲时间。当查询执行由于争用和相干性而发生失速时，就会发生等待（MySQL 的 bug 或者性能退化也可能导致等待，但这种情况极其少见，不会引发关注）。

等待指标可能被计算为比率或响应时间（取决于具体指标），但它们应该被划为一个单独的分类，因为它们能够揭示 MySQL 什么时候没有工作（失速），这是性能的相反面。没有工作是图 6-4 中等待分类更暗的原因：MySQL 进入了黑暗状态。

等待是不可避免的。消除等待不是目标，目标是减少等待，并使它们变得稳定。当等待变得稳定，并被减少到可以接受的级别时，它们基本上就会消失，作为查询执行的一部分融入响应时间。

<table>
<tr><td colspan="1">事件等待</td></tr>
</table>

事件等待

等待非常重要，构成了 MySQL 事件层次结构中的一个分类：

```
事务
 └─ 语句
     └─ 阶段
         └─ 等待
```

Performance Schema 对许多等待事件进行插桩，但通常不监控这些指标，因为它们很深入：既是比喻意义上的深入（很难理解它们代表什么），也是字面意义上的深入（在事件层次结构中很深）。关于等待事件，可以写一本书了。在有人写出这样一本书之前，请参考 MySQL 手册中的"Performance Schema Wait Event Tables"（*https:// oreil.ly/VE55D*）来了解更多信息。

当 MySQL 等待太长时间时，就会超时——等待和错误率的关系。最重要的、高层面的 MySQL 等待具有可以配置的超时：

- MAX_EXECUTION_TIME（*https://oreil.ly/H0fwi*）（SQL 语句优化器提示）

- max_execution_time（*https://oreil.ly/2rdKw*）

- lock_wait_timeout（*https://oreil.ly/WD6p7*）

- innodb_lock_wait_timeout（*https://oreil.ly/4uT4F*）

- connect_timeout（*https://oreil.ly/R7HwC*）

- wait_timeout（*https://oreil.ly/C7M9a*）

使用它们，但不要依赖它们，例如，可以猜测一下 lock_wait_timeout 的默认值。它的默认值是 31 536 000 s——365 天。决定默认值并不容易，所以我们必须给 MySQL 一些自由决定的空间，但 365 天？太难以置信了。因此，应用程序也总是应该利用代码级的超时。因为 MySQL 很快，但太有耐心，所以长时间运行的事务和查询是常见的问题。

6.4.5 错误率

错误率指标说明存在错误（我允许自己在本书中使用同义反复表达一句话，这就是了）。等待超时是错误的一种类型，而错误类型有很多种，请参见 MySQL 手册中的"MySQL Error Message Reference"（*https://oreil.ly/Jtpqd*）来了解更多信息。我不需要枚举 MySQL 的错误，因为对于服务器性能和 MySQL 指标，关键点简单而清晰：不正常的错误率很坏。与等待类似，错误也被计算为比率，但是它们应该划到一个单独的分类，因为它们说明了 MySQL 或客户端（应用程序）什么时候失败，这也是图 6-4 中的错误率分类更暗的原因。

再重复 6.3 节关于错误说明的要点：不要指望错误率为 0，因为存在你、应用程序或 MySQL 无能为力的一些因素，例如客户端丢弃了连接。

6.4.6 访问模式

访问模式指标说明应用程序如何使用 MySQL。这些指标与 4.4 节介绍的访问模式有关。例如，MySQL 对于每种类型的 SQL 语句（Com_select、Com_insert 等）都有指标，这些指标与 4.4.1 节介绍的内容有关。

如图 6-4 所示，访问模式指标是更高层次的指标的基础。Com_select 访问模式指标统计执行的 SELECT 语句的数量。它可以表示为比率（SELECT QPS）或使用率（% SELECT），但无论如何表示，它都揭示了关于服务器性能的更加深入的信息，这有助于揭示更高层次的指标。例如，如果响应时间很差，而访问模式指标 Select_full_join 很高，这就是很强烈的证据（参见 1.4.1 节的"select 全连接"部分）。

6.4.7 内部指标

图 6-5 显示了另外一种指标分类：内部指标。

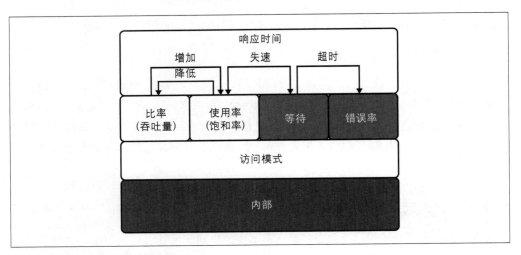

图 6-5：包含内部指标的指标领域

在 6.4 节的开头没有提到这种分类，因为作为 MySQL 的工程师和用户，我们不需要知道或关心这类指标。但是，它是指标领域中最有趣甚至可以说最神秘的部分，而我希望你知晓所有信息，因为你可能会需要或者想要丈量 MySQL 的深度。在这里，所有东西都变得神秘难懂。

当然，"神秘"这个词具有主观性。我眼中的内部指标，可能是另一个工程师眼中最喜欢、最有用的比率指标。但是，将 buffer_page_read_index_ibuf_non_leaf 这样的指标划到内部指标分类有很强的理由。该指标说明了在更改缓冲区中读取的非叶子索引页面的数量。这并不是你的生存必需品。

6.5 光谱

准备好踏上另一个旅程，进入 MySQL 指标的"半影"吧。本节将探讨超过 70 种 MySQL 指标，它们被拆分为 11 个光谱，其中一些还有子光谱。我之所以把 MySQL 划分为光谱，有两个原因：

- 光谱给旅程确定了航点。没有这些光谱，我们面对的就是一个庞大且无组织的宇宙，其中分散着来自不同来源的几乎上千个指标，这些指标随着 MySQL 的版本、发行版和配置不同而有所变化。

- 光谱揭示了在分析性能时，需要理解和监控的重要的 MySQL 方面。

尽管光谱在黑暗中照亮了路径，但我们也需要一个光谱命名约定，以便能够清晰准确地探讨构成每个光谱的 MySQL 指标和系统变量。理由很简单：MySQL 没有指标命名约定，这方面也没有行业标准。表 6-1 是我在本书中使用的 MySQL 指标命名约定。

表 6-1：MySQL 指标命名约定

示例	表示
Threads_running	全局状态变量
var.max_connections	全局系统变量
innodb.log_lsn_checkpoint_age	InnoDB 指标
replication lag	派生指标

大部分指标是全局状态变量，你很可能已经通过执行 SHOW GLOBAL STATUS (*https://oreil.ly/NacuT*) 看到或使用过它们：Aborted_connects、Queries、Threads_running 等。在 MySQL 和本书中，全局状态变量的名称以一个大写字母开头，后跟小写字母，即使第一个单词是缩写也依旧如此：Ssl_client_connects，而不是 SSL_client_connects（这是 MySQL 指标中的一个一致的地方）。与之相对，全局系统变量是小写的。为了更加突出它们，我添加了 var. 前缀，考虑到下一个约定，这一点十分重要。InnoDB 的指标也是小写的，如 lock_timeouts。因为这看起来可能像一个全局系统变量，所

以我在 InnoDB 指标的前面添加了 innodb. 作为前缀，例如 innodb.lock_timeouts。派生的指标在监控中很常见，但不是 MySQL 原生的指标。例如，*Replication lag* 是几乎每个监控程序都会给出的指标，但精确的指标名称取决于具体监控程序，所以我才使用了一个不带下划线字符的具有描述性的名称，而不是使用一个具体的技术名称。

 本节介绍的 InnoDB 指标需要启用特定的计数器或模块。例如，使用 innodb_monitor_enable=module_log,module_buffer,module_trx 来启动 MySQL。参见 MySQL 手册中的 var.innodb_monitor_enable（*https://oreil.ly/nFKFT*）和"InnoDB INFORMATION_SCHEMA Metrics Table"（*https://oreil.ly/e0wpA*）的介绍。

需要知道的是，全局指的是整个 MySQL 服务器：所有客户端、所有用户、所有查询等结合到一起。与之相对，还存在会话和汇总指标。会话指标是限定到单个客户端连接的全局指标。汇总指标通常是将全局指标限定到多个方面——账户、主机、线程、事务等——而得到的一个子集。本章只讨论全局指标，因为它们是所有指标的基础（全局指标也是最早出现的指标：在很早之前，MySQL 只有全局指标，后来添加了会话指标，再后来添加了汇总指标）。

在踏上旅程之前，我们最后再说明一点：大部分 MySQL 指标是简单的计数器，只有很少指标是计量器。我会明确说明计量器，如果没有明确说明，则意味着指标是计数器。现在，我们开始这个旅程吧！

6.5.1 查询响应时间

全局查询响应时间是 6.3 节介绍的 4 个指示器之一。奇怪的是，MySQL 直到版本 8.0 才添加这个指标。在 MySQL 8.0.1 中，通过执行示例 6-1 中的查询，可以从 Performance Schema（*https://oreil.ly/dj06D*）获取用毫秒表示的第 95 个百分位（P95）全局查询响应时间。

示例 6-1：第 95 个百分位全局查询响应时间

```
SELECT
  ROUND(bucket_quantile * 100, 1) AS p,
  ROUND(BUCKET_TIMER_HIGH / 1000000000, 3) AS ms
FROM
  performance_schema.events_statements_histogram_global
WHERE
  bucket_quantile >= 0.95
ORDER BY bucket_quantile LIMIT 1;
```

该查询返回一个非常接近（但并不完全是）P95 的百分位：例如，95.2% 而不是 95.0%[注1]。这个区别可以忽略，并不影响监控。

可以替换查询中的 0.95，以返回一个不同的百分位：使用 0.99 返回 P99，或者使用 0.999 返回 P999。我首选并建议使用 P999，原因在 1.4.4 节进行了说明。

本节的剩余内容针对 MySQL 5.7 及更早版本——如果你运行的是 MySQL 8.0 或更新版本，可以跳过这些内容。

MySQL 5.7 及更早版本

MySQL 5.7 及更早版本没有提供全局查询响应时间指标。只有查询指标包括响应时间（参见 1.4.1 节的"查询时间"部分），但这是针对每个查询的响应时间。要计算全局响应时间，需要将每个查询的响应时间聚合起来。这可以做到，但有两种更好的方案：升级到 MySQL 8.0；或者切换到 Percona Server 或 MariaDB，它们包含可以捕捉全局响应时间的插件。

Percona Server 5.7

早在 2010 年，Percona Server（*https://oreil.ly/Gyq8J*）就引入了一个插件，用于捕捉全局响应时间。这个插件是 Response Time Distribution（*https://oreil.ly/PE5kh*）。安装这个插件很容易，但配置和使用它需要做一些工作。因为它是响应时间范围的一个直方图，这意味着你需要通过设置 var.query_response_time_range_base——该插件创建的一个全局系统变量——来配置直方图的桶范围，然后从桶计数计算一个百分位。MySQL 8.0 全局响应时间也是一个直方图，但桶范围和百分位是预设的、预先计算的，所以以示例 6-1 中的查询才能够直接工作。设置它并不困难，只是听起来复杂而已。获得全局响应时间能够带来很大的优势，所有投入的精力都有很大的回报。

MariaDB 10.0

MariaDB（*https://oreil.ly/oeGJO*）使用与 Percona 相同的插件，但有稍微不同的名称：Query Response Time Plugin（*https://oreil.ly/kb4gA*）。虽然它是在 MariaDB 10.0 中引入的，但直到 MariaDB 10.1，它才被标记为稳定版。

在 MySQL 8.0 之前，获得全局查询响应时间并不容易，但如果你运行的是 Percona Server 或 MariaDB，则付出的努力是完全值得的。如果你在云中运行 MySQL，则需要检查云提供商的指标，因为一些云提供商提供了一个响应时间指标（云提供商可能将它

注 1：MySQL worklog 5384（*https://oreil.ly/2kFWK*）解释了在 Performance Schema 中如何实现响应时间分位数。

称为时延）。即使不做其他工作，也应该频繁地检查查询配置文件，密切关注响应时间。

6.5.2 错误率

错误率是 6.3 节介绍的 4 个指示器之一。在 MySQL 8.0.0 中，通过执行示例 6-2 中的查询，很容易从 Performance Schema（*https://oreil.ly/glJUC*）获得所有错误的计数。

示例 6-2：全局错误计数

```
SELECT
  SUM(SUM_ERROR_RAISED) AS global_errors
FROM
  performance_schema.events_errors_summary_global_by_error
WHERE
  ERROR_NUMBER NOT IN (1287);
```

 示例 6-2 中的 WHERE 子句排除了错误编号 1287，这是用于指示弃用功能的警告：当一个查询使用了弃用的功能时，MySQL 会发出警告。如果包含这个错误编号，全局错误计数可能会包含太多噪声，所以我排除了它。

因为 MySQL 有太多错误和警告，所以无法判断你的全局错误率是什么样子。不必指望或者企图实现零错误率。这基本上是无法实现的，因为无论你、应用程序或 MySQL 做多少工作，都无法避免客户端导致的错误。目标是为应用程序确定一个正常的错误率。如果示例 6-2 中的查询包含太多噪声——它产生了很高的错误率，但你确信应用程序在正常运行——则可以通过排序额外的错误编号来微调查询。"MySQL Error Message Reference"（*https://oreil.ly/wKfnV*）中说明了 MySQL 错误代码。

在 MySQL 8.0 之前，无法从 MySQL 获得全局错误计数，但通过执行示例 6-3 中的查询，可以从 Performance Schema（*https://oreil.ly/QiHj8*）获得所有查询错误的计数。

示例 6-3：查询错误计数

```
SELECT
  SUM(sum_errors) AS query_errors
FROM
  performance_schema.events_statements_summary_global_by_event_name
WHERE
  event_name LIKE 'statement/sql/%';
```

因为这个查询在 MySQL 5.6 的所有发行版中都能够工作，所以没有理由不监控所有查询错误。当然，应用程序也应该报告查询错误；但是，如果应用程序在发生错误时重试，就可能隐藏一定数量的错误。与之相对，这个查询会揭示所有查询错误，可能还会揭示应用程序试图掩盖的问题。

最后要介绍的错误指标是客户端连接错误：

- `Aborted_clients`
- `Aborted_connects`
- `Connection_errors_%`

通常会监控前两个指标，以确保在连接或者已连接到 MySQL 时，不存在问题。这种表达很精确：如果应用程序无法建立到 MySQL 的网络连接，则 MySQL 不会看到客户端，也就不会报告客户端连接错误，因为从 MySQL 的角度看，还没有客户端连接。应用程序应该报告底层的网络连接问题。但是，如果应用程序无法连接，就不会执行查询，此时很可能会看到其他 3 个 KPI（QPS、运行的线程数以及响应时间）下降。

 `Connection_errors_%` 中的 % 字符是一个 MySQL 通配符，有几个指标都以前缀 `Connection_errors_` 开头。要列举它们，可以执行 SHOW GLOBAL STATUS LIKE `Connection_errors_%`;。

在介绍下一个光谱之前，我们来解决一个不是问题的问题——至少对于 MySQL 来说如此。如果应用程序开始大量产生错误，但 MySQL 没有产生错误，并且其他 3 个 KPI 是正常的，那么问题就出现在应用程序或网络上。MySQL 有很多奇怪的地方，但是它不会撒谎。如果 MySQL 的 KPI 都正常，那么你可以相信 MySQL 正在正常工作。

6.5.3 查询

与查询相关的指标在非常高的层次上揭示了 MySQL 工作得多么快，以及正在执行什么样的工作。这些指标揭示了两种访问模式特征：吞吐量与读 / 写（参见 4.4.2 节和 4.4.1 节）。

QPS

QPS 是 6.3 节介绍的 4 个指示器之一。底层的指标被合理地命名为"Queries"。

这个指标是一个计数器，但 QPS 是一个比率，所以从技术上讲，QPS 等于两个 Queries 测量值的差除以两次测量之间经过的秒数：QPS=(Queries @ T1 − Queries @ T0) / (T1−T0)，其中 T0 是第一次测量的时间，T1 是第二次测量的时间。指标绘图系统，例如 Grafana（*https://grafana.com*），默认情况下将计数值转换为比率。因此，你应该不会需要将 Queries 或其他任何计数值转换为比率。只是要知道，大部分 MySQL 指标是计数值，但是它们会被转换为比率，并用比率表达。

指标绘图系统默认情况下将计数值转换为比率。

QPS 受到了大量关注，因为它说明了 MySQL 的整体吞吐量——MySQL 执行查询的速度多么快——但不要过于关注它。如 3.1.3 节所述，QPS 并不能定性地说明查询或者一般意义上的性能。如果 QPS 意外地高，响应时间也意外地高，则 QPS 说明存在问题，而不是性能特别好。相比 QPS，其他指标更能揭示 MySQL 的性能。

当所有东西都正常运行时，QPS 会随着应用程序的使用率而波动。当存在问题时，QPS 的波动与其他指标相关。为了分析性能或者诊断问题，我会浏览 QPS，（在图形中）看看它的值在什么地方不正常。然后，我将该时间段（图形 X 轴上的时间）与光谱中其他更加具体的指标关联起来。QPS 作为一个 KPI，指出了问题的存在，但其他指标能够精确确定问题的位置。

QPS 的所有异常变化都是可疑的，都应该调查。大部分乃至全部工程师都知道，QPS 下降不好，但 QPS 的异常升高同样不好，甚至可能更糟。同样糟糕但更加罕见的情况是扁平的 QPS——QPS 的值几乎是常量——因为微小的波动才是正常的。当 QPS 异常变化时，第一个问题通常是：什么造成了这种异常变化？ 6.6.4 节将回答这个问题。

MySQL 还提供了另外一个密切相关的指标：Questions（问题这个术语只用于这个指标，而不用于 MySQL 内部的其他任何东西）。Questions 只统计客户端发送的查询，而不统计存储过程执行的查询。例如，触发器执行的查询不会统计到 Questions 中，因为它们不是客户端发送的；但是，它们会统计到 Queries 中。因为 Questions 是 Queries 的子集，所以这种区别只与提供的信息有关，监控 Questions 是可选项。对于 QPS，总是应该使用 Queries。

TPS

如果应用程序依赖于显式的多语句事务，则 TPS（Transactions Per Section，每秒事务数）与 QPS 一样重要。对于一些应用程序而言，数据库事务代表的是应用程序的一个工作单元，所以 TPS 是比 QPS 更好的比率，因为应用程序的工作单元要么整个成功，要么整个失败，这也是在显式事务中执行它们的原因。

 隐式事务是启用了 autocommit（*https://oreil.ly/zrjQK*）的一条 SQL 语句，默认情况下启用 autocommit。但无论是否启用了 autocommit，显式事务都是以 BEGIN 或 START TRANSACTION 开头，以 COMMIT 或 ROLLBACK 结尾的。

在 MySQL 中，有 3 个指标揭示了显式事务的吞吐量：

- Com_begin

- Com_commit

- Com_rollback

通常，Com_begin 和 Com_commit 的比率是相同的，因为每个事务都必须开始执行，而成功的事务必须提交。当有问题导致事务失速（8.4 节讨论的一种问题）时，Com_begin 的比率会超过另外两个指标。

应该使用 Com_commit 来测量 TPS，因为事务吞吐量意味着成功的事务。

事务回滚应该说明存在错误——因为事务要么整个成功，要么整个失败。但是，ROLLBACK 语句也常用于进行清理：它确保了在开始下一个事务之前，前一个事务（如果有的话）被关闭。因此，回滚率可能不为 0。与大部分指标一样，目标是正常且稳定（参见 6.2 节）。

另外一个计量指标说明了当前的活跃事务数：innodb.trx_active_transactions。

BEGIN 开始一个事务，但一般来说，直到查询访问表时，事务才会活跃。例如，BEGIN; SELECT NOW(); 开始一个事务，但该事务不是活跃的，因为没有查询会访问表。

SHOW ENGINE INNODB STATUS

InnoDB 指标通过 information_schema.innodb_metrics 表来提供，详细信息请参见 "InnoDB INFORMATION_SCHEMA Metrics Table"（*https://oreil.ly/GHalc*）。在这个表成为主流之前，通过使用 SHOW ENGINE INNODB STATUS 命令来获得 InnoDB 指标，但这个命令的输出是一片难以辨认的文本。文本被拆分为多个节，所以阅读起来容易了一点，但从代码的角度看，它是没有组织的：需要进行解析和模式匹配，才能提取出特定的指标值。一些 MySQL 监控程序仍然使用 SHOW ENGINE INNODB STATUS，但如果可以，就避免使用它，因为使用 Information Schema（和 Performance Schema）是最佳实践。

我不再认为 SHOW ENGINE INNODB STATUS 具有权威性。例如，针对活跃事务，SHOW ENGINE INNODB STATUS 不把 BEGIN; SELECT col FROM tbl; 显示为活跃的事务，但 innodb.trx_active_transactions 会正确地把它显示为活跃事务。

读 / 写

根据 SQL 语句的类型，有 9 种读 / 写指标：

- Com_select

- Com_delete

- Com_delete_multi

- Com_insert

- Com_insert_select

- Com_replace

- Com_replace_select

- Com_update

- Com_update_multi

例如，Com_select 是一个计数器，用于统计 SELECT 语句的数量。Com_delete_multi 和 Com_update_multi 中的 _multi 后缀指的是引用多个表的查询。多表 DELETE 只会递增 Com_delete_multi，而单表 DELETE 只会更新 Com_delete。UPDATE 语句对 Com_update_multi 和 Com_update 的更新也是如此。

读 / 写指标揭示了构成 Queries 的查询的重要类型和吞吐量。这些指标并不能完全解释 Queries；它们只是对性能而言最重要的指标。

将这些指标作为单独的比率和 Queries 的百分比进行监控：

- Com_select 说明了读操作在工作负载中的百分比：

  (Com_select / Queries) × 100

- 其他 8 个指标的和说明了写操作在工作负载中的百分比[注2]。

读和写的百分比加起来不会等于 100%，因为 Queries 还包含其他类型的 SQL 语句：SHOW、FLUSH、GRANT 等。如果剩余百分比大到令人感到奇怪（超过 20%），那么虽然这可能并没有影响性能，但仍然值得调查：检查其他 Com_ 指标，了解执行了其他哪些类型的 SQL 语句。

Admin

Admin 指标指的是通常只会被数据库管理员调用的命令：

- Com_flush

注 2：从技术上讲，Com_insert_select 和 Com_replace_select 既是读操作，也是写操作，但简单起见，我把它们视为写操作。

- Com_kill

- Com_purge

- Com_admin_commands

前 3 个指标分别对应于 FLUSH（*https://oreil.ly/O6j77*）、KILL（*https://oreil.ly/fMbiY*）和 PURGE（*https://oreil.ly/czxYb*）。这些命令可能影响性能，但应该很少会使用它们。如果不是这种情况，就可以询问你的 DBA 或云提供商，了解其在做什么。

最后的 Com_admin_commands 指标有点不同寻常。它对应于没有具体的 Com_ 状态变量的其他管理命令。例如，MySQL 协议有一个 ping 命令，MySQL 客户端驱动程序常使用它来测试连接。在适度使用时，这没什么危害，但过度使用就可能造成问题。不能期望 Com_admin_commands 能够指出任何问题，但监控它仍然是最佳实践。

SHOW

MySQL 有超过 40 个 SHOW（*https://oreil.ly/u7Xzs*）语句，其中大部分有对应的 Com_ show_ 指标。SHOW 命令从不会修改 MySQL 或者修改数据，从这个意义上讲，它们是无害的。但是，它们是查询，这意味着它们会使用 MySQL 的线程、时间和资源。SHOW 命令也可能失速。例如，在繁忙的服务器上，SHOW GLOBAL STATUS 可能需要 1 s 的时间。因此，最佳实践是监控至少下面的 10 个指标：

- Com_show_databases

- Com_show_engine_status

- Com_show_errors

- Com_show_processlist

- Com_show_slave_status

- Com_show_status

- Com_show_table_status

- Com_show_tables

- Com_show_variables

- Com_show_warnings

 在 MySQL 8.0.22 中，应该监控 Com_show_replica_status，而不是 Com_ show_slave_status。

不要期望 SHOW 指标能够指示任何问题，但如果某个 SHOW 指标确实指出了问题，也不用奇怪，那不会是第一次。

6.5.4 线程和连接

Threads_running 是 6.3 节的 4 个指示器之一。它说明了 MySQL 在多么努力地工作，因为它与活跃查询的执行直接相关（当客户端连接没有执行查询时，其线程是空闲的），并且它实际上受到了 CPU 核心个数的限制。在查看了相关指标后，我们回到 Threads_running。

线程和连接属于一个光谱，因为它们直接相关：MySQL 在每个客户端连接上运行一个线程。对于线程和连接来说，最重要的 4 个指标是：

* Connections

* Max_used_connections

* Threads_connected

* Threads_running

Connections 是尝试连接 MySQL 的次数，包括成功的和失败的连接。它揭示了连接 MySQL 的应用程序连接池的稳定性。通常，应用程序与 MySQL 的连接是长时间存活的，"长"指的是至少几秒，甚至几分钟或几小时。长时间存活的连接能够避免建立连接的开销。当应用程序和 MySQL 在相同的局域网中时，这个开销可被忽略：1 ms 或更低。但是，当建立几百个连接时，再加上连接率的影响，应用程序和 MySQL 之间的网络时延会快速增加。（Connections 是一个计数值，但被表达为比率：连接数 / 秒。）MySQL 每秒能够轻松处理几百个连接，但如果这个指标显示了异常高的连接率，则应该找到并修复根本原因。

Max_used_connections 作为 var.max_connections（*https://oreil.ly/MVZaQ*）的一个百分比，揭示了连接使用率。var.max_connections 的默认值是 151，对于大部分应用程序来说可能太低，但这不是因为应用程序需要更多连接来获得好性能，而是因为每个应用程序都有自己的连接池（我假定应用程序已被横向扩展）。如果连接池的大小是 100，并且有 3 个应用程序实例，则应用程序（所有实例）可能创建 300 个与 MySQL 的连接。这是 151 个最大连接不够用的主要原因。

有一个常见的误解：应用程序需要几千个 MySQL 连接才能实现好的性能，或者支持几千个用户。这显然不正确。限制因素是线程，而不是连接——稍后将详细介绍 Threads_running。一个 MySQL 实例能够轻松处理几千个连接。我在生产环境中见到过 4000 个连接，在基准测试中见到过更多的连接。如果你的应用程序明显需要几千个连接，就需要进行分片（参见第 5 章）。

真正需要监控和避免的问题是 100% 的连接使用率。如果 MySQL 用完了可用的连接，应用程序就几乎一定会停止工作。如果连接的使用率突然增加，接近 100%，那么原因通常是外部问题或 bug，或者两者皆有。（MySQL 无法连接到自身，所以原因一定是外部的。）为了应对外部问题，如网络问题，应用程序会创建比正常情况下更多的连接。或者，bug 可能导致应用程序没有关闭连接，这常被称为连接泄漏。或者，外部问题触发了应用程序中的一个 bug——我见到过这种情况。无论如何，根本原因总是外部的：MySQL 外部的某个东西连接到了 MySQL，使用了所有连接。

随着客户端连接和断开连接，MySQL 会增加和减少 Threads_connected 计量指标。这个指标的名称带有一点误导性，因为连接的是客户端，而不是线程，但它反映出的是 MySQL 在每个客户端连接上运行一个线程。

Threads_running 是一个计量指标，也是相对于 CPU 核心数的一个隐式使用率。尽管 Threads_running 可能激增到几百个或几千个，但性能在低得多的值处就会急剧下降：大约在 CPU 核心数的 2 倍。原因很简单：一个 CPU 核心运行一个线程。当运行的线程数大于 CPU 核心数时，就意味着一些线程会失速——等待 CPU 时间。这类似于交通高峰期的交通状况：几千辆汽车堵在公路上，引擎在工作，但汽车几乎没有移动（对于电动汽车，则是电池在工作，但汽车几乎没有移动）。因此，Threads_running 很低是正常的情况：低于 30。当硬件处理能力强，并且工作负载经过优化时，可以实现连续几秒的阵发性工作负载增加，但可持续（正常且稳定）的 Threads_running 应该尽可能低。如 3.1.3 节所述，Threads_running 越低也会越好。

吞吐量（QPS）高，但线程数极少，说明性能很高效，因为只有一种方法能同时实现这两者：极快的查询响应时间。表 6-2 列出了 5 个真实（但不相同）的应用程序中运行的线程数和 QPS。

表 6-2：运行的线程数和 QPS

运行的线程数	QPS
4	8000
8	6000
8	30 000
12	23 000
15	33 000

第二行和第三行突出说明了应用程序的工作负载对性能有多么大的影响：对于一个工作负载，6000 的 QPS 需要运行 8 个线程，而另一个工作负载通过相同的线程数实现了 5 倍的 QPS（30 000）。在最后一行中，33 000 的 QPS 并不是特别高，但那个数据库利用了分片：所有分片上的总 QPS 超过了 100 万。根据经验来看，在运行少量线程时能够实现高吞吐量。

6.5.5 临时对象

临时对象是临时文件和临时表，MySQL 使用它们来实现多种目的：排序行、大连接等。有 3 个指标统计磁盘上的临时表数、内存中的临时表数和（在磁盘上）创建的临时文件数：

- Created_tmp_disk_tables

- Created_tmp_tables

- Created_tmp_files

这些指标很少是 0，因为临时对象很常用，并且只要其比率保持稳定，就不会造成危害。影响最大的指标是 Created_tmp_disk_tables，它的增减受到 Created_tmp_tables 的影响。当 MySQL 需要使用临时表来执行查询时（例如用于 GROUP BY），会首先创建一个内存临时表，并增加 Created_tmp_tables。这个临时表在内存中，所以应该不会影响性能。但是，如果临时表的大小超过了 var.tmp_table_size（*https://oreil.ly/4plVm*）——决定内存临时表大小的系统变量——MySQL 会把该临时表写入磁盘，并增加 Created_tmp_disk_tables。适度发生时，这很可能不会影响性能，但肯定也不会帮助性能，因为其存储要比内存慢得多。对于 Created_tmp_files，也是如此：适度发生时可以接受，但是无助于性能。

 在 MySQL 8.0 中，Created_tmp_disk_tables 不统计在磁盘上创建的临时表。这是因为内部临时表使用了新的存储引擎：TempTable。与磁盘临时表对应的指标是 Performance Schema 内存插桩：memory/temptable/physical_disk（有一个相关的插桩：memory/temptable/physical_ram，它跟踪 TempTable 为内存临时表分配的内存）。如果你使用的是 MySQL 8.0，则与 DBA 进行讨论，确保收集并正确报告这个指标。

因为临时对象是查询的副作用，所以当一个指标的变化与 KPI 的变化存在相关性时，才能够揭示最有用的信息。例如，如果在 Created_tmp_disk_tables 突然增加时，响应时间也突然增加，则说明存在急需处理的问题。

6.5.6 预处理语句

预处理语句是一把双刃剑：恰当使用时，它们会提高效率；使用不当时（或无意中使用时），它们会增加浪费。使用预处理语句的合理且最高效的方式，是准备一次，然后执行多次，这由两个指标来统计：

- `Com_stmt_prepare`

- `Com_stmt_execute`

`Com_stmt_execute` 应该比 `Com_stmt_prepare` 大得多。否则，由于准备和关闭语句需要执行额外的查询，使用预处理语句就增加了浪费。当这些指标是一对一或者接近一对一时，是最坏的情况，因为一个查询需要浪费两次到 MySQL 的往返行程：一次用于准备语句，另一次用于关闭语句。当 MySQL 和应用程序在相同的局域网内时，两次额外的往返可能不会引起注意，但它们是纯粹的浪费，而且还要乘以 QPS。例如，在 1000 QPS 时，额外的 1 ms 就是浪费了 1 s，而在这 1 s 中，本可以执行另外 1000 个查询。

除了对性能的影响，监控预处理语句指标的另一个原因是应用程序可能在无意中使用了预处理语句。例如，Go 编程语言的 MySQL 驱动程序为了安全默认使用预处理语句：这是为了防范 SQL 注入漏洞。初看起来（或者不管看多少次），你不会认为示例 6-4 中的 Go 代码使用了预处理语句，但它确实使用了。

示例 6-4：隐藏的预处理语句

```
id := 75
db.QueryRow("SELECT col FROM tbl WHERE id = ?", id)
```

查看应用程序使用的 MySQL 驱动程序的文档。如果它没有明确提到是否或者何时使用预处理语句，就手动进行验证：在一个 MySQL 开发实例上（例如你的笔记本电脑），启用常规查询日志（*https://oreil.ly/1Vczu*），然后写一个测试程序，使用与应用程序中相同的方法和函数调用来执行 SQL 语句。常规日志说明何时使用了预处理语句：

```
2022-03-01T00:06:51.164761Z    32 Prepare    SELECT col FROM tbl WHERE id=?
2022-03-01T00:06:51.164870Z    32 Execute    SELECT col FROM tbl WHERE id=75
2022-03-01T00:06:51.165127Z    32 Close stmt
```

最后，打开的预处理语句的数量受到 `var.max_prepared_stmt_count`（*https://oreil.ly/K2MWz*）的限制，它在默认情况下是 16 382（对于一个应用程序来说，即使 1000 个预处理语句也太多，除非应用程序是通过代码来生成的这些语句）。下面这个计量指标报告了当前打开的预处理语句的数量：

- Prepared_stmt_count

不要让 Prepared_stmt_count 达到 var.max_prepared_stmt_count，否则应用程序会停止工作。如果发生这种情况，就说明应用程序的 bug 导致了泄漏（没有关闭）预处理语句。

6.5.7 不好的 SELECT

有 4 个指标统计了通常对性能不好的 SELECT 语句的出现次数[注3]：

- Select_scan

- Select_full_join

- Select_full_range_join

- Select_range_check

本书第 1 章已经在 1.4.1 节的"select 扫描"和"select 全连接"部分分别讨论了 Select_scan 和 Select_full_join。这里的唯一区别是，这两个指标是全局应用的（应用于所有查询）。

Select_full_range_join 比 Select_full_join 要好一点：MySQL 在连接表时没有进行全表扫描，而是使用索引来进行范围扫描。有可能范围是有限的，并且 SELECT 的响应时间是可以接受的，但范围扫描仍然不够好，所以才会有自己的指标。

Select_range_check 类似于 Select_full_range_join，但要更坏一些。使用一个简单的查询来解释最容易：SELECT * FROM t1, t2 WHERE t1.id > t2.id。当 MySQL 连接表 t1 和 t2（按照这个顺序）时，会在 t2 上执行范围检查：对于 t1 中的每个值，MySQL 会检查是否能够在 t2 上使用索引来进行范围扫描或索引合并。必须重新检查 t1 中的每个值，因为对于这个查询，MySQL 无法提前知道 t1 的值。但是，MySQL 不会选择最坏的执行计划——Select_full_join——而是会一直尝试在 t2 上使用索引。在 EXPLAIN 的输出中，t2 的 Extra 字段会显示"Range checked for each record"，并且 Select_range_check 会因为该表增加一次。这个指标并不会随着每次范围变化而增加；它只增加一次，以表明一个表是通过执行范围检查连接的。

不好的 SELECT 的指标应该是 0 或者几乎为 0（可以向下圆整为 0）。少数几个 Select_ scan 或 Select_full_range_join 是无法避免的，但对于另外两个指标，Select_full_

注 3：我的博客文章"MySQL Select and Sort Status Variables"（*https://oreil.ly/OpJvS*）深入解释了所有 Select_% 和 Sort_% 指标。

join 和 Select_range_check，只要它们不是 0，就应该立即找出并修复它们。

6.5.8 网络吞吐量

MySQL 协议非常高效，其使用的网络带宽很少会大到能被人注意到的程度。通常是网络影响 MySQL，而不是 MySQL 影响网络。尽管如此，监控 MySQL 记录的网络吞吐量是有好处的：

- Bytes_sent

- Bytes_received

因为这两个指标分别统计发送和接收的网络字节数，所以需要把它们转换为网络单位：Mbps 或 Gbps（根据运行 MySQL 的服务器的网络链路速度决定）。千兆比特链路最常见，在云中也是如此。

 指标绘图系统默认将计数值转换为比率，但你可能需要把这些指标值乘以 8（每字节 8 比特），然后将图形单位设置为比特，以显示为 Mbps 或 Gbps。

我只见过一次 MySQL 让网络饱和。原因与一个通常不是问题的系统变量有关：var.binlog_row_image（*https://oreil.ly/tboxy*）。这个系统变量与第 7 章将详细讨论的复制有关，但简单来说：这个系统变量控制着是否在二进制日志中记录并复制 BLOB 和 TEXT 列。默认值是 full，这会记录和复制 BLOB 和 TEXT 列。正常情况下，这不是问题，但有一个应用程序同时具有下面的属性，导致灾难出现：

- 将 MySQL 用作队列

- 巨大的 BLOB 值

- 侧重写

- 高吞吐量

这些访问模式结合起来复制大量的数据，导致严重的复制延迟。解决方案是将 var.binlog_row_image 改为 noblob，以停止复制 BLOB 值——它们并不需要被复制。这个真实的故事引入了下一个光谱：复制。

6.5.9 复制

延迟是导致复制问题的根源，这指的是在源 MySQL 实例上写入与将该写入应用到副本

MySQL 实例之间经过的延迟。当复制（和网络）正常工作时，复制延迟不到 1 s，只会受到网络时延的限制。

 在 MySQL 8.0.22 之前，复制延迟的指标和命令分别是 Seconds_Behind_ Master 和 SHOW SLAVE STATUS。在 MySQL 8.0.22 中，指标和命令变成了 Seconds_Behind_Source 和 SHOW REPLICA STATUS。本书中使用最新的指标和命令。

MySQL 针对复制延迟有一个名声不佳的计量指标：Seconds_Behind_Source。之所以名声不佳，是因为它虽然没有错，但却不是你期望的值。它可能在 0 和一个很大的值之间跳动，这很好笑，也很令人困惑。因此，最佳实践是忽略这个指标，而使用一个工具来测量真正的复制延迟，如 pt-heartbeat（*https://oreil.ly/VMg4c*）。然后，你需要配置 MySQL 监控软件（或服务），以测量和报告 pt-heartbeat 给出的复制延迟。因为 pt-heartbeat 已经存在很长时间了，所以一些 MySQL 监控软件原生支持它。而且，很可能管理你的 MySQL 实例的工程师已经在使用它了。

MySQL 还提供了另外一个与复制有关，但是名声不错的指标：Binlog_cache_disk_ use。第 7 章将解释相关细节，这里给出一个高层面的解释就足够了。对于每个客户端连接，有一个内存二进制日志缓存会缓冲写入的内容，之后再把它们写出到二进制日志文件——写入操作之后会从二进制日志文件复制到副本。如果二进制日志缓存太小，不足以保存一个事务写入的所有内容，那么修改会被写入磁盘，并且 Binlog_cache_ disk_use 会增加。适度发生时，这是可以接受的，但这不应该频繁发生。如果频繁发生，就可以通过增加二进制日志缓存的大小来缓解问题：var.binlog_cache_size （*https://oreil.ly/0TEIJ*）。

我们从前一节的示例可知，var.binlog_row_image 也会影响二进制日志缓存：如果表中包含 BLOB 或 TEXT 列，那么完整的行映像可能需要大量空间。

6.5.10 数据大小

第 3 章解释了为什么数据越少，性能越好。监控数据大小很重要，因为数据库的增长很容易超过预期。如果数据增长是因为应用程序的增长——应用程序变得越来越受欢迎——则这是一个好的问题，但它仍然是问题。

数据大小也很容易被忽视，因为 MySQL 的性能能够随着数据增长而轻松伸缩，但它无法永远这样伸缩。如果查询和访问模式经过了很好的优化，那么一个数据库可以从 10 GB 增长到 300 GB——30 倍的增长——而不会遇到性能问题。但增长 30 倍，达到 9 TB 呢？

这实现不了。即使再增长 3 倍，达到 900 GB，也是太高的要求——如果访问模式极为有利，有可能实现这种增长，但不要认为这一定能够实现。

MySQL 在一个 Information Schema 表中暴露了表大小（和表的其他元数据）：infor-mation_schema.tables（*https://oreil.ly/PqATu*）。示例 6-5 中的查询返回了用 GB 表示的每个数据库的大小。

示例 6-5：数据库大小（GB）

```
SELECT
  table_schema AS db,
  ROUND(SUM(data_length + index_length) / 1073741824 , 2) AS 'size_GB'
FROM
  information_schema.tables
GROUP BY table_schema;
```

示例 6-6 中的查询返回了使用 GB 表示的每个表的大小。

示例 6-6：表大小（GB）

```
SELECT
  table_schema AS db,
  table_name as tbl,
  ROUND((data_length + index_length) / 1073741824 , 2) AS 'size_GB'
FROM
  information_schema.tables
WHERE
      table_type = 'BASE TABLE'
  AND table_schema != 'performance_schema';
```

数据库和表大小指标没有标准。查询并聚合 information_schema.tables 中的值来满足自己的需要。至少应该每小时收集一次数据库大小（示例 6-5）。对于表大小，最好更加精确，每 15 min 收集一次。

确保无论将 MySQL 指标存储或者发送到什么地方，都能够至少保存数据大小指标一年。短期数据增长趋势用于估测磁盘空间什么时候耗尽。如果是在云中，则用于估测什么时候需要置备更多存储空间。长期数据增长趋势用于估测什么时候必须进行分片（第 5章），5.6 节介绍了相关内容。

6.5.11 InnoDB

InnoDB（*https://oreil.ly/4b5qP*）十分复杂。

但是，因为它是默认的 MySQL 存储引擎，所以我们必须拥抱它。没必要深入研究它，在本书讨论范围内甚至无法深入研究它。尽管本节很长，也不过刚能触及 InnoDB 内部原理的冰山一角。虽然如此，下面介绍的 InnoDB 指标能够揭示这个存储引擎负责读写数据的一些内部工作机制。

历史列表长度（指标）

历史列表长度（History List Length，HLL）是一个有趣的指标，因为使用 MySQL 的每个工程师都学习了它的含义，但很少有人知道它是什么。当 HLL 在几分钟或几小时的时间段内显著增长时，这意味着 InnoDB 保留了大量旧的行版本，而没有清除它们，原因是一个或更多个长时间运行的事务还没有提交，或者由于未检测到的客户端连接丢失而被丢弃，但没有被回滚。8.3 节将进行详细解释，但这里需要知道的是，有一个计量指标揭示了它们：

• `innodb.trx_rseg_history_len`

`innodb.trx_rseg_history_len` 的正常值小于 1000。应该监控 HLL，如果它的值大于 100 000，就发出警报。与 6.6.2 节和 6.6.3 节介绍的内容不同，这是一个可靠的阈值和可行动的警报。所执行的行动：找出并终止长时间运行的或者被丢弃的事务。

历史列表长度并不会直接影响性能，但它是存在问题的先兆，所以不要忽视它。问题与这个事实有关：InnoDB 是一个事务型存储引擎，InnoDB 表上运行的每个查询都是一个事务。事务是有开销的，HLL 指标揭示出长时间运行或者被丢弃的事务什么时候导致 InnoDB 处理不合理数量的开销。一些开销是必要的——甚至有帮助的——但太多的开销等于浪费，而浪费与性能是对立的。

关于事务和 HLL，还有太多内容需要介绍，所以后面专门用第 8 章来介绍相关内容。现在，我们主要关注指标，因为才刚开始介绍 InnoDB。

死锁

当两个（或更多个）事务持有另一个事务需要的行锁时，就会发生死锁。例如，事务 A 持有行 1 上的锁，需要行 2 上的锁，而事务 B 持有行 2 上的锁，需要行 1 上的锁。MySQL 会自动检测到死锁，并通过回滚一个事务来解决死锁，并增加一个指标：

• `innodb.lock_deadlocks`

死锁不应该发生。大量发生的死锁与并发性访问模式特征（参见 4.4.7 节）有关。必须（在应用程序中）设计高度并发的数据访问，通过确保访问相同行（或邻近行）的不同事务按照基本相同的顺序来检查行，继而避免死锁。在前面的事务 A 和事务 B 的例子中，它们按照相反的顺序访问相同的两行，所以当它们同时执行时，就可能导致死锁。关于死锁的更多信息，可以阅读 MySQL 手册中的"Deadlocks in InnoDB"（*https://oreil.ly/UpX0r*）一文。

行锁

行锁指标揭示了锁争用：查询获得行锁来写数据的速度有多快（或多慢）。最基础的行锁指标包括：

- innodb.lock_row_lock_time
- innodb.lock_row_lock_current_waits
- innodb.lock_row_lock_waits
- innodb.lock_timeouts

第一个指标（innodb.lock_row_lock_time）是一种少见的类型：获得行锁需要的总毫秒数。它属于响应时间指标（参见 6.4.1 节）分类，但与 6.5.1 节介绍的"查询响应时间"不同，它被收集为一个累积总计，而不是一个直方图。因此，无法将 innodb.lock_row_lock_time 报告为一个百分位（能够报告为百分位才是理想的）。将它报告为比率（参见 6.4.2 节）没有意义：每秒的毫秒数。相反，必须将这个指标报告为一个差值：如果时间 T1 是 500 ms，时间 T2 是 700 ms，则报告 T2 值 −T1 值 = 200 ms（为图表的上卷函数使用最大值。不要取数据点的平均值，因为能够看到最坏情况更有帮助）。作为一个响应时间指标，值越小越好。innodb.lock_row_lock_time 的值不能为 0（除非工作负载是只读的，并且从不需要获得一个行锁），因为获得锁需要的时间不为 0。指标正常且稳定始终是目标。当这个指标不正常时，其他行锁指标也不会正常。

innodb.lock_row_lock_current_waits 是一个计数指标，跟踪当前等待获得行锁的查询的数量。innodb.lock_row_lock_waits 是等待获得行锁的查询数量的计数。这两个变量在本质上是相同的：前者是当前计数，后者是历史计数和比率。行锁等待的比率增加是存在问题的明确信号，因为 MySQL 不会毫无理由地等待：某些事会导致它等待。在这种情况下，原因会是访问相同（或邻近）行的并发查询。

当一个行锁等待超时时，innodb.lock_timeouts 会增加。默认的行锁等待超时是 50 s，它通过 var.innodb_lock_wait_timeout（*https://oreil.ly/4kCLg*）配置，并应用到每个行锁。对于任何正常的应用程序来说，这个等待时间太长了，我建议使用小得多的值：10 s 或以下。

InnoDB 的锁很复杂、很细微。因此，除非工作负载展现了以下 3 种特定的访问模式，否则锁争用不会是一个常见的问题：

- 侧重写（参见 4.4.1 节）

- 高吞吐量（参见 4.4.2 节）

- 高并发（参见 4.4.7 节）

那会是一种非常特殊的应用程序和工作负载。但是，任何应用程序和工作负载（即使吞吐量和并发都很低）都可能遇到锁争用，所以总是应该监控行锁指标。

数据吞吐量

使用每秒字节数计算的数据吞吐量由两个指标来测量：

- `Innodb_data_read`

- `Innodb_data_written`

数据吞吐量很少成为问题：SSD 很快；PCIe 和 NVMe 使其变得更快。尽管如此，监控数据吞吐量是一种最佳实践，因为存储吞吐量是有限的，在云中尤其如此。不要期望能够实现提供商公布的存储吞吐量比率，因为公布的比率是在理想条件下测量的：数据直接传输到磁盘或从磁盘传输出去。InnoDB 极为快速和高效，但它仍然是数据和磁盘之间的一个复杂的软件层，这天生就会阻止实现公布的存储吞吐量比率。

 要小心云中的吞吐量：存储不大可能是本地连接的，这就让吞吐量受到网络速度的限制。1 Gbps 等于 125 MB/s，这类似于旋转磁盘的吞吐量。

IOPS

InnoDB 与存储 I/O 能力（用 IOPS 测量）存在深入且有时很复杂的关系。但是，首先来看简单的部分：InnoDB 的读和写 IOPS 是通过两个指标统计的，它们分别是：

- `innodb.os_data_reads`

- `innodb.os_data_writes`

这两个指标是计数值，所以与其他计数值一样，它们被指标绘图系统转换为比率，并用比率表示。一定要针对每个指标将图形单位设置为 IOPS。

InnoDB 性能就是优化并降低存储 I/O。虽然从工程的角度看，高 IOPS 令人印象深刻，但它们对性能不利，这是因为存储很慢。但是，必须使用存储来实现持久性——将数据持久化到磁盘——所以 InnoDB 做了大量工作，让自己既快又持久。因此，正如 3.1.3 节所述，IOPS 越低越好。

但是，也不要出现不能充分使用 IOPS 的情况。如果你的公司运行自己的硬件，则最大存储 IOPS 数由存储设备决定——可以检查设备的规范，或者询问管理硬件的工程师来了解这个最大数量。在云中，存储 IOPS 是分配或置备的，因为你购买了 IOPS，所以通常更容易知道最大 IOPS——可以检查存储设置，或者询问云提供商来了解这个最大数字。如果 InnoDB 使用的 IOPS 数从不会超过 2000，那么不要购买（或置备）40 000 IOPS：InnoDB 不会使用多出的 IOPS。与之相对，如果 InnoDB 总是使用存储 IOPS 的最大数量，则要么需要优化应用程序的工作负载，从而降低存储 I/O（参见第 1～5 章），要么 InnoDB 确实需要更多 IOPS。

InnoDB 用于后台任务的 I/O 能力主要由 var.innodb_io_capacity（*https://oreil.ly/zU6iW*）和 var.innodb_io_capacity_max（*https://oreil.ly/LiilY*）配置，这两个系统变量的默认值分别是 200 和 2000 IOPS。还有另外一些变量，但我必须跳过它们，以便保持对指标的关注。要了解更多信息，请阅读 MySQL 手册中的"Configuring InnoDB I/O Capacity"（*https://oreil.ly/G9Bcw*）一文。后台任务包括页面刷新、更改缓冲区合并等。在本书中，只讨论页面刷新，这可能是最重要的后台任务了。限制后台任务使用的存储 I/O，可以保证 InnoDB 不会压垮服务器。这还允许 InnoDB 优化并稳定存储 I/O，而非用不稳定的访问轰炸存储设备。与之相对，前台任务没有任何可配置的 I/O 能力或限制：它们会使用必要且可用的所有 IOPS。最主要的前台任务是执行查询，但这并不意味着查询会使用很高的或者过多的 IOPS，因为前面提到过，InnoDB 的性能就是优化并降低存储 I/O。对于读取，缓冲池有意优化并降低了 IOPS。对于写入，页面刷新算法和事务日志有意优化并降低了存储 I/O。接下来的内容将解释实现方式。

InnoDB 能够实现高 IOPS，但应用程序能吗？可能不行，因为在应用程序和 IOPS 之间有许多个层，它们阻止了应用程序实现很高的 IOPS。根据我的经验，应用程序会使用几百到几千的 IOPS，变得流行的、极为优化的应用程序在一个 MySQL 实例上能够接近10 000 IOPS。最近，我在云中对 MySQL 进行基准测试，最高达到了 40 000 IOPS。云提供商公布的最大值是 80 000 IOPS，也允许置备到这个最大 IOPS，但它们的存储系统的峰值是 40 000 IOPS。我要说的是，InnoDB 能够实现高 IOPS，但与它协作的其他东西则不一定如此。

几百万 IOPS

高端存储系统能够实现超过 100 万的 IOPS。这种类型的存储用在裸机（物理）服务器上，这类服务器被设计用于托管许多虚拟服务器。高端 CPU 和内存也是同理：对于一个应用程序来说，这种硬件的处理能力太高了。

本节只是对 InnoDB I/O 的入门介绍，因为它是最后要介绍的 3 个使用 IOPS 的 InnoDB 光谱的基础：缓冲池效率、页面刷新和事务日志。

要了解关于 InnoDB I/O 的更多信息，首先请阅读 MySQL 手册中的"Configuring InnoDB I/O Capacity"（*https://oreil.ly/w9MOg*）一文。要深入了解 InnoDB I/O 的核心细节，请阅读著名 MySQL 专家 Yves Trudeau 和 Francisco Bordenave 撰写的有启发意义的 3 篇博客文章："Give Love to Your SSDs: Reduce innodb_io_capacity_max!"（*https://oreil.ly/q0L61*）、"InnoDB Flushing in Action for Percona Server for MySQL"（*https://oreil.ly/ZY2Xe*）和"Tuning MySQL/InnoDB Flushing for a Write-Intensive Workload"（*https://oreil.ly/P03EX*）。但是，首先应该读完本章，因为它为阅读这些博客文章打下了很好的基础。

InnoDB 使用内存中的数据，而不是磁盘上的数据。它在必要时会从磁盘读取数据，还会将数据写入磁盘，以便持久保存更改，但这些是接下来的 3 部分将深入介绍的低级操作。在更高层面上，InnoDB 使用内存中的数据，因为存储太慢——即使达到 100 万 IOPS 仍然太慢。因此，查询、行和 IOPS 之间不直接相关。写入总是使用 IOPS（为了持久化数据）。读取在执行时可以不使用任何 IOPS，但这要取决于缓冲池效率。

缓冲池效率

InnoDB 的缓冲池是表数据和其他内部数据结构的一个内存中缓存。从 2.2.1 节可知，缓冲池包含索引页面——下一小节将更加详细地介绍页面。InnoDB 当然理解行，但在内部，它更关心页面。在 MySQL 性能的这个深度，关注点从行变为了页面。

在高层面上，InnoDB 按页面在缓冲池中访问（读和写）所有数据（低级别的写入更加复杂，后续的"事务日志"部分将讨论它）。如果在访问数据时，数据不在缓冲池中，InnoDB 会从存储系统读取它，并把它保存到缓冲池中。

缓冲池效率是从内存访问的数据的百分比，这由两个指标计算：

- Innodb_buffer_pool_read_request

- Innodb_buffer_pool_reads

Innodb_buffer_pool_read_request 统计所有在缓冲池中访问数据的请求。如果被请求的数据不在内存中，InnoDB 会增加 Innodb_buffer_pool_reads，并从磁盘加载该数据。缓冲池效率等于（Innodb_buffer_pool_read_request / Innodb_buffer_pool_reads）×100。

这些指标中的 read 并不意味着 SELECT。InnoDB 对于所有查询都从缓冲池中读取数据：INSERT、UPDATE、DELETE 和 SELECT。例如，在执行 UPDATE 时，InnoDB 会从缓冲池读取行。如果它不在缓冲池中，就从磁盘把该行加载到缓冲池。

当 MySQL 启动时，缓冲池效率会很低。这很正常，它被称为冷缓冲池。加载数据会增加缓冲池的热度——就像在火上放木头一样。通常需要几分钟来让缓冲池完全变热，当缓冲池效率达到正常且稳定的值以后，就说明缓冲池热了。

缓冲池效率应该极为接近 100%——理想情况是 99.0% 或更高——但不要过于关注这个值。从技术上讲，这个指标是一个缓存命中率，但它并不是这么使用的。缓存命中率无法揭示太多信息，只能说明值要么被缓存，要么没有被缓存。与之相反，缓冲池效率揭示了 InnoDB 在平衡速度和持久性的同时，能够多好地将频繁访问的数据——工作集——保留在内存中。假如用一个比喻的话，缓冲池效率说明了 InnoDB 在飓风中保持点燃的火柴不熄灭的能力多么好。工作集是火焰；持久性是大雨（它会降低吞吐量）[注4]；应用程序是大风。

在很久以前，性能等同于缓存命中率。如今，这一点不再成立：性能是查询响应时间。如果缓冲池效率极低，但响应时间很好，那么性能也很好。可能不会发生这种情况，但这里的要点是不要丢失关注点——回忆 1.2 节的介绍。

如果总数据大小小于可用内存，那么所有数据可以同时放在缓冲池内。缓冲池大小由 var.innodb_buffer_pool_size（*https://oreil.ly/N4lnI*）配置。在 MySQL 8.0.3 中，启用 var.innodb_dedicated_server（*https://oreil.ly/I5KaC*）会自动配置缓冲池大小和其他相关的系统变量。在这种情况下，缓冲池效率不是问题，如果有性能瓶颈的话，会发生在 CPU 或存储上（因为所有数据都在内存中）。但是，这是一种例外情况，而不是正常情况。在正常情况下，总数据大小会远大于可用内存，此时缓冲池效率有 3 种主要的影响：

数据访问

数据访问将数据加载到缓冲池中。数据年龄访问模式特征（参见 4.4.3 节）是主要影响因素，因为只有新数据才需要被加载到缓冲池中。

页面刷新

页面刷新允许从缓冲池中逐出数据。要把新数据加载到缓冲池中，必须进行页面刷

注 4：你可以禁用持久性，但那是个糟糕的做法。

新。稍后将详细介绍相关内容。

可用内存

InnoDB 在内存中保留的数据越多，对加载或刷新数据的需求就越低。在上面提到的例外情况中，所有数据都在内存中，此时缓冲池效率不是问题。

缓冲池效率揭示了这 3 个影响因素的共同效果。由于是共同作用，所以无法精确找出某一种原因。如果它的值比正常情况下更低，其原因可能是这 3 种影响因素中的一种、两种或全部 3 种。必须分析全部 3 种因素，才能判断哪种因素的影响最大，或最有可能改变哪个因素。例如，第 4 章曾详细介绍，修改访问模式是改进性能的最佳实践，但如果在分析 MySQL 性能时已经深入页面级别，则你很可能已经修改了访问模式。在这种情况下，使用更多内存或更快的存储（更多 IOPS）可能是更加可行的选项——并且也更加合理，因为你已经优化过工作负载。虽然缓冲池效率不能为你提供答案，但它告诉你查看什么地方：访问模式（特别是 4.4.3 节讨论的"数据年龄"）、页面刷新和内存大小。

InnoDB 的缓冲池效率只是冰山一角。在底层，页面刷新是保持它运行的内部工作机制。

页面刷新

这个光谱大且复杂，所以我将它进一步拆分为页面和刷新，它们是无法再拆分的。

页面。如上文所述，缓冲池包含索引页面。页面有 4 种类型：

空闲页面

它们不包含数据。InnoDB 可以把新数据加载到空闲页面中。

数据页面

它们包含还没被修改的数据，也称为干净页面。

脏页面

它们包含已被修改但还未被刷新到磁盘的数据。

杂项页面

它们包含本书不讨论的多种内部数据。

因为 InnoDB 保持缓冲池充满数据，所以监控数据页面的数量没有必要。对于性能而言，空闲页面和脏页面能够揭示最有用的信息，特别是把它们与后面将介绍的刷新指标一同观察时更是如此。3 个计量指标和 1 个计数指标（最后那个指标）揭示了缓冲池中有多少空闲的和脏的页面：

- `innodb.buffer_pool_pages_total`

- `innodb.buffer_pool_pages_dirty`

- `innodb.buffer_pool_pages_free`

  ◆ `innodb.buffer_pool_wait_free`

`innodb.buffer_pool_pages_total` 代表缓冲池中的总页面数量（总页面计数），它取决于缓冲池的大小，这个大小由 `var.innodb_buffer_pool_size`（*https://oreil.ly/fXHQ4*）决定。从技术上讲，这是一个计量指标，因为在 MySQL 5.7.5 中，InnoDB 的缓冲池大小是动态的。但是，缓冲池的大小不会频繁改变，因为这个大小是根据系统内存决定的，而系统内存无法快速改变——即使云实例也需要几分钟的时间才能改变大小。总页面计数可用于计算空闲页面和脏页面的百分比：分别将 `innodb.buffer_pool_pages_free` 和 `innodb.buffer_pool_pages_dirty` 除以总页面数。这两个百分比是计量指标，由于页面刷新，它们的值会频繁改变。

为了确保在需要时有空闲页面可用，InnoDB 会维护一个非零的空闲页面数，我将这个数字称为空闲页面目标。空闲页面目标等于两个系统变量的乘积：系统变量 `var.innodb_lru_scan_depth`（*https://oreil.ly/TG9hj*） 乘 以 `var.innodb_buffer_pool_instances`（*https://oreil.ly/srIHw*）。前者的名称带有一点误导性，但它配置了 InnoDB 在每个缓冲池示例中维护的空闲页面的数量，默认值是 1024 个空闲页面。到现在为止，我们把缓冲池作为 InnoDB 的一个逻辑部分进行讨论。在底层，缓冲池被分为多个缓冲池实例，每个实例都有自己的内部数据结构，以降低在大量负载下发生争用的概率。`var.innodb_buffer_pool_instances` 的默认值是 8（如果缓冲池大小小于 1 GB，则默认值是 1）。因此，当这两个系统变量都使用默认值时，InnoDB 维护 1024 × 8 = 8192 个空闲页面。空闲页面数量应该在空闲页面目标附近。

 降低 `var.innodb_lru_scan_depth` 是一种最佳实践，因为在使用默认值时，它得到的空闲页面大小是 134 MB：8192 个空闲页面 ×16 KB/ 页面 =134 MB。考虑到行通常是几百个字节，这个数字太大了。让空闲页面数尽可能低是更加高效的做法，但不能让它到达 0，发生空闲页面等待（下一段将进行介绍）。了解这一点会有帮助，但这属于 MySQL 调优，并不在本书讨论范围内。默认值并不阻碍性能，只不过 MySQL 专家会憎恨低效率。

如果空闲页面数总是接近 0（小于空闲页面目标），那么只要 `innodb.buffer_pool_wait_free` 保持为 0，就没有问题。当 InnoDB 需要空闲页面，但没有空闲页面可用时，它就会增加 `innodb.buffer_pool_wait_free` 并等待。这被称为空闲页面等待，应该极少会发生——即使当缓冲池已经填满数据也是如此——因为 InnoDB 会积极维护空闲页面目标。但是，在负载极大的情况下，InnoDB 可能无法以足够快的速度刷新和释放页面。简单来说：InnoDB 读取新数据的速度比刷新旧数据的速度更快。假定工作负载已被优化，空闲页面等待有 3 种解决方案：

增加空闲页面目标

如果你的存储系统能够提供更多 IOPS（或你可以在云中置备更多 IOPS），则增加 `var.innodb_lru_scan_depth` 使 InnoDB 能够刷新和释放更多页面，这需要更多 IOPS（参见 6.5.11 节的"IOPS"部分）。

更好的存储系统

如果你的存储系统不能提供更多 IOPS，则升级到更好的存储系统，然后增加空闲页面目标。

更多内存

内存越多，缓冲池越大，也就会有更多页面能够放在内存中，而无须通过刷新和逐出旧页面来加载新页面。关于空闲页面等待，还有另外一个细节，后面在介绍 LRU 刷新时会进行解释。

 本节前面的"缓冲池效率"部分讲到：read 并不意味着 SELECT。InnoDB 对于所有查询都从缓冲池中读取数据：INSERT、UPDATE、DELETE 和 SELECT。当访问数据时，如果数据不在缓冲池（内存）中，InnoDB 会从磁盘读取数据。

如果空闲页面数总是比空闲页面目标大得多，或者从不会减小到目标值，则说明缓冲池太大了。例如，50 GB 的数据只会填充 128 GB 的 RAM 的 39%。MySQL 经过优化，所以只会使用它需要的内存，为它提供过多的内存并不能提高性能——MySQL 不会使用多出的内存。不要浪费内存。

脏页面作为总页面数的百分比，默认情况下在 10%～90% 之间。虽然脏页面包含还未被刷新到磁盘的已修改数据，但数据更改已经被刷新到了磁盘上的事务日志中——后续将介绍更多内容。即使有 90% 的脏页面，也能够保证所有数据更改都是持久的——它们被持久化到了磁盘。脏页面的百分比很高是完全正常的。事实上，这也是期望的，除非工作负载特别侧重读操作（回忆 4.4.1 介绍的"读 / 写"访问模型特征），并且不会经常修改数据（在这种情况下，我会考虑是否有另外一种数据存储更适合这种工作负载）。

因为脏页面的高百分比是期望的，所以这个指标用于支持与页面刷新（接下来将介绍）、事务日志（参见本节的"事务日志"部分）和磁盘 I/O（参见本节的"IOPS"部分）有关的其他指标。例如，写数据会造成脏页面，所以脏页面激增支持 IOPS 和事务日志指标的激增。但是，如果 IOPS 激增时，并没有对应的脏页面激增，则这不是由写数据导致的，一定存在另外一个问题：可能工程师手动执行了一个查询，取出了很久没有使用的大量旧数据，导致 InnoDB 使用大量 IOPS 从磁盘读取它们。脏页面数会随着页面刷新的工作而增加和下降。

页面刷新。页面刷新通过将数据修改写入磁盘来清理旧页面。页面刷新实现了 3 个密切相关的目的：持久性、检查点和页面逐出。简单起见，此处关注页面刷新的页面逐出目的。本节的"事务日志"部分将讨论页面刷新如何实现持久性和检查点。

从本节的"缓冲池效率"部分可知，页面刷新清理了空间，使得新数据可被加载到缓冲池中。具体来说，页面刷新会使脏页面变成干净页面，干净页面就可以从缓冲池中逐出。这样，页面生成周期就完成了：

- 加载数据时，空闲页面就变成了干净（数据）页面
- 当数据被修改时，干净页面就变成了脏页面
- 当刷新了数据修改后，脏页面又重新变成了干净页面
- 当从缓冲池中逐出后，干净页面又重新变成了空闲页面

页面刷新的实现很复杂，并且在不同发行版（Oracle MySQL、Percona Server 和 MariaDB Server）之间会有变化，所以你可能需要重新阅读下面的信息，以完整理解许多细微的地方。图 6-6 描绘了 InnoDB 页面刷新的高层组件，以及从提交事务日志（顶部）中的事务到刷新并从缓冲池（底部）中逐出页面的流程。

在图 6-6 中，InnoDB 页面刷新是从上到下工作的，但我将按照从下向上的方式进行解释。在缓冲池中，脏页面带有阴影，干净（数据）页面显示为白色，空闲页面具有虚线边框。

脏页面记录在两个内部列表中（对于每个缓冲池实例）：

刷新列表
    在事务日志中提交的写操作产生的脏页面。

LRU 列表
    缓冲池中按数据年龄排序的干净页面和脏页面。

严格来说，LRU 列表跟踪所有包含数据的页面，只不过这刚好包含脏页面。相比之下，刷新列表显式地只跟踪脏页面。不管怎样，MySQL 会使用这两个列表来找到要刷新的脏页面。在图 6-6 中，LRU 列表只连接到（跟踪）一个脏页面，但这只是为了避免太多线条造成混乱而做的一种简化。

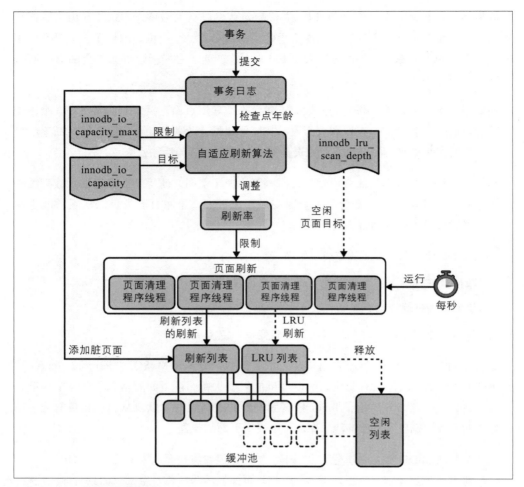

图 6-6：InnoDB 的页面刷新

名为页面清理程序线程的后台线程每秒在这两个列表中刷新脏页面一次。默认情况下，
InnoDB 使用 4 个页面清理程序线程，但这可以通过 var.innodb_page_cleaners(*https://oreil.ly/ELUoy*)进行配置。每个页面清理程序都刷新两个列表，但简单起见，图 6-6 只显示了一个页面清理程序，且它只刷新了一个列表。

下面两个刷新算法分别主要负责刷新列表刷新和 LRU 列表刷新：

自适应刷新

自适应刷新决定了页面清理程序在刷新列表中刷新脏页面的速率[注5]。这种算法是自

注 5：MySQL 自适应刷新算法是著名的 MySQL 专家 Yasufumi Kinoshita 在 2008 年创建的，当时他在
Percona 工作。详情请阅读他的博客文章"Adaptive checkpointing"(*https://oreil.ly/8QG6X*)。

适应的，因为它会根据事务日志的写入速率改变页面刷新速率。写入越快，页面刷新越快。这个算法对写负载做出响应，但它也经过微调，能够在各种写负载下得到稳定的页面刷新率。

页面清理程序执行的页面刷新是一个后台任务，所以页面刷新率受到本节"IOPS"部分解释的 InnoDB I/O 能力的限制，这个能力由 var.innodb_io_capacity 和 var.innodb_io_capacity_max 配置。自适应刷新能够很好地将刷新率（用 IOPS 表达）保持在这两个值之间。

自适应刷新的目的是允许检查点回收事务日志中的空间。实际上，这是刷新列表刷新的目的；不同的算法只不过是实现刷新列表刷新的不同方式。本节的"事务日志"部分将解释检查点，这里提到它只是为了阐明一点：虽然刷新使页面变得干净，成为可被逐出的候选项，但那不是自适应刷新的目的。

自适应刷新算法的细节不在本书的讨论范围内。关键点是：自适应刷新会在发生事务日志写入时，刷新刷新列表中的脏页面。

LRU 刷新

LRU 刷新从 LRU 列表的尾部刷新脏页面，这里包含最旧的页面。简单来说：LRU 刷新会从缓冲池中刷新和逐出旧页面。

LRU 刷新在后台和前台都会发生。当用户线程（执行查询的线程）需要空闲页面但无空闲页面可用时，会发生前台 LRU 刷新。对于性能来说，这不是好消息，因为这时需要等待，进而增加查询响应时间。发生这种情况时，MySQL 会增加 innodb.buffer_pool_wait_free，这就是前面提到的"关于空闲页面等待的另外一个细节"。

页面清理程序处理后台 LRU 刷新（因为页面清理程序是后台线程）。当页面清理程序从 LRU 列表中刷新脏页面时，还会将其添加到空闲列表中，从而释放该页面。InnoDB 主要通过这种方式来维护空闲页面目标（参见本节前面对"页面"的介绍），并避免空闲页面等待。

虽然后台 LRU 刷新是一个后台任务，但它不受前面解释的、通过 var.innodb_io_capacity 和 var.innodb_io_capacity_max 配置的 InnoDB I/O 能力的限制[注6]。它实际上在每个缓冲池实例中受到 var.innodb_lru_scan_depth（*https://oreil.ly/fGGjJ*）的限制。考虑到本书不讨论的多种原因，这不会造成过多的后台存储 I/O 的问题。

LRU 刷新的目的是刷新和释放（逐出）最旧的页面。如 4.4.3 节所示，"旧"指的是最

注6：关于这一点的证明和深入研究，请阅读我的博客文章"MySQL LRU Flushing and I/O Capacity"
（*https://oreil.ly/YHEcj*）。

近最少使用（least recently used）的页面，所以才称这种刷新为 LRU 刷新。LRU 刷新的复杂细节、LRU 列表以及它与缓冲池的关系不在本书讨论范围内，但如果你感兴趣，首先可以阅读 MySQL 手册中的"Buffer Pool"（*https://oreil.ly/OyBeI*）一文。重点是，LRU 刷新会释放页面，其最大速率是每秒的空闲页面目标，而不是配置的 InnoDB I/O 能力。

空闲刷新和遗留刷新

除了自适应刷新和 LRU 刷新，还有另外两种刷新算法：空闲刷新和遗留刷新。

当 InnoDB 没有处理任何写入（事务日志未被写入）时，会发生**空闲刷新**。在这种罕见的情况下，InnoDB 会以配置的 I/O 能力（参见本节的"IOPS"部分），从刷新列表刷新脏页面。空闲刷新还会刷新更改缓冲区（*https://oreil.ly/uKb08*），并处理 MySQL 关闭时的刷新。

在自适应刷新成为标准之前，InnoDB 采用的简单算法被我称为**遗留刷新**[注7]。当脏页面的百分比在 var.innodb_max_dirty_pages_pct_lwm（*https://oreil.ly/OSqCZ*）和 var.innodb_max_dirty_pages_pct（*https://oreil.ly/zsCWL*）之间时，InnoDB 会刷新脏页面。虽然在 MySQL 8.0 中，这种算法仍然是活跃的，但基本上从不会使用它，所以你可以忽略它。

简单介绍 InnoDB 刷新后，下面的 4 个指标就变得容易理解了：

- innodb.buffer_flush_batch_total_pages

- innodb.buffer_flush_adaptive_total_pages

- innodb.buffer_LRU_batch_flush_total_pages

- innodb.buffer_flush_background_total_pages

这 4 个指标都是计数值，在被转换为比率后，能够揭示每种算法的页面刷新率。innodb.buffer_flush_batch_total_pages 是所有算法的总页面刷新率。它是一个高层面指标，可以用作 InnoDB 的 KPI：总页面刷新率应该是正常且稳定的。否则，某个指标会说明 InnoDB 的哪个部分没有正常刷新。

innodb.buffer_flush_adaptive_total_pages 是自适应刷新所刷新的页面数。innodb.buffer_LRU_batch_flush_total_pages 是后台 LRU 刷新所刷新的页面数。根据前面对

注 7：遗留刷新也被称为脏页百分比刷新，但我更喜欢我的术语，因为它更简单，并且表达更加准确：遗留意味着它不再是当前使用的算法，事实正是如此。

这两种刷新算法的解释，你知道它们反映了 InnoDB 的哪些部分：分别是事务日志和空闲页面。

包含 innodb.buffer_flush_background_total_pages 是为了做到完整：它是本节前面的"空闲刷新和遗留刷新"中描述的其他算法刷新的页面数。如果后台页面刷新的速率存在问题，就需要咨询一个 MySQL 专家，因为这不是应该发生的问题。

虽然不同的刷新算法有不同的刷新率，但存储系统是所有刷新算法的基础，因为刷新需要 IOPS。例如，如果你在旋转磁盘上运行 MySQL，那么存储系统（包括存储总线和存储设备）无法提供许多 IOPS。如果你在高端存储系统上运行 MySQL，那么 IOPS 可能从不会成为问题。如果你在云中运行 MySQL，那么可以根据需要置备任意多的 IOPS，但云使用网络附属存储，这种系统的速度比较慢。还要记住，IOPS 有时延——在云中更加明显——时延值在几微秒到几毫秒之间。这是很深入的、接近专家级的内部知识，但我们要继续学习下去，因为这是值得学习的很有用的知识。

事务日志

最后要讲的，也可能是最重要的光谱，是事务日志，也称重做日志。简单起见，在上下文很清楚的情况下，我使用"日志"这个词，当存在二义性时，我使用这里的表达。

事务日志保证了持久性。当事务提交时，所有数据更改会记录到事务日志中，并刷新到磁盘——这让数据更改变得持久——但对应的脏页面会保留在内存中（如果 MySQL 在有脏页面的情况下崩溃，那么数据更改也不会丢失，因为它们已经被刷新到了磁盘上的事务日志中）。事务日志刷新不是页面刷新。它们是两个独立但无法分开的过程。

InnoDB 事务日志是磁盘上一个固定大小的环形缓冲区，如图 6-7 所示。默认情况下，它包含两个物理日志文件。每个文件的大小通过 var.innodb_log_file_size（*https://oreil.ly/ItAxz*）配置。在 MySQL 8.0.3 中，启用 var.innodb_dedicated_server（*https://oreil.ly/gv38o*）会自动配置日志文件大小和其他相关的系统变量。

事务日志包含数据更改（技术用语是重做日志），而不是页面；但是，数据更改与缓冲池中的脏页面有联系。当事务提交时，其数据更改会被写入事务日志的头部，并刷新（同步）到磁盘，这会沿着顺时针方向移动头部，对应的脏页面会被添加到前面图 6-6 中显示的刷新列表中。在图 6-7 中，头部和尾部沿着顺时针方向移动，但这只是一个示意图。除非你使用旋转磁盘，否则事务日志不会有字面意义上的移动。新写入的数据更改会覆写旧的数据更改，后者对应的页面已被刷新。

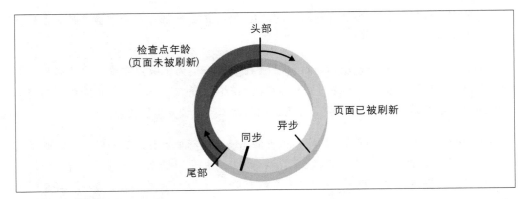

图 6-7：InnoDB 事务日志

这里针对 InnoDB 事务日志给出了简化后的示意图和解释，导致看起来这是一个序列化的过程。但那只是简化一个复杂过程的结果。事务日志实际的底层实现是高度并发的：许多用户线程并行地向事务日志提交更改。

检查点年龄是事务日志在头部和尾部之间的长度（用字节计算）。检查点机制通过在缓冲池中刷新脏页面——这允许尾部前进——来回收事务日志中的空间。刷新了脏页面后，就可以用新的数据更改来覆写事务日志中与那些脏页面对应的数据更改。自适应刷新在 InnoDB 中实现了检查点，所以检查点年龄才是图 6-6 中显示的自适应刷新算法的输入。

默认情况下，事务日志中的所有数据更改（重做日志）都是持久的（被刷新到磁盘），但在被检查点机制刷新之前，缓冲池中对应的脏页面不是持久的。

检查点机制会移动尾部，确保检查点的年龄不会变得太老（其实指的是太大，因为它是用字节计算的，但太老是更常用的表达）。但是，如果检查点的年龄变得太老，导致头部和尾部相遇，会发生什么？因为事务日志是固定大小的环形缓冲区，所以如果写入速率总是超过刷新率，头部就可能环绕过去，与尾部相遇。InnoDB 不会允许这种情况发生。它有两个防卫点，称为异步和同步，如图 6-7 所示。异步是 InnoDB 开始进行异步刷新的点：允许写入，但会将页面刷新率提升到接近最大值。虽然允许写入，但刷新使用了非常多的 InnoDB I/O 能力，以至于你能够（并且应该）期望整体服务器性能会发生明显下降。同步是 InnoDB 开始进行同步刷新的点：所有写入会停止，只进行页面刷新。不用说，这会导致非常糟糕的性能。

InnoDB 分别为检查点年龄和异步刷新点提供了下面的指标：

- `innodb.log_lsn_checkpoint_age`
- `innodb.log_max_modified_age_async`

`innodb.log_lsn_checkpoint_age` 是用字节测量的一个计量指标，但其原始值对人来说是没有意义的（它的值在 0 到日志文件大小之间）。对人来说，有意义的是检查点年龄有多么接近异步刷新点，我将其称为事务日志使用率，它非常重要，所以必须监控它：

(innodb.log_lsn_checkpoint_age / innodb.log_max_modified_age_async) × 100

事务日志使用率是保守的，因为异步刷新点是日志文件大小的 6/8（75%）。因此，在 100% 的事务日志使用率时，25% 的日志能够用于记录新的写入，但是要记住：服务器性能在异步刷新点会明显下降。监控并知道何时到达这个点很重要。InnoDB 为同步刷新点也提供了一个指标（它是日志文件大小的 7/8（87.5%）），如果你不担心危险，就可以用它来替换异步刷新点指标（或者同时监控两者）：`innodb.log_max_modified_age_sync`。

关于查询如何将数据更改记录到事务日志中，有一个微小但重要的细节：数据更改首先被写入内存中的一个日志缓冲区（不要与日志文件混淆，后者指的是磁盘上的实际事务日志），然后，日志缓冲区被写入日志文件，日志文件被同步。我省略了许多细节，但这里的要点是：内存中有一个日志缓冲区。如果日志缓冲区太小，导致查询需要等待空闲空间，InnoDB 会增加下面的指标：

- `innodb.log_waits`

`innodb.log_waits` 应该是 0。如果不是 0，就通过 `var.innodb.log_buffer_size`（*https://oreil.ly/2I1cq*）来配置缓冲区大小。其默认值是 16 MB，通常够用了。

因为事务日志在磁盘上包含两个物理文件（两个文件，但它们是一个逻辑日志），将数据更改写入并同步到磁盘是最基本的任务。两个计量指标报告了有多少个这样的任务在等待完成：

- `innodb.os_log_pending_writes`
- `innodb.os_log_pending_fsyncs`

因为写入和同步应该是极快发生的操作——写入的性能几乎完全依赖于这一点——所以这两个指标的值应该总是 0。如果不是 0，就说明存在底层的问题，可能是 InnoDB 的问题，但更可能是存储系统的问题——这是假定其他指标正常，或者在出现等待完成的写入和同步之前是正常的。不用期望这个深度会发生问题，但仍然应该进行监控。

最后，有一个简单但重要的指标统计了写入事务日志的字节数：

- innodb.os_log_bytes_written

监控每小时写入的总日志字节数，作为判断日志文件大小的基础，是一种最佳实践。日志文件大小是两个系统变量的乘积：var.innodb_log_file_size（*https://oreil.ly/sinUV*）和 var.innodb_log_files_in_group（*https://oreil.ly/0hYp1*）。在 MySQL 8.0.14 中，启用 var.innodb_dedicated_server（*https://oreil.ly/f2UqB*）会自动配置这两个系统变量。默认的日志文件大小只有 96 MB（两个日志文件各自 48 MB）。作为使用 MySQL 的工程师，而不是 DBA，我假定为你管理 MySQL 的人已经合理配置了这些系统变量，但验证它们是聪明的做法。

我们终于完成了对 InnoDB 指标的介绍。InnoDB 指标的光谱比这里的介绍更广泛、更深入；这里只是介绍了对于分析 MySQL 性能最重要的 InnoDB 指标。不止如此，从 MySQL 5.7 到 8.0，InnoDB 发生了重要的改变。例如，在 MySQL 8.0.11 中，重写并改进了事务日志的内部实现。InnoDB 还有其他一些这里没介绍的部分：双写缓冲区、更改缓冲区、自适应哈希索引等。我鼓励你更加深入地学习 InnoDB，它是一个迷人的存储引擎。可以把 MySQL 手册中的"The InnoDB Storage Engine"（*https://oreil.ly/s0PZk*）作为起点。

6.6 监控和警报

MySQL 指标揭示了 MySQL 性能的光谱，它们也十分擅长在午夜叫醒工程师——这就是所谓的监控和警报。

监控和警报发生在 MySQL 外部，所以不会影响 MySQL 的性能，但我必须讨论下面 4 个主题，因为它们与指标有关，并且对于成功使用 MySQL 很重要。

6.6.1 解析度

解析度指的是收集和报告指标的频率：1 s、10 s、30 s、5 min 等。更高的解析度意味着更高的频率：1 s 是比 30 s 更高的解析度。与电视机一样，解析度越高，看到的细节越多。因为"眼见为实"，我们来看相同的数据在 30 s 的时间段内得到的 3 个图表。第一个图表如图 6-8 所示，显示了最大解析度（1 s）时的 QPS 值。

在前 20 s 秒中，QPS 是正常且稳定的，在 100~200 QPS 之间跳动。在 20~25 s，有 5 s

的失速（方框中低于 100 QPS 的 5 个数据点）。在最后 5 s，QPS 激增到异常高的值，在失速后发生这种现象是很常见的。这个图表并没有大起大落，但它符合现实情况，并且开始说明接下来的两个图表要重点表达的点。

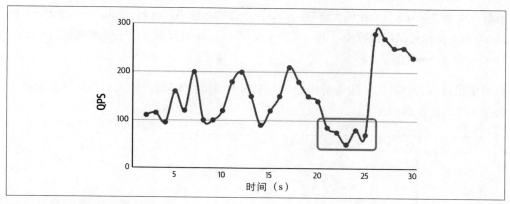

图 6-8：1 s 解析度时的 QPS

第二个图表如图 6-9 所示，展示了相同的数据，但使用了 5 s 的解析度。

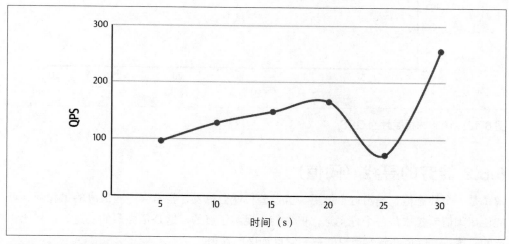

图 6-9：5 s 解析度时的 QPS

在 5 s 解析度时，丢失了一些细节，但关键的细节仍然保留了下来：前 20 s 的 QPS 正常且稳定；25 s 位置发生失速；失速后出现了激增。对于日常监控，这个图表就够用了——而且使用 1 s 的解析度来收集、存储和绘制指标图非常困难，几乎从不会那么做。

第三个图表如图 6-10 所示，展示了相同的数据，但使用了 10 s 的解析度。

使用10 s的解析度时，几乎所有细节都丢失了。从这个图表来看，QPS是稳定且正常的，但这带有误导性：QPS有10 s的时间变得不稳定、不正常（5 s的失速和5 s的激增）。

至少应该使用5 s或更好的解析度来收集KPI（参见6.3节）。如果有可能，也使用5 s的解析度来收集6.5节介绍的大部分指标，但下面的指标不在此列：Admin、SHOW和不好的SELECT指标可以慢慢收集（10 s、20 s或30 s），数据大小可以很慢地收集（5 min、10 min或20 min）。

努力使用最高的解析度，因为与被记录下来的查询指标不同，MySQL指标要么被收集起来，要么就永远丢失了。

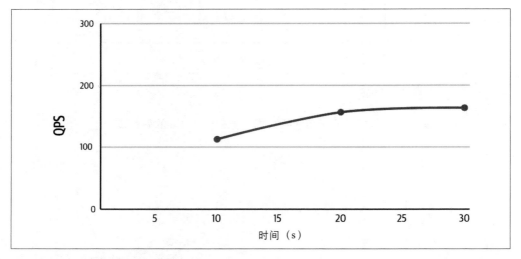

图6-10：10 s解析度时的QPS

6.6.2 徒劳的寻找（阈值）

阈值是一个静态值，超出这个值后，监控警报就会触发，常常会呼叫值班的工程师。可能使用阈值看起来是一个好主意，但它们实现不了目的。这是很强烈的表述，但相比相反的表述——阈值能够实现目的——它更加接近真相。

问题在于，阈值也需要一个持续时间：指标值在超过阈值后必须持续多长时间，然后再触发警报。考虑图6-8（使用1 s解析度时的QPS）。如果没有持续时长，且阈值为QPS低于100，那么30 s的时间内会7次触发警报：5 s的失速，以及第3个和第13个数据点。用监控和警报的用语来说，这有太多"噪声"，那么如果将阈值设置为QPS低于50呢？QPS下降50%——从100 QPS变为50 QPS——当然说明存在需要向人发出警报的问题。但是，这个警报从不会触发：最低的数据点是50 QPS，它不低于50 QPS。

这个示例看起来是生编硬造的，但其实不是，而且情况只会更糟。假设你为警报添加了一个 5 s 的持续时间，并将阈值重置为 QPS 低于 100。现在，该警报只在 5 s 的失速后触发。但是，如果失速并不是失速呢？如果是短暂的网络问题导致这 5 s 的时间里发生了数据包丢失，所以问题不在 MySQL 上，也不在应用程序上呢？收到警报的值班人员就会徒劳地去寻找原因。

我知道，看起来是我通过定制这个例子来支持自己的观点，但事实就是这样：阈值很难做到完美，这一点众所周知——完美指的是它只在真正发生问题时发出警报，而不会出现误报。

6.6.3 根据用户体验和客观极限值发出警报

有两个已被证明有效的解决方案可以代替阈值：

- 根据用户体验发出警报

- 根据客观极限值发出警报

根据 1.2 节和 6.3 节的介绍，用户只会体验到两个 MySQL 指标：响应时间和错误率。它们是可靠的信号，不只因为用户会体验到它们，还因为它们不会发生误报。QPS 的变化可能是用户流量的变化，但响应时间的变化只能用响应时间的变化来解释。对于错误率也是同理。

对于微服务，用户可能是另外一个应用程序。在那种情况下，正常的响应时间可能非常短（几十毫秒），但监控和警报原则是相同的。

对于响应时间和错误率，阈值和持续时间也更加简单，因为我们能够想象到超过阈值的异常条件。例如，假定一个应用程序的正常 P99 响应时间是 200 ms，正常的错误率是每秒 0.5 个错误。如果在完整的 1 min 内，P99 响应时间增加到 1 s（或更多），这会造成糟糕的用户体验吗？如果是，就将这些值作为阈值和持续时间。如果在完整的 20 s 内，错误率增加到每秒 10 个错误，这会造成糟糕的用户体验吗？如果是，就将这些值作为阈值和持续时间。

为了展示一个更加具体的示例，我们来阐述上一个示例的实现，在该示例中，200 ms 是正常的 P99 响应时间。每 5 s 测量并报告 P99 响应时间（参见 6.5.1 节）。创建一个滚动的 1 min 警报，让某个指标在过去 12 个值都大于 1 s 时触发警报（因为每 5 s 报告一次该指标，所以每分钟有 60 / 5 = 12 个值）。从技术的角度看，查询响应时间持续的 5 倍增长太过极端，需要进行调查——它可能是一个先兆，说明有更大的问题正在酝酿，如果不做处理，就可能导致应用程序停止工作。但是，警告的目的更偏向实用性，而不是技术性：如果用户已经习惯于应用程序提供次秒级响应，那么 1 s 的响应就明显很慢。

客观极限值是 MySQL 不能超过的最小值或最大值。下面列出了 MySQL 外部常见的客观极限值：

- 空闲磁盘空间为 0

- 空闲内存为 0

- CPU 使用率为 100%

- 存储 IOPS 使用率为 100%

- 网络使用率为 100%

MySQL 有许多 max 系统变量，但下面这几个是会影响应用程序的最常用的系统变量：

- max_connections（*https://oreil.ly/0ODxA*）

- max_prepared_stmt_count（*https://oreil.ly/jqNuk*）

- max_allowed_packet（*https://oreil.ly/qM3R5*）

还有一个客观极限值让很多工程师感到意外：AUTO_INCREMENT（*https://oreil.ly/tkXWP*）的最大值。MySQL 并没有提供一个原生的指标或方法，用于检查一个 AUTO_INCREMENT 列是否正在接近其最大值。相反，常用的 MySQL 监控解决方案是通过执行与示例 6-7 类似的 SQL 语句来创建一个指标。示例 6-7 中的 SQL 语句是著名的 MySQL 专家 Shlomi Noach 在 "Checking for AUTO_INCREMENT capacity with single query"（*https://oreil.ly/LJ64E*）中编写的。

示例 6-7：检查 AUTO_INCREMENT 最大值的 SQL 语句

```
SELECT
  TABLE_SCHEMA,
  TABLE_NAME,
  COLUMN_NAME,
  DATA_TYPE,
  COLUMN_TYPE,
  IF(
    LOCATE('unsigned', COLUMN_TYPE) > 0,
    1,
    0
  ) AS IS_UNSIGNED,
  (
    CASE DATA_TYPE
```

```
       WHEN 'tinyint' THEN 255
       WHEN 'smallint' THEN 65535
       WHEN 'mediumint' THEN 16777215
       WHEN 'int' THEN 4294967295
       WHEN 'bigint' THEN 18446744073709551615
     END >> IF(LOCATE('unsigned', COLUMN_TYPE) > 0, 0, 1)
   ) AS MAX_VALUE,
   AUTO_INCREMENT,
   AUTO_INCREMENT / (
     CASE DATA_TYPE
       WHEN 'tinyint' THEN 255
       WHEN 'smallint' THEN 65535
       WHEN 'mediumint' THEN 16777215
       WHEN 'int' THEN 4294967295
       WHEN 'bigint' THEN 18446744073709551615
     END >> IF(LOCATE('unsigned', COLUMN_TYPE) > 0, 0, 1)
   ) AS AUTO_INCREMENT_RATIO
FROM
   INFORMATION_SCHEMA.COLUMNS
   INNER JOIN INFORMATION_SCHEMA.TABLES USING (TABLE_SCHEMA, TABLE_NAME)
WHERE
   TABLE_SCHEMA NOT IN ('mysql', 'INFORMATION_SCHEMA', 'performance_schema')
   AND EXTRA='auto_increment'
;
```

另外两个关键性能指示器——QPS 和运行的线程数——是什么情况呢？监控 QPS 和运行的线程数是最佳实践，但根据它们发出警报不是。这两个指标在调查响应时间或错误率指出的问题时十分重要，但它们自己波动得太厉害，不能作为可靠的信号。

如果这种方法看起来太极端，请记住：这些是针对使用 MySQL 的工程师而不是针对 DBA 的警报。

6.6.4 因果关系

我直截了当地说：根据我的经验，当 MySQL 响应太慢时，绝大多数（可能 80%）时间是应用程序的原因，因为应用程序驱动着 MySQL。没有应用程序时，MySQL 是空闲的。如果应用程序不是原因，那么缓慢的 MySQL 性能还有另外几个常见的原因。在可能 10% 的时间里，另外一个应用程序——任何应用程序，不只是 MySQL——可能是罪魁祸首，9.6 节将会介绍相关内容。硬件（包括网络）只会在 5% 的时间里导致问题，因为现代硬件相当可靠，企业级硬件尤为可靠，它们的使用时间（和成本）都比消费级硬件高得多。最后，我估计 MySQL 只在 1% 的时间中是自身运行缓慢的根本原因。

识别原因后，假定该原因是根本原因，而不是之前某个未发现的原因的副作用。例如，应用程序原因会假定某个东西（如写得很差的查询）一旦被部署到生产环境，便会立即导致 MySQL 出现问题。硬件原因会假定某个东西（如降级的存储系统）能够工作，但比平时慢得多，导致 MySQL 的响应也变慢。当这种假定不成立时——识别的原因不是根本原因——就发生了一种危害很大的情况。考虑下面的事件序列：

1. 一个网络问题持续了 20 s，导致大量数据包丢失或者底层网络重试。

2. 网络问题导致查询错误或超时（分别由于数据包丢失或重试）。

3. 应用程序和 MySQL 都记录了错误（分别是查询错误和客户端错误）。

4. 应用程序重试查询。

5. 在重试旧查询时，应用程序继续执行新的查询。

6. 由于执行新查询和旧查询，QPS 增加。

7. 由于 QPS 增加，使用率增加。

8. 由于使用率增加，等待增加。

9. 由于等待增加，超时增加。

10. 应用程序再次重试查询，创建了一个反馈环。

遇到这种情况时，问题很明显，但根本原因则不然。你知道在发生问题前，所有东西都是正常且稳定的：没有发生应用程序更改或部署；MySQL 的关键性能指示器是正常且稳定的；DBA 确认他们没有做修改。这让这种情况的危害特别大：在你看来，不应该发生这种问题，但它确实发生了。

从技术上讲，所有原因都是可知的，因为计算机是有限状态的、离散的。但是，在现实中，你的监控和日志记录决定了什么是可知的。在这个例子中，如果你有特别好的网络监控和应用程序日志（并能够访问 MySQL 错误日志），就能够确定根本原因：20 s 的网络问题。但这说起来容易，做起来难，因为在发生这种情况时——应用程序停止了工作，客户在一直打电话，并且现在是周五下午 4:30——工程师会重点关注修复问题，而不是阐释问题的根本原因。当关注点在修复问题时，很容易认为 MySQL 是需要修复的问题原因：让 MySQL 运行得更快，应用程序就不会有问题。但是，在这个意义上，没办法修复 MySQL——回忆一下 4.1 节的内容。因为在发生问题前，一切正常，所以目标是恢复到正常状态，首先是恢复应用程序，因为应用程序驱动着 MySQL。正确的解决方案取决于应用程序，但常用的做法包括：重启应用程序，调节入站应用程序请求数，以及禁用某些应用程序功能。

我不是在偏向 MySQL。现实很明显：MySQL 是一个成熟的数据库，在这个领域已经发展了 20 多年。而且，作为一个开源数据库，它被全世界的工程师仔细审查。在 MySQL 发展过程的这个阶段，固有的慢不会是它的缺点。相比询问 MySQL 为什么慢，更有帮助、更有效的问题是："什么导致了 MySQL 运行缓慢？"这个问题有助于找出问题的根本原因或者立即修复问题。

6.7 小结

本章讨论了对于理解工作负载的本质最为重要的一些 MySQL 指标光谱，而工作负载的本质能够解释 MySQL 的性能。本章要点如下：

- MySQL 的性能有两面：查询性能和服务器性能。

- 查询性能是输入；服务器性能是输出。

- 正常且稳定是指在典型的一天中，当所有东西都正确工作时，MySQL 为你的应用程序展现的性能。

- 稳定性并不限制性能；它确保任何级别的性能都是可维护的。

- MySQL 的 KPI 包括响应时间、错误率、QPS 和运行的线程数。

- 指标领域包括 6 个指标分类：响应时间、比率、使用率、等待、错误率和访问模式（如果把内部指标算在内，就是 7 个指标分类）。

- 指标分类是相关的：比率会增加使用率；使用率会进行反抗，导致比率下降；高（最大）使用率会导致等待；等待重试会导致错误。

- MySQL 指标的光谱很庞大，请参见 6.5 节。

- 解析度指的是收集和报告指标的频率。

- 高解析度指标（5 s 或更低）能够揭示重要的性能细节，这些细节在低解析度指标中会丢失。

- 根据用户体验（如响应时间）和客观极限值发出警报。

- 应用程序问题（你的应用程序或其他应用程序）是导致 MySQL 性能缓慢的最有可能的原因。

- MySQL 服务器性能是通过一系列指标揭示的，它们就像是让工作负载通过 MySQL 时产生的"折射"。

下一章将讨论复制延迟。

6.8 练习：检查关键性能指示器

本练习的目标是知道 MySQL 的 4 个 KPI 的正常且稳定的值。6.3 节介绍了这 4 个 KPI。为了让这个练习有趣，首先写下你认为自己的应用程序的 KPI 值是什么。你可能对 QPS

有很好的认识，响应时间（P99 或 P999）、错误率和运行的线程数呢？

如果还没有收集这 4 个 KPI，则首先收集它们。你选择的方法取决于你在收集 MySQL
指标时使用的软件（或服务）。任何不错的 MySQL 监控程序都应该收集全部 4 个 KPI。
如果你当前使用的解决方案不是如此，则应该认真考虑使用一个更好的 MySQL 监控程
序，因为如果一个监控程序没有收集关键性能指示器，很可能也不会收集 6.5 节介绍的
许多指标。

至少检查完整一天的 KPI 指标。真实值与你认为的值接近吗？如果响应时间比你预想
的更长，则你知道从哪里入手：查询概要文件。如果错误率比你预想的更高，则查询
performance_schema.events_errors_summary_global_by_error 表，看看发生了哪个
错误编号。通过 "MySQL Error Message Reference"（*https://oreil.ly/F9z9W*）来查找错误
编号。如果运行的线程数比你预想的更多，诊断起来会比较困难，因为一个线程会执行
不同的查询（假定应用程序使用了一个连接池）。首先从查询概要文件中最慢的查询入
手。如果你的查询指标工具报告查询负载，则关注负载最高的查询；否则，关注总查询
时间最多的查询。必要时，可以使用 Performance Schema 的 threads 表（*https://oreil.ly/
ZgtGW*）进行调查。

检查一天中不同时间段的 KPI。KPI 的值在一天中都稳定吗？还是在午夜时会降低？
存在值不正常的时间段吗？总体来看，对你的应用程序来说，正常且稳定的 KPI 值是
多少？

6.9 练习：检查警报和阈值

本练习的目的是帮助你在夜晚安睡。MySQL 指标的图表很显眼，但警报以及警报的配
置通常被隐藏了起来。因此，工程师——特别是新聘用的工程师——不知道什么地方潜
伏着警报，等着在他们入睡后呼叫他们。用一个上午或一个下午的时间，熟悉你的全部
警报以及它们的配置和阈值（如果有的话）。同时这么做：记录警报（或更新当前文档）
回顾 6.6.2 节和 6.6.3 节的内容，并调整或者删除多余的警报。

警报的目标很简单：每次呼叫都是正当的、可行动的。正当是指已经有东西发生问题，
或者很快会发生问题，需要马上修复。可行动是指被呼叫的工程师具有修复该问题需要
的知识、技能和访问权限。在 MySQL 中能够实现这种警报。不要徒劳地寻找不存在的
问题，而是让自己晚上能够好好休息。

第 7 章

复制延迟

复制延迟是源 MySQL 实例上发生写操作与副本 MySQL 实例上应用该写操作之间的时间延迟。在网络上进行复制不可避免地会遇到网络时延，所以复制延迟是所有数据库服务器固有的延迟。

作为使用 MySQL 的工程师，你不需要设置、配置和维护 MySQL 复制拓扑，这是一个好消息，因为 MySQL 复制已经变得十分复杂。本章将讨论与性能有关的复制延迟：它是什么，为什么发生，它带来了什么风险，以及你能够如何处理风险。

简单复制赢得了互联网的支持

简单的复制是 MySQL 成为全世界最受欢迎的开源关系型数据库服务器的原因之一。在 21 世纪早期，互联网开始从 20 世纪 90 年代的网络泡沫恢复元气，线上公司开始快速增长。因为高可用性需要复制，并且复制也用于横向扩展读操作，所以 MySQL 的早期版本（v3.23 到 v5.5）中支持的简单复制，帮助它在那个冒失的年代赢得了互联网。MySQL 的早期版本使用单线程的基于语句的复制（Statement-Based Replication，SBR）：源 MySQL 实例会记录它执行的 SQL 语句——是的，它会记录实际的 SQL 语句——副本实例则简单地重新执行这些 SQL 语句。复制不会比这个过程更简单了。它当然能够工作，也当然会有问题和令人意外的地方。但是，有时最简单的解决方案确实就是最好的解决方案。现在，20 多年过去了，MySQL 复制变得很复杂，但它仍然支持基于语句的复制。

从技术上讲，复制会降低性能，但你不会想在运行 MySQL 时不进行复制。毫不夸张地说，复制能够防止公司失败，防止发生严重的数据损失，如果不使用复制避免这种数据损失，公司有可能会无法存活。MySQL 运行在从医院到银行的各种环境中，尽管失败

不可避免，但复制能够保护宝贵数据的安全。虽然复制会降低性能，并且延迟是一种风险，但复制带来的巨大优势抵消了那些成本。

本章探讨复制延迟，主要分为 6 节。7.1 节介绍基本的 MySQL 复制术语，并追踪复制延迟的技术根源——为什么数据库和网络很快，但仍然会发生延迟。7.2 节讨论复制延迟的主要原因。7.3 节解释复制延迟的风险：数据丢失。7.4 节提供一种保守的配置，用于启用一个多线程副本，它可以显著降低延迟。7.5 节介绍如何高精度地监控复制延迟。7.6 节解释为什么从复制延迟恢复很慢。

7.1 基础

MySQL 有两种类型的复制：

源到副本复制

源到副本复制是基本类型的复制，MySQL 已经使用了 20 多年。它的令人尊敬的地位，意味着 MySQL 复制（*https://oreil.ly/A8fTn*）暗含的意思是源到副本复制。MySQL 复制很老旧，但不要误会：它很快、很可靠，并且如今仍被广泛使用。

组复制

组复制（*https://oreil.ly/TASM9*）是 MySQL 在其 5.7.17 版本（发布于 2016 年 12 月 12 日）开始支持的新的复制类型。组复制会创建包含主实例和辅助实例的一个 MySQL 集群，这些实例使用一个群体共识协议来同步（复制）数据更改和管理组成员。也就是说，组复制是 MySQL 集群，它是 MySQL 复制和高可用性的未来。

本章只讨论传统的 MySQL 复制：源到副本复制。组复制是未来，但我把对它的讨论留到未来，因为在撰写本书时，我和我认识的 DBA 都没有操作大规模组复制的大量经验。而且，建立在组复制基础上的另外一个创新正在成为标准：InnoDB Cluster（*https://oreil.ly/BFqu9*）。

另外，Percona XtraDB Cluster（*https://oreil.ly/fWNfb*）和 MariaDB Galera Cluster（*https://oreil.ly/LMhEC*）也是数据库集群解决方案，它们在目的上与 MySQL 组复制类似，但在实现上不同。我也将对这些解决方案的讨论留到未来，但如果你运行的是 MySQL 的 Percona 或 MariaDB 发行版，正在寻找一个数据库集群解决方案，那么就要知道这些解决方案的存在。

MySQL 的源到副本复制十分常用。虽然复制的内部工作机制不在本书讨论范围内，但理解它的基础知识有助于我们了解复制延迟的原因、带来的风险以及如何减少这两者。

在 MySQL 8.0.22 和 MySQL 8.0.26——分别发布于 2020 年和 2021 年——中，复制的术语发生了变化。"MySQL Terminology Updates"（*https://oreil.ly/wrzfU*）列举了这些变化。本书中使用最新的术语、指标、变量和命令。

7.1.1 源到副本复制

图 7-1 显示了 MySQL 源到副本复制的基础。

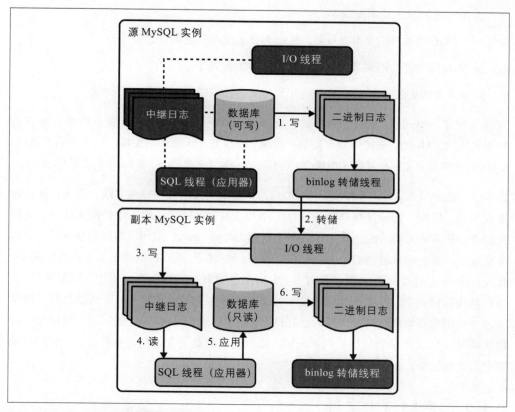

图 7-1：MySQL 源到副本复制的基础

源 MySQL 实例（或简称源）是被客户端（应用程序）写入数据的任何 MySQL 服务器。MySQL 复制支持多个可写源，但处理写冲突很困难，所以很少这么使用。因此，正常情况下只使用一个可写源。

副本 MySQL 实例（或简称副本）是从源复制数据更改的任何 MySQL 服务器。数据更改是对行、索引、模式等做的修改。副本应该始终是只读的，以避免脑裂（参见 9.1 节）。通常，副本从单个源复制，但多源复制（*https://oreil.ly/GeaVQ*）是一个可选项。

图 7-1 中的箭头代表数据更改从源传递到副本的流程：

1. 在事务提交时，数据更改被写入源上的二进制日志（binary log，简写为 binlog）：它们是磁盘文件，在二进制日志事件中记录了数据更改（参见 7.1.2 节）。

2. 副本上的一个 I/O 线程从源二进制日志转储（读取）二进制日志事件（源上的一个 binlog 转储线程专门用于这个目的）。

3. 副本上的 I/O 线程将二进制日志事件写入副本上的中继日志中：它们是磁盘文件，是源二进制日志的本地副本。

4. 一个 SQL 线程（或应用器线程）从中继日志读取二进制日志事件。

5. 该 SQL 线程将二进制日志事件应用到副本的数据上。

6. 副本将数据更改（由 SQL 线程应用）写入自己的二进制日志。

默认情况下，MySQL 复制是异步的：在源上，事务在步骤 1 后完成，剩余的步骤是异步发生的。MySQL 支持半同步复制：在源上，事务在步骤 3 后完成。这不是印刷错误：MySQL 的半同步复制在步骤 3 后提交；它不等待步骤 4 和步骤 5。7.3.2 节将进行详细介绍。

副本并不是必须写入二进制日志（步骤 6），但这是高可用性的标准实践，因为这允许副本成为源。数据库的故障转移就是这样工作的：当源失败或者因为维护而离线时，就提升副本，使其成为新的源。我们把这些实例称为旧源和新源。DBA 最终会恢复旧源（或者克隆一个新实例来替换它），并使它从新源复制数据更改。在旧源上，之前空闲的 I/O 线程、中继日志和 SQL 线程（在图 7-1 中用深色阴影显示）会开始工作（旧源中的 I/O 线程将连接到新源，后者则激活它之前空闲的 binlog 转储线程）。旧源从新源的二进制日志中复制它在离线时错过的写入。在这个过程中，旧源会报告复制延迟，但这是一种特殊情况，7.2.2 节将会讨论。简单来说，故障转移就是这个过程，当然，这个过程在现实中会更加复杂。

7.1.2 二进制日志事件

二进制日志事件是底层细节，你很可能不会遇到它们（即使 DBA 也不会经常操作二进制日志），但它们是应用程序所执行的事务的直接结果。因此，理解应用程序试图通过复制的管道刷新什么是十分重要的。

 下面的介绍假定使用基于行的复制（Row-Based Replication，RBR），这是 MySQL 5.7.7 中默认的 `binlog_format`（*https://oreil.ly/rtKm0*）。

复制关注的是事务和二进制日志事件，而不是单独的写入，因为数据更改是在事务提交时提交到二进制日志的，这时写入已经完成了。在高层面上，关注点是事务，因为事务对应用程序有意义。在低层面上，关注点是二进制日志事件，因为二进制事件对复制有意义。在二进制日志中，使用事件在逻辑上表示和限定事务，这就是多线程副本能够并行应用事务的原因——7.4 节将更详细地介绍相关内容。为了进行说明，我们使用一个简单的事务：

```
BEGIN;
UPDATE t1 SET c='val' WHERE id=1 LIMIT 1;
DELETE FROM t2 LIMIT 3;
COMMIT;
```

表模式和数据不重要。重要的是，UPDATE 修改了表 t1 中的 1 行，DELETE 删除了表 t2 中的 3 行。图 7-2 显示了二进制日志中提交这个事务的方式。

这个事务包含 4 个连续的事件：

* BEGIN 的事件

* 包含一个行映像的 UPDATE 语句的事件

* 包含 3 个行映像的 DELETE 语句的事件

* COMMIT 的事件

在这种低级别，SQL 语句实际上消失了，复制是事件和行映像（针对的是修改行的事件）的一个流。行映像是行在被修改之前和之后的一个二进制快照。这是一个重要的细节，因为一条 SQL 语句可能生成数不清的行映像，这会导致事务很大，从而在复制过程中造成延迟。

我们不再多讲，因为本书不准备这么深入地讲解 MySQL 的内部机制。这里对二进制日志事件的介绍虽然简短，但已经能够让后面小节的内容更加容易理解，因为现在你知道复制的管道中流动着什么，以及为什么事务和二进制日志事件是我们的关注点。

7.1.3 MySQL 复制延迟

回看图 7-1 可知，当在副本上应用更改（步骤 5）比在源上提交更改（步骤 1）更慢时，就会发生复制延迟。两者之间的步骤很少造成问题（前提是网络正常工作），因为 MySQL 二进制日志、MySQL 网络协议和典型的网络都快速且高效。

 取决于具体上下文，应用更改可能表示应用事务或者应用事件。

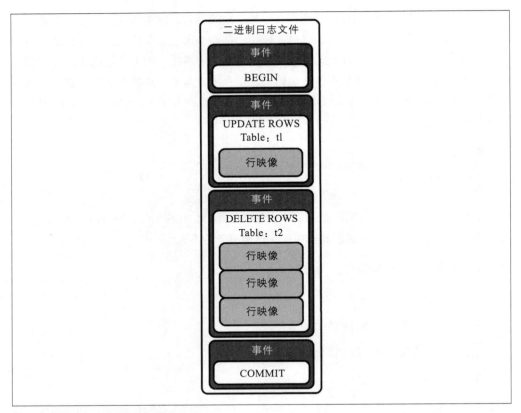

图 7-2：事务的二进制日志事件

副本上的 I/O 线程能够高速地向其中继日志中写入二进制日志事件，因为这是一个相对简单的过程：从网络读取，然后按顺序向磁盘写入。但是，SQL 线程有几个更困难、更耗时的过程：应用更改。因此，I/O 线程的速度会超过 SQL 线程，复制延迟如图 7-3 所示。

严格来讲，单个 SQL 线程不会导致复制延迟，它只是一个限制因素。在这种情况下，原因是源上的高事务吞吐量，如果应用程序很繁忙，则这是一个好的问题，但仍然是问题。下一节将更详细地讨论原因。解决方案则是使用更多 SQL 线程，7.4 节将讨论这个解决方案。

半同步复制不能解决或者预防复制延迟。当启用半同步复制时，对于每个事务，MySQL 会等待副本确认已经将该事务的二进制日志文件写入了中继日志——图 7-1 中的步骤 3。在本地网络上，仍可能发生图 7-3 描绘的复制延迟。如果半同步复制降低了复制延迟，那只是网络时延调节源上的事务吞吐量的一个副作用。7.3.2 节将进行详细介绍。

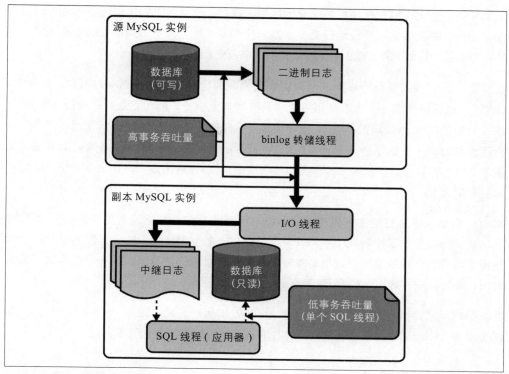

图 7-3：MySQL 复制延迟

延迟是复制固有的问题，但不要误会：MySQL 复制很快。单个 SQL 线程每秒很容易处理几千个事务。第一个原因很简单：副本不执行源上执行的完整工作负载。值得注意的是，副本不执行读取（假定副本不用于服务读取操作）。第二个原因需要多做一点解释。如 7.1.2 节所述，本章假定使用基于行的复制（RBR）。因此，副本不执行 SQL 语句：它们只是应用二进制日志事件。这为副本节省了大量时间，因为复制过程为副本提供了最终结果（数据更改），并告诉副本在什么地方应用它们。这要比寻找匹配的行进行更新快得多——源必须执行这个步骤。考虑到这两个原因，即使当源十分繁忙时，副本也可能是接近空闲的。尽管如此，有 3 个原因可能导致复制应接不暇。

7.2 原因

复制延迟有 3 个主要原因：事务吞吐量、故障后重建和网络问题。接下来分别讨论它们。

7.2.1 事务吞吐量

当源上的事务吞吐量大于副本上的 SQL（应用器）线程应用更改的速率时，就会发生复制延迟。当由于应用程序很忙而发生这种问题时，降低源上的速率通常不是可行的做法。相反，解决方案是通过运行更多 SQL（应用器）线程，增加副本上的处理速率。如 7.4 节所述，应该关注于通过多线程复制调优来改进副本的性能。

大事务——修改大量行的事务——对副本的影响要比对源的影响更深。例如，在源上，需要 2 s 执行时间的一个大事务很可能不会阻塞其他事务，因为它是并行运行（和提交）的。但是，在一个单线程副本上，这个大事务会阻塞其他所有事务 2 s（或者在副本上执行所需的时间——由于争用更低，所以执行时间可能更短）。在一个多线程副本上，其他事务会继续执行，但该大事务仍会阻塞一个线程 2 s。解决方案是让事务更小。详细内容可参见 8.4.1 节。

事务吞吐量并不总是受应用程序驱动：回填、删除和归档数据是常见的操作，如 3.3.2 节所述，如果它们不控制批大小，就可能导致巨大的复制延迟。除了合理的批大小，这些操作还应该监控复制延迟，当副本开始遇到延迟时就降低速度。让一个操作用一天的时间，要比让副本延迟 1 s 更好。7.3 节将解释原因。

在某个时间点，事务吞吐量会超过单个 MySQL 实例——源或副本——的处理能力。要增加事务吞吐量，你必须通过数据库分片来进行横向扩展（参见第 5 章）。

7.2.2 故障后重建

当 MySQL 或硬件失败时，会修复实例，然后把它重新添加到复制拓扑中。或者会从一个现有实例克隆一个新实例，使其取代失败的实例。无论是哪种方法，都会重建复制拓扑来恢复高可用性。

副本存在多个用途，但本章只讨论副本的高可用性用途。

修复的（或新的）实例需要几分钟、几小时或者几天来赶上进度：复制它在离线时错过的所有二进制日志事件。从技术上讲，这是复制延迟，但在实践中，在修复的实例赶上进度前，你可以忽略它。当修复的实例赶上进度后，任何延迟都是真正需要关心的延迟。

因为故障不可避免，而赶上进度需要时间，所以唯一的解决方案是，知道复制延迟是由于故障后重建产生的，然后安心等待。

7.2.3 网络问题

网络问题推迟了源到副本的二进制日志事件传输——图 7-1 中的步骤 2——从而造成复制延迟。从技术上讲，是网络而不是复制出现了延迟，但争论这个词的含义并不会改变最终结果：副本落在了源的后面，即副本延迟了。在这种情况下，你必须获得网络工程师的帮助，让他们修复根本原因：网络。

通过沟通和团队合作，能够降低网络问题造成的风险：与网络工程师沟通，确保他们知道当存在网络问题时，数据库会有多大的风险。他们很可能并不知道这一点，因为他们并不是 DBA 或者使用 MySQL 的工程师。

7.3 风险：数据丢失

复制延迟等同于数据丢失。

对于 MySQL 来说，这句话在默认情况下是成立的，因为 MySQL 默认使用异步复制。幸好，半同步复制是一个可选项，它不会丢失任何提交的事务。我们首先来看看异步复制的风险，然后就能够清晰地看出半同步复制如何降低这种风险。

如 7.1 节所述，我把对组复制的讨论留给未来。组复制的同步性也需要更加仔细的解释[注 1]。

7.3.1 异步复制

图 7-4 显示了源崩溃的时间点。

在崩溃前，源将 5 个事务提交到二进制日志中。但是，当它崩溃时，副本 I/O 线程只获取了前 3 个事务。最后两个事务是否会丢失，取决于两个因素：崩溃的原因，以及 DBA 是否必须进行故障转移。

如果 MySQL 是崩溃的原因（可能是存在 bug），那么它会自动重启，执行崩溃恢复，并恢复正常的操作（默认情况下，副本也会自动重新连接，并恢复复制）。因为在恰当配置时，MySQL 确实是持久的，所以提交的事务 4 和事务 5 不会丢失。但这有一个问题：崩溃恢复可能需要几分钟或几小时才能完成——具体时间取决于本书不讨论的一些因素。如果你

注 1：著名的 MySQL 专家 Frédéric Descamps 在 "MySQL Group Replication…Synchronous or Asynchronous Repliaction?"（*https://oreil.ly/Gv6GR*）中解释了组复制的同步性。

能够等待，那么崩溃恢复是理想的解决方案，因为这意味着提交的事务不会丢失。

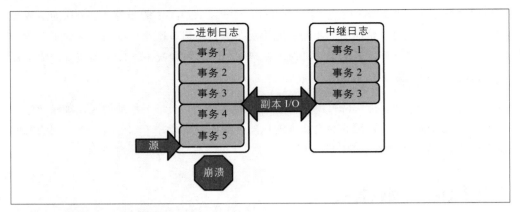

图 7-4：使用异步复制的 MySQL 源发生崩溃

如果硬件或操作系统导致了崩溃，或者如果发生崩溃的 MySQL 实例受任意原因影响而不能足够快速地恢复，那么 DBA 会进行故障转移——将一个副本提升为源——事务 4 和事务 5 将会丢失。这不是一种理想的解决方案，但却是标准实践，因为不这么做的结果更糟糕：在恢复崩溃的 MySQL 实例时会发生长时间的停机，因为崩溃恢复需要严格的数据分析，这可能需要几小时或几天的时间。

 当 DBA 因为维护操作而进行故障转移时，不会发生数据丢失。由于没有东西失败，一些 DBA 称这种操作为成功转移。

我并不是为了证明"复制延迟等同于数据丢失"这个观点而生编硬造了这个例子；在使用异步复制时，这是不可避免会发生的情况，因为所有硬件和软件（包括 MySQL）最终都会发生失败。

唯一能减轻问题的做法是严格地最小化复制延迟。例如，不要认为 10 s 的复制延迟"差得不多"。相反，应该认为"我们有丢失过去 10 s 的客户数据的风险"。对你来说，有利的消息是，MySQL 或者硬件不太可能在最糟糕的时候——副本发生延迟的时候——失败，但我要讲一个有关硬件故障的警示性故事。

有一周，我在值班。在上午 9 点左右，我接到了一个警报。这个时间不算太早，我已经喝完了第一杯咖啡。但是，一个警报很快变成了几千个警报。不同地理位置的多个数据中心的数据库服务器都发生了失败。情况非常糟糕，所以我马上知道：问题不在于硬件或者 MySQL，因为同时发生那么多不相关的失败，概率是极低的。简单来说，公司最有经验的工程师之一那个上午没能喝上咖啡。他编写并运行了一个导致严重问题的自定义脚本。那个脚本不只是随机地重启服务器，还会关闭服务器（在数据中心，通过一个叫作 Intelligent Platform Management Interface 的背板，以编程方式来控制服务器电源）。关闭电源类似于硬件故障。

这个故事要说的是：人为错误可能导致故障。你要做好心理准备。

异步复制不是最佳实践，因为它没有对数据丢失做一些对抗措施，这与使用持久数据存储的目的是对立的。全世界有数不清的公司已经成功地使用异步复制超过了 20 年（但"常用实践"并不一定意味着"最佳实践"）。如果你运行异步复制，那么只要满足下面 3 个条件，MySQL 的 DBA 和专家就不会嘲笑你：

- 你快速监控复制延迟（参见 7.5 节）。

- 任何时候（不只是上班时间）复制延迟变得太高时，你都会收到警报。

- 你将复制延迟视为数据丢失，并立即修复问题。

许多成功的公司都使用异步 MySQL 复制，但还有一个应该努力实现的更高标准：半同步复制。

7.3.2 半同步复制

当启用半同步复制时，源会等待至少一个副本来确认每个事务。确认意味着副本已经将该事务的二进制日志事件写入了中继日志。因此，事务已经安全地存储到了副本的磁盘上，但副本还没有应用它。因此，如 7.1.3 节所述，半同步复制仍会发生复制延迟。收到时发出确认，而不是在应用时发出确认，是这种方法被称为半同步而不是完全同步的原因。

我们来重新展示 7.3.1 节的源崩溃，这一次启用半同步复制。图 7-5 显示了源崩溃的时间点。

使用半同步复制时，保证会将每个提交的事务复制到至少一个副本上。在这个上下文中，提交的事务意味着客户端执行的 COMMIT 语句已经返回——从客户端的角度看，事务已经完成。这是在高层面上，对提交的事务的通常理解，但深入复制的管道中，技术细节会发生变化。下面 4 个步骤是当启用二进制日志和半同步复制时，对事务的提交过程做的极端简化：

1. 准备事务提交

2. 将数据更改刷新到二进制日志

3. 等待至少一个副本发回确认

4. 提交事务

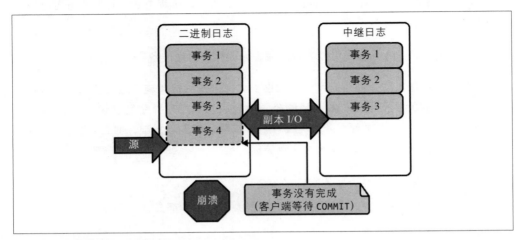

图 7-5：使用半同步复制的 MySQL 源发生崩溃

InnoDB 事务提交是一个两阶段提交。在这两个阶段（步骤 1 和步骤 4）之间，把数据更改写入并刷新到二进制日志中，并且 MySQL 会等待至少一个副本来确认该事务[注2]。

在图 7-5 中，包围第 4 个事务的虚线表示，至少有一个副本还没有确认该事务。源在步骤 2 后崩溃，所以二进制日志中已经包含该事务，但提交还未完成。客户端的 COMMIT 语句会返回一个错误（不是来自 MySQL，因为 MySQL 已经崩溃；很可能是一个网络错误）。

第 4 个事务是否丢失，取决于与前面（参见 7.3.1 节）相同的两个因素：崩溃的原因，以及 DBA 是否必须进行故障转移。重要的区别是，当启用半同步复制时，每个连接只会有一个未提交的事务可能丢失。因为该事务没有完成，客户端收到了一个错误，所以未提交事务可能会丢失这一点就没那么令人担心了。但是，注意这里说的是"没那么令人担心"：在一些边缘情况中，不能简单地无视丢失的事务。例如，如果副本确认了事务，但源在收到确认之前崩溃，会发生什么？这个问题的答案会更加深入复制的管道，但我们不需要讨论得那么深入。这里的要点是：半同步复制保证所有提交的事务会复制到至少一个副本，在发生失败时，每个连接只有一个未提交事务可能丢失。

持久数据存储的根本目的是持久化数据，而不是丢失数据。那么，为什么半同步复制不是 MySQL 的默认复制方法呢？原因很复杂。

注 2：我假定 sync_binlog=1（*https://oreil.ly/lbfwm*）。

有一些成功的公司使用半同步复制来规模化运行 MySQL。GitHub 是一个值得注意的例子。著名的 MySQL 专家 Shlomi Noach 是 GitHub 的前员工，他写了一篇博客文章，解释 GitHub 如何使用半同步复制："MySQL High Availability at GitHub"（*https://oreil.ly/6mLug*）。

半同步复制降低了可用性——这不是印刷错误。虽然它保护了事务，但这种保护意味着每个连接的当前事务都可能失速、超时或者在 COMMIT 时失败。与之相对，使用异步复制的 COMMIT 基本上是立即完成的，并且只要源上的存储正在工作，就能够保证成功。

默认情况下，当没有足够的副本，或者源由于等待确认而超时时，半同步复制会被切换回异步复制。可以通过配置禁用这种切换，但最佳实践是允许这种切换，因为另外那种场景更加糟糕：完全停止工作（应用程序无法写入源）。

要在使用半同步复制时实现好的性能，需要源和副本在一个快速的本地网络上，因为网络时延会隐式调节源上的事务吞吐量。这是不是一个问题，取决于运行 MySQL 的本地网络。本地网络应该具有次微秒级时延，但必须验证和监控这种时延，否则事务吞吐量会受到网络时延变化的影响。

使用异步复制时，无须进行特殊配置，但使用半同步复制时，需要进行具体的配置和调优。对于 DBA 来说，这并不是太大的负担，但仍然是需要细心完成的工作。

我认为半同步复制是最佳实践，因为数据丢失在任何时候都是不可接受的。我建议你学习半同步复制的更多知识，在你的网络上测试和验证它，并且在有可能的时候使用它。首先阅读 MySQL 手册中的"Semisynchronous Replication"（*https://oreil.ly/JnxUJ*）。或者，如果你想为将来完全做好准备，则可以了解组复制（*https://oreil.ly/5ZWHQ*）和 InnoDB Cluster（*https://oreil.ly/JrrYd*）：它们是 MySQL 复制和高可用性的未来。虽然使用半同步复制还是组复制，在 MySQL 专家之间会引发争论，但有一点得到了普遍共识：防止数据丢失是一种美德。

7.4 降低延迟：多线程复制

默认情况下，MySQL 复制是异步的、单线程的：副本上有一个 SQL 线程。即使半同步复制在默认情况下也是单线程的。单个 SQL 线程并不会造成复制延迟——7.2 节介绍了复制延迟的 3 种主要原因——但它是一个限制因素。解决方案是多线程复制（或并行复制）：多个 SQL 线程并行应用事务。在多线程副本上，SQL 线程被称为应用器线程[注3]。如果愿意，你仍然可以把它们叫作 SQL 线程——这两个术语的含义是相同的——但 MySQL 手册在多线程复制的上下文中使用应用器这个术语。

解决方案对于我们这些使用 MySQL 的工程师来说很简单，但对于 MySQL 则不简单。你可以想到，事务是不能按随机顺序应用的：它们之间可能存在依赖关系。例如，如果一个事务插入一个新行，另一个事务更新该行，则显然，第二个事务必须在第一个事务之后运行。事务依赖跟踪是确定在一个序列化记录（二进制日志）中哪些事务能够并行应用的艺术和科学（以及魔法）。这既迷人，又令人印象深刻，但不在本书的讨论范围内。我鼓励你观看著名 MySQL 专家 Jean-François Gagné 创作的视频"MySQL Parallel Replication (LOGICAL_CLOCK): all the 5.7 (and some of the 8.0) details"（*https://oreil.ly/Q8aJv*）。

严格来讲，有一个系统变量能够启用多线程复制，但我想你不会对下面这句话感到奇怪：在实践中，启用多线程复制要更加复杂。配置 MySQL 复制不在本书讨论范围内，但多线程复制太重要，有必要给你提供一个保守的起点。保守的起点意味着下面的配置可能无法获得多线程复制的最大性能。因此，你（或者 DBA）必须调优多线程复制——如 2.1.2 节所述——以最大化其潜力，同时考虑到并行复制的各种后果。

 本节剩余部分介绍的 MySQL 配置并不简单，只应该由具有在高性能、高可用性环境中配置 MySQL 的经验的工程师来完成。表 7-1 中的系统变量不会以任何方式影响数据完整性或持久性，但它们会影响源实例和副本实例的性能。请知道：

- 复制会影响高可用性。
- 必须启用全局事务标识符（*https://oreil.ly/xYtq3*）和 `log-replica-updates`（*https://oreil.ly/wAOMO*）。
- 配置 MySQL 需要提升的 MySQL 特权。
- 系统变量在 MySQL 版本和发行版之间会发生变化。
- MariaDB 使用不同的系统变量：请参见 MariaDB 文档中的"Parallel Replication"（*https://oreil.ly/F5n6J*）一文。

在配置 MySQL 时要十分小心，并认真阅读手册中针对你的 MySQL 版本和发行版的部分。

注3：在 MySQL 手册中，完整术语是应用器工作者线程，但我认为工作者这个词有些多余，因为每个线程都在做某种类型的工作。

表 7-1 列出了 3 个系统变量，作为启用和配置多线程复制的起点。变量名称在 MySQL 8.0.26 中发生了变化，所以该表中列出了旧的和新的变量名称，另外还给出了推荐使用的值。我不推荐在早于 MySQL 5.7.22 的版本中使用多线程复制，因为 MySQL 8.0 的一些复制功能只被向前移植到了 MySQL 5.7.22 版本中。

表 7-1: 用于启用多线程复制的系统变量

MySQL 5.7.22 到 MySQL 8.0.25	MySQL 8.0.26 及更新版本	值
slave_parallel_workers (https://oreil.ly/82SBV)	replica_parallel_workers (https://oreil.ly/kFqAz)	4
slave_parallel_type (https://oreil.ly/s5NOE)	replica_parallel_type (https://oreil.ly/mIft5)	LOGICAL_CLOCK
slave_preserve_commit_order (https://oreil.ly/oKRSy)	replica_preserve_commit_order (https://oreil.ly/QGBB1)	1

在复制拓扑中用于高可用性的所有 MySQL 实例（它们可被提升为源）上，设置全部这 3 个变量。

将 replica_parallel_workers 设置为大于 0，这个系统变量启用了多线程复制。4 个应用器线程是一个很好的起点，你必须进行调优，才能找到针对你的工作负载和硬件而言最优的应用器线程数量。但是，就像使用咒语一样，必须使用 replica_parallel_type 来调用它，才能召唤出多线程复制的全部性能。即使在 MySQL 8.0.26 中，replica_parallel_type 的默认值也是 DATABASE，这只会为不同的数据库并行应用事务——实际上就是每个数据库一个应用器线程。这有其历史原因：它是第一个并行化类型。但是，如今，最佳实践是 replica_parallel_type = LOGICAL_CLOCK，因为当启用 replica_preserve_commit_order 时，它没有缺点，而且因为它在并行应用事务时不考虑数据库，所以能够提供更好的并行处理。

默认情况下会禁用 replica_preserve_commit_order，但我不认为那是最佳实践，因为那会允许多线程副本乱序提交：按照与源上的提交顺序不同的顺序来提交事务。例如，在源上按照顺序提交事务 1、2 和 3，但在副本上，可能按照事务 3、1、2 的顺序来提交它们。多线程副本只在安全时（事务之间不存在有序依赖关系的时候）进行乱序提交，并且表数据（最终）是相同的，但是乱序提交存在你以及管理 MySQL 的 DBA 必须理解和处理的影响。MySQL 手册中的"Replication and Transaction Inconsistencies"（https://oreil.ly/Bf04z）解释了这些影响。当启用 replica_preserve_commit_order 时，仍然会并行应用事务，但一些事务必须等待更早的事务先提交，这就保留了提交顺序。虽然 replica_preserve_commit_order 降低了并行处理的有效性，但这是最佳实践，除非你和 DBA 确认该系统变量的影响是可以接受的，并且会得到处理。

对于组复制，多线程复制的工作方式是相同的。

因为对于启用多线程复制，表 7-1 是一个保守的起点，所以没有启用最新的事务依赖跟踪：WRITESET。MySQL 的事务依赖跟踪由系统变量 binlog_transaction_dependency_tracking（*https://oreil.ly/5SMUG*）决定。其默认值是 COMMIT_ORDER，但最新值是 WRITESET。基准显示，WRITESET 能够实现比 COMMIT_ORDER 大得多的并行处理。在撰写本书时，WRITESET 问世还不到 4 年：它是在 MySQL 8.0 中引入的，而 MySQL 8.0 在 2018 年 4 月 19 日正式成为 GA 版本。从技术的角度看，你应该使用 WRITESET，因为它在多线程副本上实现了更好的性能。但是，从政策的角度看，应该由你（或你的 DBA）判断一个功能什么时候变得足够成熟，能够在生产环境中使用。要在 MySQL 5.7 中使用 WRITESET，必须启用系统变量 transaction_write_set_extraction（*https://oreil.ly/3lKGX*）。在 MySQL 8.0 中，默认启用了这个系统变量，但 MySQL 8.0.26 弃用了它。

创建一个新的副本来测试和调优多线程副本。新副本不会带来什么风险，因为它不用于服务应用程序或高可用性。

你还应该试用另外一个系统变量：binlog_group_commit_sync_delay（*https://oreil.ly/YMXoI*）。默认情况下禁用了这个系统变量（其值为 0），因为它为组提交添加了一个人为的延迟。延迟通常对性能不好，但组提交延迟是一种少见的例外——它只是有时不好。在源上，事务按组提交到二进制日志，这是一种内部优化，它被合理地命名为组提交。向组提交添加延迟，创建了更大的组：每个组中提交更多的事务。多线程复制不依赖于组提交，但可以从更大的组提交受益，因为同时提交更多的事务，有助于事务依赖跟踪找到更多并行处理的机会。为了试用 binlog_group_commit_sync_delay，首先使用值 10000：单位是微秒，所以这个值代表 10 ms。这会将源上的事务提交响应时间增加 10 ms，但应该也会增加副本上的事务吞吐量。由于缺少 MySQL 指标，针对多线程副本的应用器事务吞吐量来调优组提交大小并不容易。如果你选择这条道路，请阅读著名 MySQL 专家 Jean-François Gagné 撰写的"A Metric for Tuning Parallel Replication in MySQL 5.7"（*https://oreil.ly/QG4E1*）一文。

多线程复制是最佳实践，但需要的 MySQL 配置并不简单，可能还需要进行调优来实现最佳性能。基准测试和现实世界的结果会有变化，但多线程复制在副本上能够让事务吞吐量增加 1 倍多。对于这样的性能收益，付出的努力是完全值得的。但最重要的是：多线程复制大大降低了复制延迟，这在使用异步复制时极为重要。

7.5 监控

对于监控复制延迟，最佳实践是使用一个专用工具。但是，我们首先来看 MySQL 为复制延迟提供的一个声名不佳的指标：Seconds_Behind_Source，使用 SHOW REPLICA STATUS 可以查看这个指标。

在 MySQL 8.0.22 之前，副本延迟指标和命令分别是 Seconds_Behind_Master 和 SHOW SLAVE STATUS。在 MySQL 8.0.22 中，指标和命令分别是 Seconds_Behind_Source 和 SHOW REPLICA STATUS。本书中使用最新的指标和命令。

Seconds_Behind_Source 等于副本上的当前时间减去 SQL 线程正在执行的二进制日志事件的时间戳[注4]。如果副本上的当前时间是 T = 100，SQL 线程在时间戳 T = 80 执行了一个二进制日志事件，则 Seconds_Behind_Source = 20。当一切正常时（尽管会存在复制延迟），Seconds_Behind_Source 是相对精确的，但有 3 个问题让它名声不佳：

- 当所有东西不能正常运行时，会发生第一个问题。因为 Seconds_Behind_Source 只依赖于二进制日志事件的时间戳，所以它看不到（或不关心）二进制日志事件到达之前发生的任何问题。如果源或网络存在问题，导致二进制日志事件不能到达，或者缓慢到达，那么 SQL 线程会应用所有二进制日志事件，而 Seconds_Behind_Source 会包含零延迟，因为从 SQL 线程的角度看，这在技术上是正确的：事件为零，所以延迟为零。但是，从我们的角度看，我们知道这不正确：不只存在复制延迟，在副本前面还发生了问题。

- 第二个问题是，Seconds_Behind_Source 常在零和一个非零值之间变化。例如，在某个时刻，Seconds_Behind_Source 报告了 500 s 的延迟，在下个时刻，它报告了零延迟，又过了一会，它再次报告 500 s 的延迟。这个问题与第一个问题有关：当事件由于副本前面的问题而缓慢进入中继日志时，SQL 线程会在工作（应用最新事件）和等待（下一个事件）之间发生明显摇摆。这导致 Seconds_Behind_Source 在一个值（SQL 线程正在工作）和零（SQL 线程正在等待）之间来回改变。

- 第三个问题是，Seconds_Behind_Source 没有精确回答工程师真正想知道的问题：副本何时能赶上进度？副本何时会应用源的最新事务，从而导致复制延迟实际上

注4：从技术上讲，是事件的时间戳加上它的执行时间。另外，使用 SHOW REPLICA STATUS 报告 Seconds_Behind_Source 时，会从中减去源和副本之间的时钟漂移。

为 0？假定所有东西都正常工作（尽管会存在复制延迟），Seconds_Behind_Source 的值只是说明了在多久之前，当前被应用的事务在源上执行，它并不能精确地说明，副本在多久之后能够赶上源的进度。原因在于，副本应用事务的速率与源执行事务的速率是不同的。

例如，假定在源上并行执行了 10 个事务，每个事务用了 1 s。总执行时间是 1 s，速率是 10 TPS，因为这些事务在源上是并行执行的。在一个单线程副本上，会按顺序应用每个事务，此时最坏情况的总执行时间和速率可能分别是 10 s 和 1 TPS。这里要强调"可能是"，因为副本应用全部 10 个事务的速率也可能比源执行它们快得多——副本不需要执行源上的完整工作负载，并且不会执行 SQL 语句（它只是应用二进制日志事件）。如果在源上，每个事务由于使用了糟糕的 WHERE 子句，导致访问了 100 万行，但只匹配并更新一行，所以需要 1 s 的执行时间，就可能发生上述情况。副本在更新该行时，几乎不需要时间。在一个多线程副本上（参见 7.4 节），总执行时间和速率至少取决于两个因素：应用器线程的数量，以及事务是否可以并行应用。但无论如何，这里的要点是，副本应用事务的速率与源执行事务的速率不同，而且因为无法知道两者的区别，Seconds_Behind_Source 不能也不会精确说明副本何时能赶上进度。

尽管存在这些问题，Seconds_Behind_Source 仍是有价值的，它能够为副本何时赶上源的进度提供一个大概范围：几秒、几分钟、几小时或几天。下一节将讨论恢复时间。

MySQL 8.0 在 MySQL 复制中引入了好得多的可见性，这也包括复制延迟。但它有一个不便的地方：它提供的是基础值，而不是像 Seconds_Behind_Source 那样能够马上使用的指标。如果你使用的是 MySQL 8.0，则与 DBA 讨论一下 Performance Schema 复制表（*https://oreil.ly/xDKOd*），它们为 MySQL 复制提供了丰富的新信息。否则，要监控复制延迟，最佳实践是使用一个专用的工具。工具不依赖于二进制日志事件的时间戳，而是使用自己的时间戳。工具会在固定时间间隔向一个表写入时间戳，然后将复制延迟报告为副本上的当前时间与表中的最新时间戳的差。从根本上讲，这种方法与 MySQL 计算 Seconds_Behind_Source 的方法类似，但使用工具时有 3 个重要的区别：

- 工具在固定时间间隔写时间戳，这意味着它不容易受到 Seconds_Behind_Source 的第一个问题的影响。如果在二进制日志事件到达之前发生了任何问题，工具记录的复制延迟会立即开始增加，因为它的时间戳（写入一个表中）会停止增加。

- 工具能够防止 Seconds_Behind_Source 的第二个问题：工具给出的延迟不会摇摆；如果它的时间戳实际上与当前时间相同，就只能是 0。

- 工具能够在次秒级时间间隔（如每 200 ms）测量复制延迟和写入时间戳。对于高性能应用程序，或使用异步复制的任何应用程序，1 s 的复制延迟太久了。

对于监控 MySQL 复制，`pt-heartbeat`（*https://oreil.ly/sTvro*）是事实上的标准工具。复制延迟监控工具写入的时间戳被称为"heartbeat"（心跳）。这个工具简单有效，已经被使用了 10 多年，并取得了成功。可以使用它来开始监控复制延迟，或者使用它来学习如何编写自己的工具。

7.6 恢复时间

当一个副本发生严重延迟时，最紧迫的问题常常是"它何时能恢复？"副本何时能跟上源的进度，从而能够执行（应用）最新的事务？这并没有一个准确的答案。但是，在修复原因后，复制延迟总是能够恢复。在本节结束时，还将继续回顾这个观点。在那之前，还需要了解复制延迟的另外一个特征。

复制延迟的另外一个常见且重要的特征，是延迟上升和副本开始恢复（延迟下降）之间的转折点。在图 7-6 中，时间 75 位置的虚线标记出了转折点。

复制延迟刚开始发生时，随着延迟增加，情况看起来越来越严峻。但这很正常。假定副本没有出现问题，SQL 线程也在努力工作，但造成复制延迟的原因还未被修复，所以积压的二进制日志事件在继续增加。只要问题原因仍然存在，复制延迟就会继续增加。但再说一次：这很正常。修复问题原因后，情况很快就会扭转，在复制延迟的图形中创建一个转折点，如图 7-6 中的时间 75 所示。副本仍然落后，但它应用二进制日志事件的速度比 I/O 线程把二进制日志事件转储到中继日志的速度更快。在转折点之后，副本延迟通常会以明显且令人满意的速度快速下降。

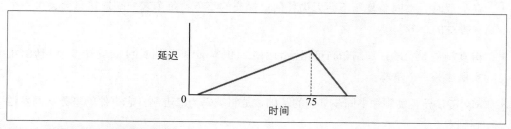

图 7-6：复制延迟图中的转折点

在转折点之前，恢复时间没有太大意义，因为在理论上，如果原因从未修复，那么副本就永远不会恢复。当复制延迟稳定增加时（转折点之前），不要被延迟的值分心；相反，将注意力集中到修复原因上。在修复原因之前，延迟会一直增加。

在转折点之后，恢复时间更有意义，它通常比 Seconds_Behind_Source 或者工具报告的值更快。如 7.5 节所述，尽管存在复制延迟，单个 SQL 线程仍然很快，因为副本不需要执行源上处理的完整工作负载。因此，副本应用事务的速度通常比源更快，这是副本最终能够赶上源的进度的原因。

根据我的经验，如果复制延迟用天测量，则通常能够在多个小时内恢复（在转折点之后恢复）——可能需要很多小时，但仍然是用小时计算。类似地，多个小时的延迟常常能够在少数几小时内恢复，几分钟的延迟常常能够在你喝完一杯咖啡前恢复。

回顾前面的观点：对于副本何时能赶上源的进度，并没有准确的答案，但延迟总是会恢复。最终结果是，精确的恢复时间并没有一开始看上去那么有用或者有意义。即使你能够知道副本的精确恢复时间，也仍然必须等待。MySQL 复制极其顽强。只要副本没有崩溃，MySQL 就会恢复——它总会恢复。尽快修复问题原因，等待转折点，然后复制延迟会指出最坏情况下的恢复时间：MySQL 通常会恢复得比那个时间更快，因为 SQL 线程很快。

7.7 小结

本章探讨了 MySQL 复制延迟。复制是 MySQL 高可用性的基础，复制延迟就等同于数据丢失。本章要点如下：

- MySQL 有 3 种类型的复制：异步复制、半同步复制和组复制。

- 异步复制是默认的复制方式。

- 在失败时，异步复制可能丢失许多事务。

- 在失败时，半同步复制不会丢失任何已提交的事务；每个客户端连接只会丢失一个未提交的事务。

- 组复制是 MySQL 复制和高可用性的未来（但本书中不做讨论）：它让多个 MySQL 实例成为一个集群。

- MySQL 异步复制和半同步复制的基础，是将编码为二进制日志事件的事务从源发送到副本。

- 半同步复制让源上的事务提交等待至少一个副本来确认已经收到并保存（还没有应用）事务。

- 副本有一个 I/O 线程，它从源获取二进制日志事件，并将它们存储到本地中继日志中。

- 副本默认情况下有一个 SQL 线程，它执行本地中继日志中的二进制日志事件。

- 可以启用多线程复制，以运行多个 SQL 线程（应用器线程）。

- 复制延迟有 3 个主要原因：源上的（高）事务吞吐量，MySQL 实例在发生故障并重建后追赶进度，或者网络问题。

- SQL（应用器）线程是复制延迟的限制因素：更多的 SQL 线程通过并行应用事务来降低延迟。

- 半同步复制可能发生复制延迟。

- 复制延迟等同于数据丢失，对于异步复制尤其如此。

- 启用多线程复制是降低复制延迟的最佳方式。

- MySQL 针对复制延迟提供的指标——Seconds_Behind_Source——具有误导性；应该避免使用它。

- 使用专用的工具，在次秒级时间间隔测量和报告 MySQL 的复制延迟。

- 根据复制延迟很难计算出恢复时间，并且计算出的恢复时间也不精确。

- MySQL 最终会恢复——在修复问题原因后，它总是会恢复。

下一章将讨论 MySQL 的事务。

7.8 练习：监控次秒级延迟

本练习的目的是监控次秒级复制延迟，并确定这个问题的答案：你的副本的延迟是否超出了 Seconds_Behind_Source 能够报告的 1 s 解析度？例如，你的副本延迟了 800 ms（这比网络时延大得多）吗？需要使用一个工具来监控次秒级延迟：pt-heartbeat（*https://oreil.ly/sTvro*）。

要完成这个练习，你需要：

- 一个计算机实例来运行 pt-heartbeat，使其能够连接到源和副本。

- MySQL 的 SUPER 或 GRANT OPTION 特权来创建一个用户，或者让你的 DBA 创建这个用户。

- MySQL 的 CREATE 特权来创建数据库，或者让你的 DBA 创建这个数据库。

每个 MySQL 配置和环境都是不同的，所以你需要根据情况调整下面的示例。

1. 创建一个数据库，供 pt-heartbeat 使用：

```
CREATE DATABASE IF NOT EXISTS `percona`;
```

你可以使用一个不同的数据库名称，我只是刚好选择了 percona 作为例子。如果你修改了数据库的名称，则一定要在下面的命令中也修改它。

2. 为 pt-heartbeat 创建一个 MySQL 用户，并为其授予必要的权限：

```
CREATE USER 'pt-heartbeat'@'%' IDENTIFIED BY 'percona';
GRANT CREATE, INSERT, UPDATE, DELETE, SELECT ON `percona`.`heartbeat`
  TO 'pt-heartbeat'@'%';
GRANT REPLICATION CLIENT ON *.* TO 'pt-heartbeat'@'%';
```

你可以使用不同的 MySQL 用户名和密码，我只是刚好选择了 pt-heartbeat 和 percona 作为例子。如果在生产环境中运行这些查询，则一定要修改密码（密码是通过 IDENTIFIED BY 子句设置的）。

3. 在更新模式下运行 pt-heartbeat，将心跳写入 percona 数据库的一个表中：

```
pt-heartbeat            \
  --create-table        \
  --database percona \
  --interval 0.2        \
  --update              \
  h=SOURCE_ADDR,u=pt-heartbeat,p=percona
```

下面简单解释这些命令行实参：

--create-table

　　如有必要，自动在指定的数据库中创建 heartbeat 表。第一个 GRANT 语句允许 pt-heartbeat 用户使用 CREATE 创建这个表。如果没有使用这个选项，则需要阅读 pt-heartbeat 的文档，学习如何手动创建 heartbeat 表。

--database

　　指定要使用的数据库。pt-heartbeat 需要这个选项。

--interval

　　每 200 ms 写一次心跳。这个选项决定了 pt-heartbeat 的最大解析度，即它能够检测到的最小数量的延迟。默认值是 1.0 s，这不是次秒级。最大解析度是 0.01 s（10 ms）。因此，0.2 s 有一点保守，你可以试用更小的值（高解析度）。

--update

　　每 --interval 秒在 --database 的 heartbeat 表中写入心跳。

　　h=SOURCE_ADDR,u=pt-heartbeat,p=percona

　　连接到 MySQL 时使用的数据源名称（Data Source Name，DSN）。h 指定了主机名。

将 SOURCE_ADDR 改为源实例的主机名。u 指定了用户名。p 指定了密码。

请阅读 pt-heartbeat 的文档（*https://oreil.ly/sTvro*），了解关于命令行选项和 DSN 的更多细节。

如果命令成功运行，它什么也不会输出，而只是会静静运行。如果没能成功运行，则它会输出一个错误，并退出。

4. 在监控模式下再次运行 pt-heartbeat，以输出复制延迟：

```
pt-heartbeat            \
  --database percona \
  --interval 0.5      \
  --monitor           \
  h=REPLICA_ADDR,u=pt-heartbeat,p=percona
```

将 DSN 中的 REPLICA_ADDR 修改为副本实例的主机名。

在监控模式下，--interval 指定了多久检查并输出副本延迟一次。pt-heartbeat 的更新模式实例每 0.2 s（200 ms）写入心跳，但监控模式实例以更慢的间隔（每 0.5 s）检查和输出复制延迟，以方便阅读。

如果步骤 4 中的命令成功运行，那么会输出如下所示的内容：

```
0.00s [  0.00s,  0.00s,  0.00s ]
0.20s [  0.00s,  0.00s,  0.00s ]
0.70s [  0.01s,  0.00s,  0.00s ]
0.00s [  0.01s,  0.00s,  0.00s ]
```

第一个字段是当前复制延迟。方括号内的 3 个字段是复制延迟的过去 1 min、5 min 和 15 min 的移动平均值。

在这个例子中，第一行显示没有延迟。然后，我故意让副本延迟了 1.1 s。结果，第二行显示了 200 ms 的复制延迟，这是最大解析度，因为我们在更新模式下使用 --interval 0.2 来运行 pt-heartbeat。由于我们在监控模式下使用 --interval 0.5 来运行 pt-heartbeat，所以 0.5 s 过后，该工具在第三行报告 0.7 s（700 ms）的复制延迟。之后，我伪造的 1.1 s 延迟结束了，所以最后一行（第四行）正确报告了零延迟。

这是一个编造出来的例子，但它演示了如何使用 pt-heartbeat 来监控和报告次秒级的复制延迟。在你的网络上试试这个工具，它是安全的。

第 8 章

事务

MySQL 有非事务型存储引擎，如 MyISAM，但 InnoDB 是默认的正常情况下会使用的存储引擎。因此，从现实的角度看，每个 MySQL 查询默认情况下都在一个事务内执行，即使单独一条 SELECT 语句也是如此。

 如果你使用的是另外一个存储引擎，如 Aria 或 MyRocks，则本章的内容不适用。但你很可能在使用 InnoDB，在这种情况下，请记住：每个 MySQL 查询都是一个事务。

从我们作为工程师的角度看，事务是概念性的：BEGIN，执行查询，COMMIT。我们相信 MySQL（和 InnoDB）能够维护 ACID 属性：原子性、一致性、隔离性和持久性。当应用程序的工作负载——查询、索引、数据和访问模式——经过很好的优化后，事务不会造成性能问题（当工作负载经过很好的优化后，大部分数据库主题都不是问题）。但是，在后台，事务有着完全不同的考虑，因为在实现高性能的同时维护 ACID 属性并不是一件容易的事情。

与前一章讨论的复制延迟相似，事务的内部工作机制不在本书的讨论范围内，但理解一些基本概念非常重要，能够帮助避免常见的问题，那些问题有可能让处于 MySQL 最底层的事务，成为工程师最关注的东西。一些基本的理解能够避免许多问题。

本章将从避免常见问题的角度讨论 MySQL 事务，主要分为 5 节。8.1 节从事务隔离级别的角度讲解行锁。8.2 节讨论 InnoDB 在保证 ACID 属性的同时，如何管理并发数据访问：MVCC 和回滚日志。8.3 节介绍历史列表长度，以及它如何指出有问题的事务。8.4 节列举应该避免的与事务有关的常见问题。8.5 节介绍如何在 MySQL 中报告事务的细节。

8.1 行锁

读操作不锁行（SELECT...FOR SHARE 和 SELECT...FOR UPDATE 是例外情况），但写操作总是会锁行。这很简单，也符合期望，但有一个棘手的问题：必须锁住哪些行？当然，被写入的行必须被锁住。但是，在一个 REPEATABLE READ 事务中，InnoDB 锁住的行可能比它写入的行多得多。本节将演示并说明原因。但是，我们首先必须转为使用 InnoDB 数据锁的术语。

因为表是索引（回忆一下 2.2.1 节的内容），所以行是索引记录。在讨论 InnoDB 行锁时，讨论的是锁住记录，而不是锁住行，这是因为索引记录存在间隙。间隙是两个索引记录之间的一个值范围，如图 8-1 所示：该图中有包含两个记录的一个主键、两个伪记录（下确界和上确界），以及 3 个间隙。

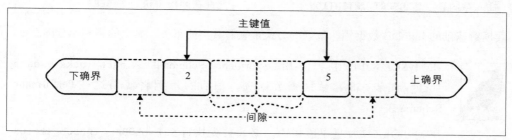

图 8-1：索引记录间隙

记录被描绘为实线方框，其内部包含索引值：在本例中为 2 和 5。伪记录被描绘为索引两端的实线箭头：下确界和上确界。每个 InnoDB B 树索引都有这两个伪记录：下确界代表小于最小记录（在本例中为 2）的所有索引值；上确界代表大于最大记录（在本例中为 5）的所有索引值。索引记录并不是从 2 开始，在 5 结束，从技术上讲，它们从下确界开始，在上确界结束，本节的示例将说明这个细节的重要性。间隙被描绘为不包含索引值的虚线方框。如果主键是一个无符号 4 字节整数，则 3 个间隙是（使用了区间表示法）：

- [0，2)
- (2，5)
- (5，4294967295]

讨论行锁时，使用术语记录而不是行，因为记录有间隙，但如果说行有间隙，就会误导人。例如，如果应用程序有两行，其值分别为 2 和 5，这并不意味着包含值 3 和 4 的行形成了一个间隙，因为可能对应用程序来说，3 和 4 并不是有效的值。但是，从索引的角度看，在记录 2 和 5 之间，值 3 和 4 形成了一个有效的记录间隙（假定这是一个整数列）。简单来说：应用程序处理的是行，而 InnoDB 行锁处理的是记录。本节的示例将演示，间隙锁令人惊讶地普遍，并且可能比单独的记录锁更加重要。

术语数据锁指的是所有类型的锁。数据锁有许多类型，表 8-1 中列出了基础的 InnoDB 数据锁。

表 8-1：基础的 InnoDB 数据锁

锁的类型	简写	锁间隙	锁住
记录锁	REC_NOT_GAP		锁住一条记录
间隙锁	GAP	✓	锁住一条记录之前的（小于该记录的）间隙
临键锁		✓	锁住一条记录及其之前的间隙
插入意向锁	INSERT_INTENTION		允许在间隙中执行 INSERT

要理解基础的 InnoDB 数据锁，最好的方式是查看真实的事务、真实的锁和示意图。

在 MySQL 8.0.16 中，使用 Performance Schema 的表 data_locks 和 data_lock_waits，很容易检查数据锁。稍后的示例将使用这些 Performance Schema 表。

在 MySQL 5.7 及更早版本中，必须首先执行 SET GLOBAL innodb_status_output_locks=ON（这需要 SUPER MySQL 特权），然后执行 SHOW ENGINE INNODB STATUS，并从输出中找到相关的事务和锁。这并不容易，即使是专家，也需要努力且认真地检查输出。因为 MySQL 5.7 不是当前版本，所以本节不使用它的输出。但是，因为 MySQL 5.7 仍被广泛使用，所以请参考我的博客文章"MySQL Data Locks: Mapping 8.0 to 5.7"（*https://oreil.ly/pIAM6*），那里讲解了如何将 MySQL 5.7 的数据锁输出映射到 MySQL 8.0，并给出了一些示意图。

我们继续使用前面多次用过的 elem 表，但在示例 8-1 中对它做了简化。

示例 8-1：简化后的表 elem

```
CREATE TABLE `elem` (
  `id` int unsigned NOT NULL,
  `a`  char(2) NOT NULL,
  `b`  char(2) NOT NULL,
  `c`  char(2) NOT NULL,
  PRIMARY KEY (`id`),
  KEY `idx_a` (`a`)
) ENGINE=InnoDB;
```

```
+----+----+----+----+
| id | a  | b  | c  |
+----+----+----+----+
|  2 | Au | Be | Co |
|  5 | Ar | Br | C  |
+----+----+----+----+
```

表 elem 与前面几乎相同，但是，现在非唯一索引 idx_a 只是覆盖了列 a，而且表中只有两行，这创建了前面在图 8-1 中显示的两个主键值。因为行锁实际上是索引记录锁，而列 b 和 c 上没有索引，所以可以忽略那两个列。这里显示它们既是为了完整，也是为了让你回想起当行锁只是行锁时的那些更加简单的章节，如第 2 章。

因为默认情况下启用了 autocommit（*https://oreil.ly/86J7d*），所以下面的示例以 BEGIN 开头，从而启动一个显式的事务。事务结束时会释放锁，因此，我们保持事务活跃——没有 COMMIT 或 ROLLBACK——以检查 BEGIN 后面的 SQL 语句所获得的（或等待获得的）数据锁。在每个示例结束时，通过查询表 performance_schema.data_locks 来输出数据锁。

8.1.1 记录锁和临键锁

在默认事务隔离级别（REPEATABLE READ），在表 elem 上使用主键来匹配行的 UPDATE 会获得 4 个数据锁：

```
BEGIN;
UPDATE elem SET c='' WHERE id BETWEEN 2 AND 5;


SELECT index_name, lock_type, lock_mode, lock_status, lock_data
FROM   performance_schema.data_locks
WHERE  object_name = 'elem';


+------------+-----------+---------------+-------------+-----------------------+
| index_name | lock_type | lock_mode     | lock_status | lock_data             |
+------------+-----------+---------------+-------------+-----------------------+
| NULL       | TABLE     | IX            | GRANTED     | NULL                  |
| PRIMARY    | RECORD    | X,REC_NOT_GAP | GRANTED     | 2                     |
| PRIMARY    | RECORD    | X             | GRANTED     | supremum pseudo-record|
| PRIMARY    | RECORD    | X             | GRANTED     | 5                     |
+------------+-----------+---------------+-------------+-----------------------+
```

在解释这些数据锁之前，我先来简单说明每一行的含义：

- 第一行是一个表锁，lock_type 列说明了这一点。InnoDB 是一个行级锁存储引擎，但 MySQL 也需要表锁——请参见 1.4.1 节的"锁时间"部分。对于事务中的查询引用的每个表，会有一个表锁。我包含表锁是为了完整，但因为我们关注的是记录锁，所以你可以忽略表锁。

- 第二行是主键值 2 上的一个记录锁,所有列都说明了这一点。`lock_mode` 列比较神秘:X 表示排他锁(S[这里没有显示] 表示共享锁),REC_NOT_GAP 表示记录锁。

- 第三行是上确界伪记录上的一个临键锁。在 `lock_mode` 列中,单独的 X 或 S 分别表示排他的或者共享的临键锁。可以将其想象为 X,NEXT_KEY。

- 第四行是主键值 5 上的一个临键锁。同样,`lock_mode` 列中单独的 X 表示排他的临键锁。可以将其想象为 X,NEXT_KEY。

图 8-2 演示了这些数据锁的影响。

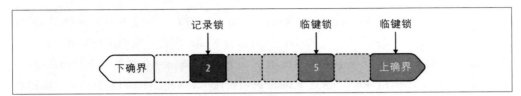

图 8-2:在 REPEATABLE READ 事务中,主键上的记录锁和临键锁

锁住的记录用阴影显示;未锁住的记录用白色显示。主键值 2 上的记录锁用深色阴影显示。这个记录被锁住,是因为与它对应的行匹配表的条件:`id BETWEEN 2 AND 5`。

主键值 5 上的临键锁用中度阴影显示,它前面的间隙用浅色阴影显示。这个记录被锁住,是因为与它对应的行也匹配表的条件。这个记录之前的间隙被锁住,是因为它是一个临键锁。间隙由不存在的主键值 3 和 4 组成(它们没有对应的行)。

类似地,上确界伪记录上的临键锁也用中度阴影显示,而它前面的间隙用浅色阴影显示。该间隙由所有大于 5 的主键值组成。这里有一个有趣的问题:表条件排除了大于 5 的主键值,那为什么还锁住包含所有大于 5 的主键值的上确界伪记录?这个问题的答案同样有趣,但我推迟到 8.1.2 节再给出答案。

我们试着使用另外一个启用了 autocommit 的事务来插入一行,确认间隙被锁住了:

```
mysql> INSERT INTO elem VALUES (3, 'Au', 'B', 'C');
ERROR 1205 (HY000): Lock wait timeout exceeded; try restarting transaction

+------------+-----------+----------------------+-------------+-----------+
| index_name | lock_type | lock_mode            | lock_status | lock_data |
+------------+-----------+----------------------+-------------+-----------+
| PRIMARY    | RECORD    | X,GAP,INSERT_INTENTION | WAITING   | 5         |
....

mysql> INSERT INTO elem VALUES (6, 'Au', 'B', 'C');
ERROR 1205 (HY000): Lock wait timeout exceeded; try restarting transaction
```

```
+-----------+-----------+---------------------+-------------+--------------------- ----+
| index_name | lock_type | lock_mode          | lock_status | lock_data          |
+-----------+-----------+---------------------+-------------+--------------------- ----+
| PRIMARY   | RECORD    | X,INSERT_INTENTION  | WAITING     | supremum pseudo... |
...
```

第一个 INSERT 试着在值 2 和 5 之间的间隙上获得一个插入意向锁，以便在这里插入一个新值（3），但获得锁的过程超时了。虽然 lock_data 列显示了值 5，但该记录并没有被锁住，因为这不是一个记录锁或临键锁：它是一个插入意向锁，这是一种特殊类型的间隙锁（用于 INSERT），因此，它会锁住值 5 之前的间隙。8.1.4 节将更详细地介绍插入意向锁。

第二个 INSERT 试着在上确界伪记录上获得一个临键锁，这是因为新值 6 大于当前的最大值 5，需要把新值插入最大记录和上确界伪记录之间，但获得锁的过程超时了。

这些 INSERT 语句证明，图 8-2 是正确的：除非是小于 2 的值，否则几乎整个索引都会被锁住。为什么 InnoDB 会使用锁住间隙的临键锁，而不是使用记录锁呢？因为事务隔离级别是 REPEATABLE READ，但这只是答案的一部分。完整的答案并不容易理解，所以请继续阅读下去。通过锁住受影响记录之前的间隙，临键锁将查询访问的完整记录范围隔离开了，这就是 ACID 属性中的 I：隔离性（isolation）。这阻止了一种称为幻行（*https://oreil.ly/DYs9L*）（也称为幻读）的现象，即在稍后的时间，事务读取了之前没有读取的行。新行被称为幻行，是因为就像幽灵一样，它们神奇地出现了（"幻"对应的英文单词 phantom 真的是 ANSI SQL-92 标准中的一个术语）。幻行违反了隔离性原则，所以一些事务隔离级别禁止它们。现在来看这个解释中真正奇怪的地方：ANSI SQL-92 标准允许在 REPEATABLE READ 隔离级别中出现幻行，但 InnoDB 使用临键锁阻止它们出现。不过，我们不问 InnoDB 为什么在 REPEATABLE READ 隔离级别下阻止幻行，否则就会掉入所谓的"兔子洞"（指问题变得越来越复杂）。知道原因，并不会改变这个事实，而且数据库服务器实现事务隔离级别的方式与标准不同，并不是罕见的事情[1]。但是，为了完整，应该知道，ANSI SQL-92 标准只在最高事务隔离级别——SERIALIZABLE——中禁止幻行。InnoDB 支持 SERIALIZABLE，但本书不讨论该隔离级别，因为它并不常用。REPEATABLE READ 是 MySQL 的默认隔离级别，InnoDB 使用临键锁防止在 REPEATABLE READ 隔离级别中出现幻行。

事务隔离级别 READ COMMITTED 会禁用间隙锁，这包括临键锁。为了证明这一点，将事务隔离级别修改为 READ COMMITTED：

注 1：要进入兔子洞，请阅读 "A Critique of ANSI SQL Isolation Levels"（*https://oreil.ly/WF6NT*）：一篇针对 ANSI SQL-92 隔离级别的经典论文。

```
SET TRANSACTION ISOLATION LEVEL READ COMMITTED;
BEGIN;
UPDATE elem SET c='' WHERE id BETWEEN 2 AND 5;


SELECT index_name, lock_type, lock_mode, lock_status, lock_data
FROM    performance_schema.data_locks
WHERE   object_name = 'elem';
+------------+-----------+---------------+-------------+-----------+
| index_name | lock_type | lock_mode     | lock_status | lock_data |
+------------+-----------+---------------+-------------+-----------+
| NULL       | TABLE     | IX            | GRANTED     | NULL      |
| PRIMARY    | RECORD    | X,REC_NOT_GAP | GRANTED     | 2         |
| PRIMARY    | RECORD    | X,REC_NOT_GAP | GRANTED     | 5         |
+------------+-----------+---------------+-------------+-----------+
```

 SET TRANSACTION 对下一个事务应用一次。在下一个事务之后，后续的事务仍会使用默认的事务隔离级别。更多细节请参见 SET TRANSACTION（*https://oreil.ly/46zcp*）。

在 READ COMMITTED 事务中，相同的 UPDATE 语句只在匹配的行上获得记录锁，如图 8-3 所示。

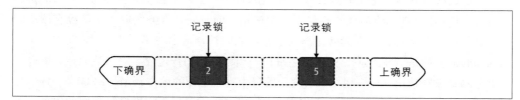

图 8-3：在 READ COMMITTED 事务中，在主键上获得了记录锁

为什么不使用 READ COMMITTED？这个问题与一个访问模式特征（参见 4.4.5 节）有关，它让这个问题的答案完全取决于应用程序，甚至取决于具体查询。在事务中，READ COMMITTED 有两个重要的副作用：

- 重新执行时，相同的读语句可能返回不同的行。

- 重新执行时，相同的写语句可能影响不同的行。

这些副作用解释了为什么 InnoDB 不需要为读操作使用一致的快照，或者为写操作锁住间隙：READ COMMITTED 允许事务在不同的时间读或写不同的记录（针对提交的更改而言）。（8.2 节定义了什么是一致的快照。）针对你的应用程序，仔细考虑这些副作用。如果你确信它们不会导致事务读、写或者返回错误的数据，那么因为 READ COMMITTED 能够减少锁和回滚日志，所以有助于提高性能。

8.1.2 间隙锁

间隙锁是纯粹禁止性的：它们阻止其他事务在间隙中插入行。这就是它们的全部工作。

多个事务可以锁住相同的间隙，因为所有间隙锁都与其他间隙锁兼容。但是，因为间隙锁阻止其他事务在间隙中插入行，所以只有当一个事务是唯一锁住了间隙的事务时，该事务才能在间隙中插入行。如果相同的间隙上有两个或更多个锁，那么所有事务都无法在该间隙中插入行。

间隙锁的目的很窄：阻止其他事务在间隙中插入行。但是，间隙锁的创建原因很宽泛：访问间隙的任何查询都会创建间隙锁。什么也不读取，也可能创建一个阻止插入行的间隙锁：

```
BEGIN;
SELECT * FROM elem WHERE id = 3 FOR SHARE;
SELECT index_name, lock_type, lock_mode, lock_status, lock_data
FROM    performance_schema.data_locks
WHERE   object_name = 'elem';
+------------+-----------+-----------+-------------+-----------+
| index_name | lock_type | lock_mode | lock_status | lock_data |
+------------+-----------+-----------+-------------+-----------+
| NULL       | TABLE     | IS        | GRANTED     | NULL      |
| PRIMARY    | RECORD    | S,GAP     | GRANTED     | 5         |
+------------+-----------+-----------+-------------+-----------+
```

一开始看起来，这个 SELECT 语句是无害的：REPEATABLE READ 下的 SELECT 使用一致的快照，而 FOR SHARE 只创建共享锁，所以不会阻止其他读取。更重要的是，这个 SELECT 语句不匹配任何行：表 elem 只包含主键值 2 和 5，不包含 3。没有行，自然没有锁，对吗？不对。由于使用 READ REPEATABLE 和 SELECT...FOR SHARE 访问了间隙，你召唤出了一个孤独的间隙锁：图 8-4。

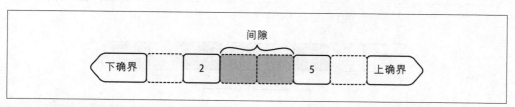

图 8-4：孤独的间隙锁

我将其称为"孤独的"间隙锁，是因为它没有伴随着临键锁或插入意向锁，它是独立的。所有间隙锁——无论是共享的还是排他的——都会防止其他事务在间隙中插入行。看起来无害的那个 SELECT 语句，实际上会阻塞 INSERT。间隙越大，阻塞范围越大，下一小节将通过一个二级索引进行演示。

任何对间隙的访问，都会轻松地创建间隙锁，这是 8.1.1 节的那个有趣的问题——表条件排除了大于 5 的主键值，那为什么还锁住包含所有大于 5 的主键值的上确界伪记录？——的部分答案。我们首先把趣味性调到最大。下面显示了原始的查询及其数据锁：

```
BEGIN;
UPDATE elem SET c='' WHERE id BETWEEN 2 AND 5;

+------------+-----------+--------------+-------------+----------------------+
| index_name | lock_type | lock_mode    | lock_status | lock_data            |
+------------+-----------+--------------+-------------+----------------------+
| NULL       | TABLE     | IX           | GRANTED     | NULL                 |
| PRIMARY    | RECORD    | X,REC_NOT_GAP| GRANTED     | 2                    |
| PRIMARY    | RECORD    | X            | GRANTED     | supremum pseudo-record |
| PRIMARY    | RECORD    | X            | GRANTED     | 5                    |
+------------+-----------+--------------+-------------+----------------------+
```

接下来显示相同的查询，但使用了一个 IN 子句，而不是一个 BETWEEN 子句：

```
BEGIN;
UPDATE elem SET c='' WHERE id IN (2, 5);

+------------+-----------+--------------+-------------+-----------+
| index_name | lock_type | lock_mode    | lock_status | lock_data |
+------------+-----------+--------------+-------------+-----------+
| NULL       | TABLE     | IX           | GRANTED     | NULL      |
| PRIMARY    | RECORD    | X,REC_NOT_GAP| GRANTED     | 2         |
| PRIMARY    | RECORD    | X,REC_NOT_GAP| GRANTED     | 5         |
+------------+-----------+--------------+-------------+-----------+
```

两个事务都是 REPEATABLE READ，并且两个查询都有完全相同的 EXPLAIN 计划：主键上的范围访问。但是，新的查询只在匹配的行上获得了记录锁。这是什么魔法？图 8-5 显示了对于每个查询，发生了什么。

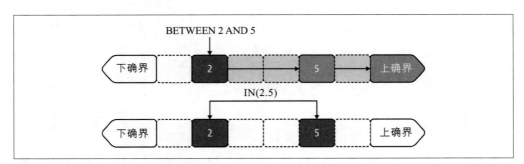

图 8-5：在 REPEATABLE READ 事务中，BETWEEN 与 IN 的范围访问

BETWEEN 的行访问可能正符合你的期望：从 2 到 5，包含两者之间的所有记录。简单来说，BETWEEN 的行访问具有下面的序列：

1. 读取索引值为 2 的行

2. 行匹配：记录锁

3. 下一个索引值：5

4. 经过从 2 到 5 的间隙

5. 读取索引值为 5 的行

6. 行匹配：临键锁

7. 下一个索引值：上确界

8. 经过从 5 到上确界的间隙

9. 索引结束：临键锁

但是，IN 的行访问的序列简单得多：

1. 读取索引值为 2 的行

2. 行匹配：记录锁

3. 读取索引值为 5 的行

4. 行匹配：记录锁

尽管具有完全相同的 EXPLAIN 计划和匹配相同的行，但这两个查询以不同的方式访问行。原始查询（BETWEEN）访问间隙，因此，它使用临键锁来锁住间隙。新查询（IN）不访问间隙，因此，它使用记录锁。但是，不要误会：IN 子句并不会阻止间隙锁。如果新查询的表条件是 IN (2，3，5)，则会访问值 2 和 5 之间的间隙，导致间隙锁（不是临键锁）：

```
BEGIN;
UPDATE elem SET c='' WHERE id IN (2, 3, 5);
```

```
+------------+-----------+---------------+-------------+-----------+
| index_name | lock_type | lock_mode     | lock_status | lock_data |
+------------+-----------+---------------+-------------+-----------+
| NULL       | TABLE     | IX            | GRANTED     | NULL      |
| PRIMARY    | RECORD    | X,REC_NOT_GAP | GRANTED     | 2         |
| PRIMARY    | RECORD    | X,REC_NOT_GAP | GRANTED     | 5         |
| PRIMARY    | RECORD    | X,GAP         | GRANTED     | 5         |
+------------+-----------+---------------+-------------+-----------+
```

这里有一个孤独的间隙锁：X,GAP。但是，请注意：上确界伪记录上没有临键锁，因为 IN (2，3，5) 不访问那个间隙。请留意间隙。

使用 READ COMMITTED 可以轻松地禁用间隙锁。READ COMMITTED 事务不需要间隙锁（或临键锁），因为它允许间隙中的记录发生变化，每个查询在执行时都会访问最新的更改（提交的行）。即使是 SELECT * FROM elem WHERE id = 3 FOR SHARE 召唤出的孤独的间隙锁，在 READ COMMITTED 下也会被抑制住。

8.1.3 二级索引

对于行锁，二级索引，特别是非唯一索引，可能会引入广泛的影响。回忆一下，简化后的表 elem（示例 8-1）在列 a 上有一个非唯一二级索引。记住这一点，然后我们来看在一个 REPEATABLE READ 事务中，下面的 UPDATE 语句如何锁住二级索引和主键上的记录：

```
BEGIN;
UPDATE elem SET c='' WHERE a BETWEEN 'Ar' AND 'Au';


SELECT    index_name, lock_type, lock_mode, lock_status, lock_data
FROM      performance_schema.data_locks
WHERE     object_name = 'elem'
ORDER BY index_name;
+------------+-----------+---------------+-------------+----------------------+
| index_name | lock_type | lock_mode     | lock_status | lock_data            |
+------------+-----------+---------------+-------------+----------------------+
| NULL       | TABLE     | IX            | GRANTED     | NULL                 |
| a          | RECORD    | X             | GRANTED     | supremum pseudo-record |
| a          | RECORD    | X             | GRANTED     | 'Au', 2              |
| a          | RECORD    | X             | GRANTED     | 'Ar', 5              |
| PRIMARY    | RECORD    | X,REC_NOT_GAP | GRANTED     | 2                    |
| PRIMARY    | RECORD    | X,REC_NOT_GAP | GRANTED     | 5                    |
+------------+-----------+---------------+-------------+----------------------+
```

图 8-6 演示了这 5 个记录锁：3 个在二级索引上，2 个在主键上。

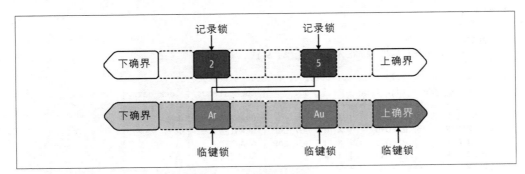

图 8-6：在 REPEATABLE READ 事务中，二级索引上的临键锁

这条 UPDATE 语句只匹配了两行，但它锁住了整个二级索引，这阻止插入任何行。二级索引上的锁与图 8-2 中的锁类似。但现在，二级索引记录中的第一条记录——元组（'Ar'，

5），其中 5 是对应的主键值——上有一个临键锁。这个临键锁防止区域中新插入重复的 "Ar" 值。例如，它防止插入元组（'Ar', 1），后者排序时会排在（'Ar', 5）的前面。

正常情况下，InnoDB 不会锁住整个二级索引。之所以在这些例子中发生这种情况，是因为这里只有两个索引记录（在主键和非唯一二级索引中都是如此）。但是，回忆一下 2.4.3 节：选择性越低，间隙越大。作为一个极端的例子，如果一个非唯一索引有 5 个唯一值，它们平均分布在 100 000 行中，则每行对应 20 000 条记录（100 000 行 / 基数 5），或者每个间隙对应 20 000 条记录。

索引的选择性越低，记录间隙越大。

READ COMMITTED 会避免间隙锁，即使对于非唯一二级索引也会如此，因为它只会用记录锁锁住匹配的行。但是，我们不要选择太简单的道路；接下来将继续探讨对于不同类型的数据更改，非唯一二级索引上的 InnoDB 数据锁是什么情况。

在上一小节结束时，将 BETWEEN 子句修改为 IN 子句避免了间隙锁，但这对于非唯一索引不起作用。事实上，下面这种情况下，InnoDB 会添加一个间隙锁：

```
BEGIN;
UPDATE elem SET c='' WHERE a IN ('Ar', 'Au');


SELECT    index_name, lock_type, lock_mode, lock_status, lock_data
FROM      performance_schema.data_locks
WHERE     object_name = 'elem'
ORDER BY index_name;
+------------+-----------+-----------+-------------+------------+
| index_name | lock_type | lock_mode | lock_status | lock_data  |
+------------+-----------+-----------+-------------+------------+
| a          | RECORD    | X,GAP     | GRANTED     | 'Au', 2    |
...
```

我在输出中删除了原来的数据锁（它们是相同的），以突出显示元组（'Au', 2）上的新间隙锁。严格来说，因为相同的元组上已经有了临键锁，这个间隙锁是冗余的，但它并不会导致错误的锁定或者数据访问。因此，可以不用管它，不要忘记：InnoDB 有许多神奇的和神秘的地方。如果一点神秘都没有，生活会是什么样子？

检查数据锁很重要，因为 InnoDB 有许多让人惊讶的地方。虽然本节很详细，但也只是刚接触 InnoDB 的表层而已——InnoDB 锁还有很多很深入的东西。例如，如果将 "Au" 改为 "Go"，InnoDB 需要什么数据锁？我们来检查该修改需要获得的数据锁：

```
BEGIN;
UPDATE elem SET a = 'Go' WHERE a = 'Au';

+------------+-----------+--------------+-------------+-----------------------+
| index_name | lock_type | lock_mode    | lock_status | lock_data             |
+------------+-----------+--------------+-------------+-----------------------+
| NULL       | TABLE     | IX           | GRANTED     | NULL                  |
| a          | RECORD    | X            | GRANTED     | supremum pseudo-record|
| a          | RECORD    | X            | GRANTED     | 'Au', 2               |
| a          | RECORD    | X,GAP        | GRANTED     | 'Go', 2               |
| PRIMARY    | RECORD    | X,REC_NOT_GAP| GRANTED     | 2                     |
+------------+-----------+--------------+-------------+-----------------------+
```

图 8-7 用图示的方式显示了这 4 个数据锁。

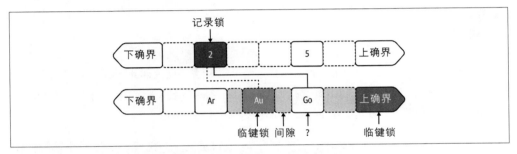

图 8-7：在 REPEATABLE READ 事务中，更新非唯一二级索引的值

"Au"值消失了——它变成了"Go"——但 InnoDB 仍然在元组（'Au'，2）上持有一个临键锁。新的"Go"并没有记录锁或临键锁，而只是在元组（'Go'，2）的前面有一个间隙锁。那么，什么锁住了新的"Go"记录呢？这是 REPEATABLE READ 的某种副作用吗？我们来修改事务隔离级别，并重新检查数据锁：

```
SET TRANSACTION ISOLATION LEVEL READ COMMITTED;
BEGIN;
UPDATE elem SET a = 'Go' WHERE a = 'Au';

+------------+-----------+--------------+-------------+-----------+
| index_name | lock_type | lock_mode    | lock_status | lock_data |
+------------+-----------+--------------+-------------+-----------+
| NULL       | TABLE     | IX           | GRANTED     | NULL      |
| a          | RECORD    | X,REC_NOT_GAP| GRANTED     | 'Au', 2   |
| PRIMARY    | RECORD    | X,REC_NOT_GAP| GRANTED     | 2         |
+------------+-----------+--------------+-------------+-----------+
```

切换到 READ COMMITTED 后，间隙锁被禁用了，这正符合我们的期望，但新的"Go"值上的锁在哪里？"写操作总是会锁行"，我在 8.1 节一开始这么说。但是，对于这次写入，InnoDB 没有报告锁。

如果我告诉你，InnoDB 的优化程度很高，以至于能够在没有锁的情况下进行锁定，你会怎么想？我们使用下一种数据锁类型——插入意向锁——来更加深入地探讨 InnoDB 的锁，并解决这个谜题。

8.1.4 插入意向锁

插入意向锁是一种特殊类型的间隙锁，它的含义是，当间隙没有被其他事务锁住时，事务将在间隙中插入一行。只有间隙锁会阻止插入意向锁（记住：间隙锁包括临键锁，因为临键锁是记录锁和间隙锁的组合）。插入意向锁与其他插入意向锁兼容（即不会阻止其他插入意向锁）。对于 INSERT 的性能来说，这一点很重要，因为它允许多个事务同时在相同的间隙中插入不同的行。InnoDB 如何处理重复的键？在演示了插入意向锁的其他方面之后，我会回头来回答这个问题，到时候这个问题的答案会变得更加明显。

间隙锁阻止 INSERT。插入意向锁允许 INSERT。

插入意向锁很特殊，这有 3 个原因：

- 插入意向锁不锁住间隙。术语意向暗示着它们代表一个将来的动作：在其他事务未持有间隙锁时插入一行。

- 只有当插入意向锁与其他事务持有的间隙锁发生冲突时，才会创建和报告它们；否则，插入行的事务不会创建或报告插入意向锁。

- 创建一个插入意向锁之后，只会使用它一次，在授予之后会立即释放。但是，InnoDB 会继续报告它，直到事务完成。

在某种意义上，插入意向锁并不是锁，因为它们不阻止访问。它们更像是等待条件，InnoDB 使用它们来指出一个事务什么时候能够执行 INSERT。授予插入意向锁就是能够执行 INSERT 的信号。但是，如果没有导致冲突的间隙锁，事务就不需要等待，也就不会等待，此时不会创建插入意向锁，所以你也不会看到它们。

我们来看插入意向锁的应用。首先锁住主键值 2 和 5 之间的间隙。然后，在另外一个事务中，试着插入主键值为 3 的一行：

```
-- First transaction
BEGIN;
UPDATE elem SET c='' WHERE id BETWEEN 2 AND 5;

-- Second transaction
BEGIN;
```

```
INSERT INTO elem VALUES (3, 'As', 'B', 'C');

+------------+-----------+-----------------------+-------------+-----------+
| index_name | lock_type | lock_mode             | lock_status | lock_data |
+------------+-----------+-----------------------+-------------+-----------+
| PRIMARY    | RECORD    | X,GAP,INSERT_INTENTION | WAITING     | 5         |
...
```

lock_mode 列中的 X,GAP,INSERT_INTENTION 是一个插入意向锁。当锁住并插入最大记录值和上确界伪记录之间的间隙时，它会显示为 X,INSERT_INTENTION（这里没有显示）。

第一个事务锁住了主键值 5 之前的间隙。这个间隙锁阻止了第二个事务在该间隙中插入行，所以会创建一个插入意向锁并等待。当第一个事务提交（或回滚）后，会解锁该间隙并授予插入意向锁，第二个事务就插入新行：

```
-- First transaction
COMMIT;

-- Second transaction
-- INSERT executes

+------------+-----------+-----------------------+-------------+-----------+
| index_name | lock_type | lock_mode             | lock_status | lock_data |
+------------+-----------+-----------------------+-------------+-----------+
| NULL       | TABLE     | IX                    | GRANTED     | NULL      |
| PRIMARY    | RECORD    | X,GAP,INSERT_INTENTION | GRANTED     | 5         |
+------------+-----------+-----------------------+-------------+-----------+
```

如前所述，尽管在授予插入意向锁之后，只会使用它一次，然后立即释放，但 InnoDB 会继续报告插入意向锁。因此，看起来间隙被锁住了，但这只是假象，是 InnoDB 引诱我们深入探究的计谋。你可以通过在间隙中插入一个主键值为 4 的行来证明那只是一个假象；插入并不会被阻塞。为什么 InnoDB 会继续报告一个并不真正存在的插入意向锁呢？很少有人知道原因，但其实原因也不重要。看穿假象，知道真正发生了什么：在过去，事务被阻塞，然后在间隙中插入一行。

为了完整，并转到 InnoDB 锁的更深层面，特别是与插入意向锁有关的更深层面，下面显示了当 INSERT 不会因间隙锁而阻塞时你会看到什么：

```
BEGIN;
INSERT INTO elem VALUES (9, 'As', 'B', 'C'); -- Does not block

+------------+-----------+-----------+-------------+-----------+
| index_name | lock_type | lock_mode | lock_status | lock_data |
+------------+-----------+-----------+-------------+-----------+
| NULL       | TABLE     | IX        | GRANTED     | NULL      |
+------------+-----------+-----------+-------------+-----------+
```

这里根本没有记录锁。插入意向锁在表面上是这样工作的，但我们现在想做的是深入理解 InnoDB 锁，所以来看带领我们走到这里的一个问题：为什么新插入的行上没有记录（或临键）锁？这与前一节的谜题——新的 "Go" 值上没有锁——是相同的。

秘密是这样的：InnoDB 有显式的锁和隐式的锁，它只报告显式的锁[注2]。显式的锁作为内存中的锁结构存在；因此，InnoDB 能够报告它们。但是，隐式的锁并不存在：它们没有锁结构；因此，InnoDB 没有可供报告的东西。

在上一个示例——INSERT INTO elem VALUES (9, 'As', 'B', 'C')——中，新行的索引记录存在，但该行未被提交（因为事务还未被提交）。如果另外一个事务试图锁住该行，会检测到 3 个条件：

- 行未被提交。

- 行属于另外一个事务。

- 行未被显式锁住。

之后，会发生神奇的操作：发出请求的事务（试图锁住该记录的事务）代表拥有记录的事务（创建该记录的事务）将隐式的锁转换为显式的锁。这意味着一个事务为另外一个事务创建了锁，但这还不是令人困惑的部分。因为发出请求的事务创建了它试图获得的锁，所以一开始看上去，InnoDB 报告的是该事务在等待它自己持有的锁——事务被自己阻塞。没有办法看穿这种假象，不过这些内容有点太深了。

我希望你作为使用 MySQL 的一位工程师，无须深入 InnoDB 锁的这种级别，就能够在 MySQL 中实现卓越的性能。但是，我之所以讲解 InnoDB 锁的深层内容，有两个原因。首先，尽管存在一些假象，InnoDB 行锁在事务隔离级别方面的基础机制是可被跟踪和应用的。你现在已经做好了充分的准备，能够处理各种常见的 InnoDB 行锁问题了。其次，我研究 InnoDB 太深，已经无法回头了。不要问它为什么会锁住超出表条件范围的上确界伪记录。不要问它为什么有冗余的间隙锁。不要问它为什么会转换隐式的锁。不要问太多，不然问题会无穷无尽。

8.2 MVCC 和回滚日志

InnoDB 使用 MVCC（MultiVersion Concurrency Control，多版本并发控制）和回滚日志来实现 ACID 中的 A、C 和 I 属性（为实现 D，InnoDB 使用了事务日志——参见 6.5.11 节的 "事务日志" 部分）。多版本并发控制的意思是，对行的更改会创建该行的一个新版本。MVCC 不是 InnoDB 独有的，许多数据存储都使用这种方法。第一次创建一行时，

注 2：感谢 Jakub Łopuszański 将这个秘密告诉我。

就是版本 1。第一次更新它时，就是版本 2。MVCC 的基本行为就是这么简单，但它很快会变得更加复杂和有趣。

 使用术语回滚日志是有意做的简化，因为回滚日志记录的完整结构十分复杂。术语回滚日志足够精确，能够学习它做什么以及如何影响性能。

回滚日志记录了如何回滚更改，返回到前一个行版本。图 8-8 显示了一行，它有 5 个版本和 5 个允许 MySQL 回滚更改从而返回到以前版本的回滚日志。

该行来自 2.2.1 节：它是表 elem 中主键值为 2 的那行，被描绘为主键叶子节点。简单起见，我只包含了主键值（2）、行版本（v1 到 v5）和列 a 的值（对于 v5 是 "Au"），没有显示其他两列（b 和 c）。

版本 5（图 8-8 右下角）是所有新事务都会读取的当前行，但是我们首先看原始状态。这行一开始被创建为铁（"Fe"）：左上角的版本 1。版本 1 有一个回滚日志，因为 INSERT 创建了行的第一个版本。然后，列 a 被修改（UPDATE），从铁变为了钛（"Ti"）：版本 2。在创建版本 2 时，MySQL 也会创建一个回滚日志，记录如何回滚版本 2 的更改，这会还原到版本 1（在下一段中，我将解释为什么版本 1 有一个实线边框和一个照相机图标，而版本 2 有一个虚线边框）。然后，列 a 被修改，从钛变为了银（"Ag"）：版本 3。MySQL 会创建一个回滚日志，记录如何回滚版本 3 的更改，这个回滚日志会链接到前一个版本，以便 MySQL 在需要时能够回滚并还原版本 2。另外还会再发生两次行更新：在版本 4 中从银变为铜（"Cf"），在版本 5 中从铜变为金（"Au"）。

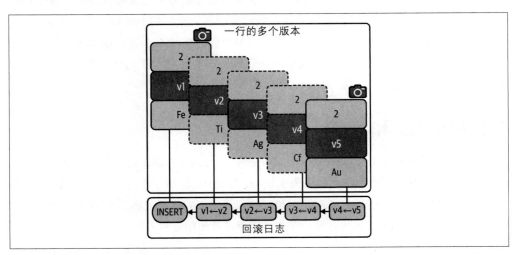

图 8-8：具有 5 个版本和 5 个回滚日志的一行

回滚日志有两种：针对 INSERT 的插入回滚日志，以及针对 UPDATE 和 DELETE 的更新回滚日志。简单起见，我只会使用"回滚日志"这个表达，它包含这两种类型的回滚日志。

版本 1 具有实线边框和一个照相机图标，是因为在数据库历史的这个时间点，活跃事务（没有显示）具有一个一致的快照。下面来解释这句话。InnoDB 支持 4 种事务隔离级别（ *https://oreil.ly/xH5Gs* ），但常用的只有两种：REPEATABLE READ（默认隔离级别）和 READ COMMITTED。

在一个 REPEATABLE READ 事务中，第一次读操作会创建一个一致的快照（简称快照）：在执行 SELECT 的时刻，数据库（所有表）的一个虚拟视图。在事务结束前，会一直持有该快照，所有后续读取会使用该快照，只访问数据库历史的这个时间点的行。其他事务在这个时间点之后做出的更改，在原事务中是不可见的。假定其他事务在修改数据库，则在原事务还活跃的时候（没有执行 COMMIT 或 ROLLBACK），它的快照是数据库的越来越老的视图。就像原事务停留在了 20 世纪 80 年代，只听 Pat Benatar、Stevie Nicks 和 Taylor Dayne 的歌曲：很老，但仍然很好。

因为版本 5 是当前行，新事务会从它在数据库历史的时间点创建快照，所以它也有实线边框和一个照相机图标。这里有一个重要的问题：对于版本 2、3 和 4 在数据库历史的时间点，并没有事务持有它们的快照，那为什么这些版本仍然存在呢？它们之所以存在，是为了维护版本 1 的快照，因为 MySQL 使用回滚日志来重建旧的行版本。

 MySQL 使用回滚日志，为快照重建旧的行版本。

重建图 8-8 很容易。首先，在图 8-8 中插入行之后，立即启动一个事务，通过执行一个 SELECT 语句，创建该行的版本 1 上的一个快照：

```
BEGIN;

SELECT a FROM elem WHERE id = 2;

-- Returns row version 1: 'Fe'
```

因为没有 COMMIT，该事务会保持活跃，持有整个数据库的快照，也就是本例中的行版本 1。我们将这个事务称为原事务。

然后，更新该行 4 次，创建版本 5：

```
-- autocommit enabled
UPDATE elem SET a = 'Ti' WHERE id = 2;
UPDATE elem SET a = 'Ag' WHERE id = 2;
UPDATE elem SET a = 'Cf' WHERE id = 2;
UPDATE elem SET a = 'Au' WHERE id = 2;
```

MySQL 默认情况下启用了 autocommit（*https://oreil.ly/nG8wa*），所以第一个（活跃的）事务需要一个显式的 BEGIN，但 4 个 UPDATE 语句不需要。现在，MySQL 就进入了图 8-8 表示的状态。

如果原事务再次执行 SELECT a FROM elem WHERE id = 2，它会读取版本 5（这不是印刷错误），但会看到该版本比它的快照在数据库历史中的时间点更新。因此，MySQL 会使用回滚日志回滚该行，并重建版本 1，这与第一个 SELECT 语句创建的快照是一致的。当原事务提交后，假定没有其他活跃事务持有旧快照，MySQL 就能清除所有相关的回滚日志，因为新的事务总是从当前的行版本开始。当事务正常工作时，整个过程对于性能没什么影响。但你已经知道：存在问题的事务会对整个过程的性能产生负面影响。8.4节将具体解释产生影响的方式和原因，但在那之前，还需要了解关于 MVCC 和回滚日志的更多信息。

在 READ COMMITTED 事务中，每次读取都会创建一个新的快照。因此，每次读取会访问最新提交的行版本，所以它才被称为 READ COMMITTED（读提交）。因为使用的是快照，所以仍然会创建回滚日志，但对于 READ COMMITTED 来说，这几乎从来不是问题，因为只会在读取期间持有每个快照。如果一次读取用了很长的时间，并且数据库上发生了很大的写吞吐量，那么你可能会注意到重做日志会累积起来（表现为历史列表长度增加）。除了这种情况之外，READ COMMITTED 几乎不会发生回滚日志记录积压。

快照只影响读取（SELECT）——它们从不会用于写入。写入总是会悄悄地读取当前行，即使事务在使用 SELECT 时看不到它们。这种处理避免了造成混乱。例如，假设另外一个事务插入了一个主键值为 11 的新行。如果原事务试图插入一个具有相同主键值的行，MySQL 将返回重复的键值，因为该主键值已经存在，只不过这个事务在使用 SELECT 时看不到它。另外，快照是非常一致的：在一个事务中，没办法将快照移动到数据库历史的一个更新的时间点。如果执行事务的应用程序需要一个更新的快照，就必须提交该事务，然后启动一个新的事务，以创建一个新的快照。

写入会生成回滚日志，它们会被保留到事务结束——这与事务隔离级别无关。到现在为止，我从为快照重建旧行版本的角度讨论回滚日志，但它们也被 ROLLBACK 用于撤销写入的更改。

关于 MVCC，最后还需要知道一点：回滚日志被保存到 InnoDB 的缓冲池中。你可能还记得，6.5.11 节的"页面刷新"部分提到，"杂项页面包含本书不讨论的多种内部数据"。杂项页面包括回滚日志（和其他许多内部数据结构）。因为回滚日志保存在缓冲池页面中，所以会占用内存，并被定期刷新到磁盘。

有一些系统变量和指标与回滚日志有关；作为使用 MySQL 的工程师，你只需要知道和监控一个指标：HLL，6.5.11 节的"历史列表长度（指标）"部分第一次介绍它，下一节将进一步解释它。除此之外，只要应用程序避免了 8.4 节讨论的问题，MVCC 和回滚日志就能够完美地工作。丢弃的事务就是这样的一个问题，可以通过提交原事务来避免这个问题：

```
COMMIT;
```

对一致的快照和回滚日志的介绍到此结束。接下来，我们讨论历史列表长度。

8.3 历史列表长度

历史列表长度（History List Length，HLL）计量未被清除或刷新的旧行版本的数量。

在过去，很难定义 HLL，因为回滚日志的完整结果很复杂：

```
Rollback segments
└── Undo slots
      └── Undo log segments
            └── Undo logs
                  └── Undo log records
```

这种复杂性让回滚日志和 HLL 之间的任何简单关系都变得模糊，测量单位也是如此。HLL 最简单的功能单位是更改（尽管从技术上讲，这并不正确）。如果 HLL 的值是 10 000，可以将其读作 10 000 次更改。理解了 8.2 节的内容后，你就会知道，更改被保留（未被清除）在内存中（未被刷新），以便能够重建旧的行版本。因此，说 HLL 计量未被清除或刷新的旧行版本的数量，是足够精确的。

大于 100 000 的 HLL 是一个问题，不能忽视它。尽管 HLL 真正的技术本质很难表述——即使对 MySQL 专家也是如此——但它的有用性显而易见，不容置疑：HLL 是与事务相关的问题的先兆。总是应该监控 HLL［参见 6.5.11 节的"历史列表长度（指标）"部分］，当它的值太大（大于 100 000）时发出警报，并修复问题，这个问题无疑是下一节要讨论的常见问题之一。

虽然我在 6.6.2 节不建议根据阈值发出警报，但 HLL 是一个例外：当 HLL 大于 100 000 时发出警报是可靠的、可行动的。

在 HLL 大于 100 000 时发出警报。

在理论上，HLL 有一个最大值，但 MySQL 的性能在达到那个值之前很早就会崩溃[注3]。例如，在我写这段内容的前几周，云中的一个 MySQL 实例在 HLL 200 000 发生崩溃，有一个长时间运行的事务在运行 4 h 后累积了这么多 HLL，导致 MySQL 崩溃，进而导致应用程序在 2 h 的时间内停止工作。

因为回滚日志极为高效，所以 MySQL 的性能在哪个 HLL 值开始降低或者——在最坏情况下——崩溃，有着巨大的变化空间。我见到过 MySQL 在 200 000 崩溃，也见到过 MySQL 在远超 200 000 的时候很好地运行。有一点是确定的，如果 HLL 不受控制地增长，就会造成问题——可能性能明显减慢，或者 MySQL 会崩溃。

我希望你成为历史上第一个使用 MySQL 但从来没遇到过 HLL 问题的工程师。这是一个很高的目标，但是我鼓励你去追逐卓越。为了这个，我故意在一个 MySQL 实例中大量执行 UPDATE 语句，以提升 HLL——累积几千个旧行版本。表 8-2 显示了 HLL 对一个查询的响应时间的影响，这个查询是一个活跃的 REPEATABLE READ 事务中的点选择查询：SELECT * FROM elem WHERE id=5。

表 8-2：HLL 对查询响应时间的影响

HLL	响应时间（ms）	基准增长（%）
0	0.200	
495	0.612	206
1089	1.012	406
2079	1.841	821
5056	3.673	1737
11 546	8.527	4164

这个示例并不意味着 HLL 会按表中显示的数字增加查询响应时间，而只是证明了 HLL 可以增加查询响应时间。从 8.2 节以及本节的解释可以知道原因：活跃的 REPEATABLE READ 事务中的 SELECT 在行 5（id=5）上有一个一致的快照，但该行上的 UPDATE 语句生成了新的行版本。每次执行 SELECT 时，都需要从回滚日志重建一致的快照的原始行版本，这种过程会增加查询响应时间。

注3：在 MySQL 8.0 源代码的 *storage/innobase/trx/trx0purge.cc* 文件中，有一个调试块在 HLL 大于 2 000 000 时会记录一个警告。

增加查询响应时间已经是足够的证明，但我们是专业人员，所以接下来以无可辩驳的方式进行证明。在 8.2 节的末尾提到，回滚日志被存储为 InnoDB 缓冲池中的页面。结果，SELECT 需要访问大量的页面。为了证明这一点，我使用了 Percona Server（*https: //oreil.ly/OWUYR*），因为它提供了增强的慢查询日志，在配置了 log_slow_verbosity = innodb 之后，能够输出访问的独特页面的数量：

```
# Query_time: 0.008527
# InnoDB_pages_distinct: 366
```

正常情况下，这个例子中的 SELECT 访问一个页面，按照主键来查找一行。但是，当 SELECT 的一致的快照很旧（HLL 很大）时，InnoDB 会通过几百个回滚日志页面来重建旧行。

MVCC、回滚日志和 HLL 都是正常的、很好的折中：用一点性能上的降低，换取大量的并发。只有当 HLL 过大时——超过 100 000——才需要采取行动来修复原因。HLL 过大是下面将介绍的常见问题之一。

8.4 常见问题

事务问题源自组成该事务的查询，应用程序执行那些查询的速度，以及应用程序提交事务的速度。尽管从技术上讲，启用了 autocommit（*https://oreil.ly/oQtD2*）的单个查询也是一个查询，可能导致下面将介绍的问题（8.4.4 节介绍的问题除外），但这里主要关注多语句事务，它们以 BEGIN（或 START TRANSACTION）开头，执行几个查询，并以 COMMIT（或 ROLLBACK）结束。多语句事务对性能的影响可能大于它的各个部分——组成该事务的查询——的和，因为在事务提交（或回滚）前会一直持有锁和回滚日志。记住：MySQL 很有耐心，甚至可能太有耐心了。如果应用程序不提交事务，MySQL 会一直等待，直到该活跃事务的后果导致应用程序停止工作。

好在，这些问题都不难检测或修复。HLL 是大部分事务问题的先兆，所以你总是应该监控它：请参见 6.5.11 节的"历史列表长度（指标）"和 8.3 节。为了让每个问题的细节保持有序而不杂乱，我将在 8.5 节解释如何找出并报告存在问题的事务。

8.4.1 大事务

大事务（事务大小）修改过多的行。多少行过多呢？这是相对而言的，但工程师在看到时就会知道。例如，如果你看到一个事务修改了 250 000 行，而你知道整个数据库中只有 500 000 行，那么这时事务就修改了过多的行（至少也是一种值得怀疑的访问模式，请参见 4.4.9 节的介绍）。

一般来说，事务大小指的是修改的行数，修改的行越多，事务越大。对于 MySQL 组复制（*https://oreil.ly/wH10S*），事务大小具有稍微不同的含义，请参见 MySQL 手册中的"Group Replication Limitations"（*https://oreil.ly/cJhWF*）一文。

如果事务在默认隔离级别（REPEATABLE READ）下运行，那么由于存在间隙锁（8.1 节详细介绍了间隙锁），可以认为它锁住的记录数要比它修改的行数多得多。如果事务在 READ COMMITTED 隔离级别下运行，则它只为每个修改的行获得记录锁。无论是哪种情况，大事务都是导致锁争用的一大原因，导致写吞吐量和响应时间严重降级。

不要忘记复制（参见第 7 章），大事务是复制延迟的主要原因（参见 7.2.1 节），并会降低多线程复制（参见 7.4 节）的有效性。

如前面在 8.2 节、7.1.2 节和图 6-7 中的描述，提交（或回滚）大事务明显很慢。因为数据更改发生在内存中，所以修改行很快、很容易，但在提交时，MySQL 需要做大量的工作来持久化和复制数据更改。

事务越小越好。多小呢？这也是相对的，并且进行校准很复杂，因为正如刚才所述，事务在提交时需要 MySQL 做大量工作，这意味着你必须校准几个子系统（在云中，情况会更加复杂，因为云服务通常会限制和调整一些小细节，例如 IOPS）。除了需要校准批大小（参见 3.3.2 节）的批处理操作之外，并不会经常需要校准事务大小，因为尽管这是一个常见的问题，但通常只是一次性问题：找到并修复后，就不会再次发生（至少在一段时间内不会再次发生）。8.5 节将告诉你如何找出大事务。

修复方法是找出事务中修改太多行的查询，然后改变它们，使它们修改更少的行。但是，这完全取决于查询、查询在应用程序中的目的以及它为什么修改太多行。无论是什么原因，第 1～4 章的内容能够帮助你理解并修复查询。

最后，如果你严格遵守最少数据原则（参见 3.2 节），那么事务大小可能从不会成为问题。

8.4.2 长时间运行的事务

长时间运行的事务用了太长时间完成（提交或回滚）。多长时间是太长呢？这要视情况而定：

- 比应用程序或用户可以接受的时间更长

- 长到足以导致其他事务发生问题（例如争用）

- 长到导致发生历史列表长度警报

除非你正在积极地处理性能问题，否则第二点和第三点更有可能让你注意到长时间运行的事务。

假定应用程序没有在查询之间等待（这是 8.4.3 节讨论的问题），长时间运行的事务有两个原因：

- 组成事务的查询太慢。

- 应用程序在事务中执行了太多查询。

使用第 1～5 章介绍的技术来修复第一种原因。记住：在事务提交前，会一直持有事务中所有查询的回滚日志和行锁。好的一面是，这意味着优化慢查询来修复长时间运行的事务时，会带来附带的好处：单独的查询更快了，整个事务也更快了，这会增加总体事务吞吐量。坏的一面是，长时间运行的事务对于应用程序来说可能足够快，但对于其他事务来说用的时间太长了。例如，假定一个事务用了 1 s 时间执行，这对于应用程序来说没有问题，但在这 1 s 内，它持有另外一个更快的事务需要的行锁。这造成了一个棘手的、很难调试的问题，因为快事务可能在生产环境中运行缓慢，但是当在实验室（可能是你的笔记本电脑）中单独对它进行分析时却运行得很快。这种差异当然是因为生产环境中的事务并发和争用，在实验室环境中很大程度上（甚至完全）是不存在的。在这种情况下，你必须调试数据锁争用，但这并不简单，原因有多个，其中一个是数据锁会转瞬即逝。请参见表 8-1 后面的备注，并咨询你的 DBA 或者一位 MySQL 专家。

通过修改应用程序，使其在事务中执行更少的查询来修复第二种原因。当应用程序试图执行批处理操作，或者通过代码生成事务内的查询，但没有限制查询数量的时候，就可能在事务中执行太多查询。无论是哪种方式，修复方法都是降低或者限制事务中的查询数量。即使事务的运行时间不长，这也是一种最佳实践，可以确保事务不会不小心变成长时间运行的事务。例如，可能当应用程序还是新应用程序的时候，只会在每个事务中插入 5 行，但是几年过后，应用程序有了几百万用户，此时由于没有在一开始就内置限制，应用程序可能在每个事务中插入 500 行。

8.5 节将告诉你如何找到长时间运行的事务。

8.4.3 失速的事务

失速的事务在 BEGIN 之后、查询之间或 COMMIT 之前等待太长时间。失速的事务很可能是长时间运行的事务，但原因不同：时间用在查询之间的等待上（失速），而不是用在等待查询上（长时间运行）。

在实践中，失速的事务看起来是一个长时间运行的事务，因为最终结果是相同的：事务响应时间很慢。需要分析事务，才能确定是因为失速还是慢查询，导致响应时间缓慢。没有进行这种分析时，工程师（和 MySQL 专家）常把任何慢事务称为长时间运行的事务。

当然，在查询之间总是会有一些等待时间（至少，发送查询和接收结果集会有网络时延），但和前面两个问题一样，你在看到失速的事务时能够识别出它们。用一个比喻来说：整体要大于部分之和。用技术表达来说：从 BEGIN 到 COMMIT 的事务响应时间，要大于查询响应时间的和。

因为失速的事务在查询之间进行等待（包括 BEGIN 之后和 COMMIT 之前），所以不应该归罪于 MySQL：是应用程序造成了等待，原因有很多。一种常见的原因是在事务活跃时执行耗时的应用程序逻辑，而不是在事务之前或之后执行。但是，有时这是没办法避免的。考虑下面的例子：

```
BEGIN;
SELECT <row>
--
-- Time-consuming application logic based on the row
--
UPDATE <row>
COMMIT;
```

在这种情况下，解决方案取决于应用程序逻辑。我会首先询问最基础的问题：这些查询需要是一个事务吗？能够在读取之后和更新之前更改行吗？如果行改变，会破坏逻辑吗？如果不能使用其他方法，能够使用 READ COMMITTED 隔离级别来禁用间隙锁吗？工程师很聪明，能够找出并修复这类问题，但第一步是找出问题，8.5 节将介绍相关内容。

8.4.4 丢弃的事务

丢弃的事务是没有活跃客户端连接的活跃事务。造成事务被丢弃的原因主要有两种：

- 应用程序连接泄漏

- 半闭连接

应用程序 bug 可能会泄漏数据库连接（就像泄漏内存或线程）：代码级连接超出作用域，所以不再被使用，但仍被其他代码引用，所以它既没有被关闭，也没有被释放（可能也会导致少量内存泄漏）。除了使用应用程序级别的探查、调试或者泄漏检测来直接确认这种 bug，还有一种间接确认的方法：重启应用程序修复（关闭）了被丢弃的事务。在

MySQL 中，你可以看到哪些事务可能成为丢弃的事务（参见 8.5 节），但在 MySQL 中不能确认这个 bug，因为 MySQL 不知道连接已被丢弃。

在正常情况下，不会发生半闭连接，因为当客户端连接由于 MySQL 或者操作系统能够检测到的任何原因关闭时，MySQL 会回滚事务。但是，MySQL 和操作系统外部的问题可能导致连接的客户端关闭，但 MySQL 端没有关闭——所以它才被称为半闭连接。MySQL 特别容易遇到半闭连接，因为它的网络协议几乎完全是命令和响应：客户端发送命令，MySQL 发送响应。考虑到你对这个过程可能会感兴趣，这里告诉你：客户端使用一个 COM_QUERY（*https://oreil.ly/I4RjE*）数据包向 MySQL 发送查询。在命令和响应之间，客户端和 MySQL 是彻底沉默的——不会传输一个字节。尽管听起来很平和，但这意味着在到达 wait_timeout（*https://oreil.ly/zP2bf*）之前，不会注意到半闭连接，而 wait_timeout 的默认超时时间是 28 800（8 h）。

无论是应用程序 bug 导致连接泄漏，还是半闭连接被误认为正常的网络沉默，如果发生这些情况时有事务处在活跃状态（还没有被提交），那么最终结果是相同的：该事务保持活跃。它的一致的快照或数据锁也会保持活跃，因为 MySQL 不知道该事务已经被丢弃。

说实话，MySQL 喜欢沉默，我也一样。但是，我们拿工资是要工作的，所以接下来看看如何找出并报告上述 4 种事务问题。

8.5 报告

MySQL Performance Schema（*https://oreil.ly/fgU04*）使得详细的事务报告成为可能，但是，在撰写本书时，还没有哪个工具能让这个过程变得简单。我也希望能够告诉你去使用现有的开源工具，但并不存在这样的工具。下面将介绍的 SQL 语句是最新的技术。如果更新的技术被开发出来，我会在 MySQL Transaction Reporting（*https://hackmysql.com/trx*）上告诉你。在那之前，我们来用传统的方式完成工作：复制粘贴。

8.5.1 活跃事务：最新

示例 8-2 中的 SQL 语句报告活跃时间超过 1 s 的所有事务中的最新查询。这个报告回答了下面的问题：哪些事务是长时间运行的事务，它们现在在做什么？

示例 8-2：报告活跃时间超过 1 s 的事务中的最新查询

```
SELECT
  ROUND(trx.timer_wait/1000000000000,3) AS trx_runtime,
  trx.thread_id AS thread_id,
  trx.event_id AS trx_event_id,
```

```
    trx.isolation_level,
    trx.autocommit,
    stm.current_schema AS db,
    stm.sql_text AS query,
    stm.rows_examined AS rows_examined,
    stm.rows_affected AS rows_affected,
    stm.rows_sent AS rows_sent,
    IF(stm.end_event_id IS NULL, 'running', 'done') AS exec_state,
    ROUND(stm.timer_wait/1000000000000,3) AS exec_time
FROM
        performance_schema.events_transactions_current trx
  JOIN performance_schema.events_statements_current    stm USING (thread_id)
WHERE
        trx.state = 'ACTIVE'
  AND trx.timer_wait > 1000000000000 * 1\G
```

要增加时间，可以修改 \G 之前的 1。Performance Schema 的计时器使用皮秒，所以
1000000000000 * 1 是 1 s。

示例 8-2 的输出如下所示：

```
*************************** 1. row ***************************
    trx_runtime: 20729.094
      thread_id: 60
    trx_event_id: 1137
  isolation_level: REPEATABLE READ
      autocommit: NO
              db: test
           query: SELECT * FROM elem
   rows_examined: 10
   rows_affected: 0
        rows_sent: 10
      exec_state: done
       exec_time: 0.038
```

下面解释了示例 8-2 中的字段（列）：

trx_runtime

　　事务已经运行（活跃）了多少秒，精确到毫秒。（我忘了这个事务，所以它在示例中
　　活跃了几乎 6 h。）

thread_id

　　执行事务的客户端连接的线程 ID。8.5.3 节将使用它。Performance Schema 的事件
　　分别使用线程 ID 和事件 ID 将数据链接到客户端连接和事件。线程 ID 与 MySQL 的
　　其他部分常用的进程 ID 不同。

trx_event_id

　　事务的事件 ID。8.5.3 节将使用它。

isolation_level

　　事务隔离级别：REPEATABLE READ 或 READ COMMITTED（其他事务隔离级别——SERIALIZABLE 和 READ UNCOMMITTED——很少使用；如果看到它们，可能是应用程序存在 bug）。回忆一下 8.1 节的介绍：事务隔离级别会影响行锁，以及 SELECT 是否使用一致的快照。

autocommit

　　如果是 YES，则启用了 autocommit，并且它是一个单语句事务。如果是 NO，则事务是用 BEGIN（或 START TRANSACTION）启动的，并且很可能是一个多语句事务。

db

　　query 的当前数据库。当前数据库的含义是 USE db。查询可以使用数据库限定的表名来访问其他数据库，例如 db.table。

query

　　事务所执行的或者正在事务内执行的最新查询。如果 exec_state = running，则 query 当前在事务内执行。如果 exec_state = done，则 query 是事务执行的最后一个查询。在这两种情况中，事务都是活跃的（未被提交），但在后面这种情况下，从执行查询的角度来说，它是空闲的。

rows_examined

　　query 检查的总行数。这不包括事务在过去执行的查询。

rows_affected

　　query 修改的总行数。这不包括事务在过去执行的查询。

rows_sent

　　query 发送的总行数（结果集）。这不包括事务在过去执行的查询。

exec_state

　　如果是 done，则从执行事务的角度来说，事务是空闲的，query 是它执行的最后一个查询。如果是 running，则事务正在执行 query。在这两种情况下，事务都是活跃的（未被提交）。

exec_time

　　query 的执行时间，用秒统计（精确到毫秒）。

Performance Schema 的 events_transactions_current 和 events_statements_current 表包含更多字段，但这个报告只选择重要的字段。

这个报告是工作的主力，因为它能够解释 8.4 节讨论的全部 4 种常见问题：

大事务

　　通过查看 rows_affected（修改的行数）和 rows_sent，可以看到事务的大小（从行数的角度而言）。可以试着添加条件，例如 trx.rows_affected > 1000。

长时间运行的事务

　　调整 trx.timer_wait > 1000000000000 * 1 这个条件末尾的 1，以过滤更长时间运行的查询。

失速的事务

　　如果 exec_state = done，并保持这个状态一段时间，事务就失速了。因为这个报告只列出活跃事务的最新查询，所以查询应该快速变化——exec_state = done 应该是转瞬即逝的。

丢弃的事务

　　如果 exec_state = done，并保持这个状态很长时间，则说明事务在提交后停止被报告，可能该事务已经被丢弃了。

这个报告的输出应该是易变的，因为活跃的事务应该转瞬即逝。如果它长时间报告一个事务，使你多次看到该事务，那么这个事务很可能发生了 8.4 节讨论过的 4 种常见问题之一。在这种情况下，可以使用 thread_id 和 statement_event_id（参见 8.5.3 节）来报告它的历史——过去的查询——这有助于揭示该事务为什么存在问题。

Information Schema INNODB_TRX

使用 MySQL Performance Schema 是 MySQL 性能报告的最佳实践和未来。但是，MySQL Information Schema（*https://oreil.ly/2AOhC*）仍然在广泛使用中，并且通过查询 information_schema.innodb_trx 表，它可以报告长时间运行的事务：

```
SELECT
  trx_mysql_thread_id AS process_id,
  trx_isolation_level,
  TIMEDIFF(NOW(), trx_started) AS trx_runtime,
  trx_state,
  trx_rows_locked,
  trx_rows_modified,
  trx_query AS query
FROM
  information_schema.innodb_trx
WHERE
  trx_started < CURRENT_TIME - INTERVAL 1 SECOND\G
```

```
*************************** 1. row ***************************
          process_id: 13
  trx_isolation_level: REPEATABLE READ
          trx_runtime: 06:43:33
            trx_state: RUNNING
      trx_rows_locked: 4
    trx_rows_modified: 1
                query: NULL
```

在这个示例中，query 是 NULL，因为该事务没有执行任何查询。如果它在执行查询，那么这个字段将包含查询。

我建议使用 Performance Schema，因为它包含多得多的细节——基本上是了解 MySQL 内部发生了什么所需要知道的所有信息。本书的所有示例在有可能的情况下都使用了 Performance Schema；在罕见的情况下，一些信息仍然只能通过 Information Schema 获得。

要了解关于 information_schema.innodb_trx 表的更多信息，请阅读 MySQL 手册中的"The INFORMATION_SCHEMA INNODB_TRX Table"（*https://oreil.ly/jqVNx*）一文。

8.5.2 活跃事务：汇总

示例 8-3 中的 SQL 语句报告了所有活跃时间超过 1 s 的事务执行的查询的汇总。这个报告回答了下面的问题：哪些事务是长时间运行的事务，它们做了多少工作？

示例 8-3：报告事务汇总

```
SELECT
  trx.thread_id AS thread_id,
  MAX(trx.event_id) AS trx_event_id,
  MAX(ROUND(trx.timer_wait/1000000000000,3)) AS trx_runtime,
  SUM(ROUND(stm.timer_wait/1000000000000,3)) AS exec_time,
  SUM(stm.rows_examined) AS rows_examined,
  SUM(stm.rows_affected) AS rows_affected,
  SUM(stm.rows_sent) AS rows_sent
FROM
       performance_schema.events_transactions_current trx
  JOIN performance_schema.events_statements_history   stm
    ON stm.thread_id = trx.thread_id AND stm.nesting_event_id = trx.event_id
WHERE
       stm.event_name LIKE 'statement/sql/%'
  AND trx.state = 'ACTIVE'
  AND trx.timer_wait > 1000000000000 * 1
GROUP BY trx.thread_id\G
```

要增加时间，可以修改 \G 之前的 1。字段与 8.5.1 节中相同，但这个报告聚合了每个事务的过去的查询。失速的事务（当前没有执行查询）可能在过去做了大量工作，这个报告能够揭示那些工作。

 当一个查询结束执行时，它会被记录到 performance_schema.events_statements_history 表中，但仍会保留在 performance_schema.events_statements_current 表中。因此，这个报告只包含完成的查询，除非过滤掉活跃的查询，否则不应该把它连接到后面那个表。

由于包含过去的查询，这个报告更擅长找出大事务——请参见 8.4.1 节。

8.5.3 活跃事务：历史

示例 8-4 中的 SQL 语句报告为单个事务执行的查询的历史。这个报告回答了下面的问题：每个查询事务做了多少工作？你必须用示例 8-2 的输出中的 thread_id 和 trx_event_id 值替换这里的 0。

示例 8-4：报告事务历史

```
SELECT
  stm.rows_examined AS rows_examined,
  stm.rows_affected AS rows_affected,
  stm.rows_sent AS rows_sent,
  ROUND(stm.timer_wait/1000000000000,3) AS exec_time,
  stm.sql_text AS query
FROM
  performance_schema.events_statements_history stm
WHERE
      stm.thread_id = 0
  AND  stm.nesting_event_id = 0
ORDER BY stm.event_id;
```

用示例 8-2 的输出中的值替换 0：

- 使用 thread_id 替换 stm.thread_id = 0 中的 0。

- 使用 trx_event_id 替换 stm.nesting_event_id = 0 中的 0。

示例 8-4 的输出如下所示：

```
+---------------+---------------+-----------+-----------+-------------------+
| rows_examined | rows_affected | rows_sent | exec_time | query             |
+---------------+---------------+-----------+-----------+-------------------+
|            10 |             0 |        10 |     0.000 | SELECT * FROM elem |
|             2 |             1 |         0 |     0.003 | UPDATE elem SET ... |
|             0 |             0 |         0 |     0.002 | COMMIT            |
+---------------+---------------+-----------+-----------+-------------------+
```

除了启动事务的 BEGIN，这个事务执行了两个查询，然后执行 COMMIT。SELECT 是第一个查询，UPDATE 是第二个查询。这不是一个非常吸引人的示例，但演示了一个事务的查询执行历史，加上基本的查询指标。当调试存在问题的事务时，历史信息非常有帮助，能够让你看出哪些查询缓慢（exec_time）或很大（从行数的角度讲），以及应用程序在什么时刻失速（你知道该事务本应该执行更多的查询时）。

8.5.4 已提交事务：汇总

前面 3 个报告用于活跃的事务，但已经提交的事务也能揭示有用的信息。示例 8-5 中的 SQL 语句报告了已提交（完成）的事务的基本指标。它就像事务的一个慢查询日志。

示例 8-5：报告已提交事务的基本指标

```
SELECT
  ROUND(MAX(trx.timer_wait)/1000000000,3) AS trx_time,
  ROUND(SUM(stm.timer_end-stm.timer_start)/1000000000,3) AS query_time,
  ROUND((MAX(trx.timer_wait)-SUM(stm.timer_end-stm.timer_start))/1000000000, 3)
    AS idle_time,
  COUNT(stm.event_id)-1 AS query_count,
  SUM(stm.rows_examined) AS rows_examined,
  SUM(stm.rows_affected) AS rows_affected,
  SUM(stm.rows_sent) AS rows_sent
FROM
      performance_schema.events_transactions_history trx
 JOIN performance_schema.events_statements_history   stm
   ON stm.nesting_event_id = trx.event_id
WHERE
      trx.state = 'COMMITTED'
  AND trx.nesting_event_id IS NOT NULL
GROUP BY
  trx.thread_id, trx.event_id;
```

示例 8-5 中的字段包括：

trx_time

　　总事务时间，用毫秒统计，精确到微秒。

query_time

　　总查询执行时间，用毫秒统计，精确到微秒。

idle_time

　　事务时间减去查询时间，用毫秒统计，精确到微秒。空闲时间说明了应用程序在执行事务内的查询时的失速情况。

query_count

　　事务内执行的查询数。

```
rows_*
```
    分别对应于事务内执行的所有查询所检查、修改和发送的总行数。

示例 8-5 的输出如下所示:

```
+----------+----------+----------+---------+-----------+-----------+-----------+
| trx_time | qry_time | idle_time| qry_cnt | rows_exam | rows_affe | rows_sent |
+----------+----------+----------+---------+-----------+-----------+-----------+
| 5647.892 |    1.922 | 5645.970 |       2 |        10 |         0 |        10 |
|    0.585 |    0.403 |    0.182 |       2 |        10 |         0 |        10 |
+----------+----------+----------+---------+-----------+-----------+-----------+
```

在这个示例中,我执行了相同的事务两次:首先手动执行,然后复制粘贴。手动执行用了 5.6 s(5647.892),并且由于涉及手动键入,其大部分时间是空闲时间。但是,通过代码执行的事务的大部分时间应该用在查询执行上,如第二行所示:执行时间为 403 μs,只有 182 μs 的空闲时间。

8.6 小结

本章从避免常见问题的角度讨论了 MySQL 事务。本章要点如下:

- 事务隔离级别会影响行锁(数据锁)。

- 基本的 InnoDB 数据锁包括:记录锁(锁住单个索引记录),临键锁(锁住一个索引记录,加上它前面的记录间隙),间隙锁 [锁住两个记录之间的范围(间隙)],以及插入意向锁(允许 INSERT 到一个间隙中,更像是一种等待条件,而不是一个锁)。

- 默认的事务隔离级别 REPEATABLE READ 使用间隙锁来隔离被访问的行范围。

- READ COMMITTED 事务隔离级别禁用了间隙锁。

- InnoDB 在 REPEATABLE READ 事务中使用一致的快照,使得即使其他事务修改了行,多次读取(SELECT)也仍然会返回相同的行。

- 一致的快照需要 InnoDB 将行更改保存到回滚日志中,以便能够重建旧的行版本。

- 历史列表长度(HLL)计量未被清除或刷新的旧行版本的数量。

- HLL 是灾难的先兆:总是应该监控 HLL,并在 HLL 大于 100 000 时发出警报。

- 当事务结束时(执行了 COMMIT 或 ROLLBACK),会释放数据锁和回滚日志。

- 事务有 4 种常见的问题:大事务(修改太多行)、长时间运行的事务(从 BEGIN 到 COMMIT 的响应时间缓慢)、失速的事务(查询之间的多余等待)和丢弃的事务(在事务活跃期间,客户端连接丢失)。

- MySQL Performance Schema 让详细的事务报告成为可能。

- 事务性能与查询性能一样重要。

下一章将讨论常见的 MySQL 挑战，以及如何减轻它们。

8.7 练习：对历史列表长度发出警报

本练习的目的是在历史列表长度（HLL）大于 100 000 时发出警报（请回忆 8.3 节的介绍）。这依赖于你的监控（收集指标）和警报系统，但从根本上讲，这与根据其他指标发出警报没有区别。因此，需要做的工作分为两个方面：

- 收集和报告 HLL 值。
- 在 HLL 大于 100 000 时创建警报。

所有 MySQL 监控程序应该都能够收集和报告 HLL。如果你当前使用的监控程序做不到，则应该认真考虑使用一个更好的监控程序，因为 HLL 是一个非常基础的指标。请阅读你的监控程序的文档，了解如何使它收集和报告 HLL。HLL 可能快速改变，但MySQL 什么时候由于高 HLL 而处在风险中，是有一定的变化空间的。因此，你可以缓慢地报告 HLL：每分钟。

当你的监控程序开始收集和报告 HLL 之后，对 HLL 设置一个警报，使得当它连续 20 min超过 100 000 时发出警报。但是，请回忆 6.6.2 节的介绍：你可能需要调整 20 min 这个阈值，但是请知道，HLL 在超过 20 min 的时间内大于 100 000 是很不正常的。

如果你需要手动查询 HLL 值，可以使用下面的查询：

```
SELECT name, count
FROM    information_schema.innodb_metrics
WHERE   name = 'trx_rseg_history_len';
```

在过去，从 SHOW ENGINE INNODB STATUS 的输出来解析 HLL：请在 MySQL 手册的"TRANSACTIONS"小节中搜索"History list length"。

我希望你从不会收到 HLL 警报，但设置这个警报是最佳实践，它避免了许多应用程序停止工作。HLL 警报是你的朋友。

8.8 练习：检查行锁

本练习的目的是检查你应用程序中的真实查询的行锁，并且如果有可能，理解查询为什么获得每个锁。"如果有可能"是必须要提出来的免责声明，因为 InnoDB 的行锁有时很难理解。

使用 MySQL 的开发或暂存实例，不要使用生产实例。另外，使用 MySQL 8.0.16 或更新版本，因为它通过 Performance Schema 的 data_locks 表，提供了最好的数据锁报告，如 8.1 节所示。如果你只能使用 MySQL 5.7，则需要使用 SHOW ENGINE INNODB STATUS 来检查数据锁：请参见"MySQL Data Locks"（*https://oreil.ly/f9uqy*）一文，它用图示的方式解释了如何把 MySQL 5.7 的数据锁输出映射到 MySQL 8.0。

使用真实的表定义，以及尽可能多的数据（行）。如果有可能，将生产实例的数据转储并加载到开发或者暂存实例中。

如果有你感到好奇的查询或事务，首先检查它们的数据锁。否则，首先检查慢查询——请回忆 1.3.3 节的"查询概要文件"部分的介绍。

因为事务完成时会释放锁，所以你需要使用显式的事务，如 8.1 节所示：

```
BEGIN;

--
-- Execute one or several queries
--

SELECT index_name, lock_type, lock_mode, lock_status, lock_data
FROM   performance_schema.data_locks
WHERE  object_name = 'elem';
```

用你的表名替换 elem，并且要记得执行 COMMIT 或 ROLLBACK 来释放锁。

要修改下一个（并且只是下一个）事务的事务隔离级别，可以在 BEGIN 之前，执行 SET TRANSACTION ISOLATION LEVEL READ COMMITTED。

这是专家级的实践，所以你付出的任何努力和得到的任何理解都是一种成就。祝贺你。

第 9 章

其他挑战

本章很短，但列出了重要且常见的 MySQL 挑战，以及如何减轻它们。这些挑战不适合放到其他各章，因为它们大部分都不与性能直接相关。但是，不要轻视它们，例如，前两个挑战可能毁坏数据库。更重要的是，这些挑战并不是很少出现的特殊情况，而是常见的挑战。应该认真对待它们，并预期会遇到它们。

9.1 脑裂是最大的风险

发生脑裂，需要同一个复制拓扑中同时发生两个条件：

- 一个以上的 MySQL 实例是可写的（read_only=0）
- 一个以上的 MySQL 实例上发生了写入

这两个条件都不应该发生——特别不应该同时发生——但生活中总是充满意外，你无法永远避开 bug 或意外。同时发生这两个条件时，就发生了所谓的脑裂现象：并不是所有 MySQL 实例上都包含相同的数据，相反，它们是分裂的，因为数据并不是在每个实例上完全相同（一致）。不一致的数据根本就是错误的，但不只如此，它们还可能破坏复制，或者在更坏的情况下，发生连锁反应，导致更多数据变得不一致，进而导致下一个挑战：数据漂移。

 对于故意设计为具有多个可写实例的 MySQL 复制拓扑，脑裂并不适用。

如果发生脑裂，就必须立即检测并停止它。为什么？因为一次写入可能影响任意数量

273

的行。几秒的脑裂，就可能产生海量的不一致数据，导致需要进行几周的数据诊断和调整。

要停止脑裂，可以禁用所有实例上的写入：SET GLOBAL read_only=1。不要让任何一个实例可写；那只会让问题变得更糟。如果无法禁用写入，就"杀死"MySQL或服务器。我是认真的。*数据完整性要比数据可用性更加重要。*

 数据完整性要比数据可用性更加重要。

理想情况下，应该让整个数据库离线，直到找出并纠正所有不一致的数据。但是，在现实中，如果长时间的数据库停机会导致公司业务发生问题，并且你十分确定，读取可能不正确的数据不会导致进一步的破坏，那么就可以在只读模式（read_only=1）下运行MySQL，同时使用 super_read_only（*https://oreil.ly/JrqIs*）模式修复数据。

要找出不一致的行，只有两种方式：运行 pt-table-sync（*https://oreil.ly/Dr10P*），或者手动检查。手动检查需要根据你对应用程序、数据以及你认为在发生脑裂时可能发生了的更改的理解，执行任何必要的工作来比较和验证行。pt-table-sync 是一个开源工具，能够找出、输出和同步两个 MySQL 实例之间的数据差异，但使用它时要小心，因为任何修改数据的工具在本质上都带有风险。

 除非你小心使用，否则 pt-table-sync 是一个危险的工具。不要使用它的 --execute 选项，只使用 --print，并认真阅读它的手册。

让行达到一致是困难的部分，你应该与 MySQL 专家一同工作，确保正确完成这项任务。如果你很幸运，能够确认一个 MySQL 实例是权威的——它上面的所有行都包含正确的数据——就可以进行重建，而不是调整行：从权威实例重建所有副本。如果你不够幸运，就需要与 MySQL 专家一同工作，确定你能够采用的选项。

9.2 数据漂移真实存在但不可见

数据漂移指的是不一致的数据：在同一个复制拓扑中，一行或更多行在不同的 MySQL 实例上具有不同的值（漂移是一种比喻的说法，指的是对不一致数据的修改导致更多不一致，使值进一步彼此远离）。在脑裂场景下出现不一致的数据是可以预料到的，但来自数据漂移的不一致数据则不在意料之内：你不知道存在不一致的数据，也没有理由去怀疑存在这样的数据。虽然数据漂移看起来没有造成问题，所以从这个意义上讲是不可见的，但它仍然是一个真实存在的问题，因为应用程序可能返回错误的值。

好在，检测数据漂移很容易：运行 `pt-table-checksum` (*https://oreil.ly/mogUa*)。这个工具是安全的，它只是读取并比较数据。但是，数据漂移并不比脑裂导致的不一致数据更容易协调。但那可能并不会成为问题，因为数据漂移的范围一般是有限的、隔离的——而不会存在海量的不一致数据——这是因为它不是由脑裂这样的严重失败导致的。

数据漂移有一个很吸引人的地方：据我所知，还没有人在真实的生产数据库中找到或者证明数据漂移的根本原因。在理论上，不确定的查询和基于语句的复制可能导致数据漂移，副本上的写入也可能导致数据漂移。在实验室环境中，这两种原因肯定会导致数据漂移，但它们似乎从不是导致生产环境中发生数据漂移的原因。工程师和 DBA 都很确定，他们没有做可能导致数据漂移或者允许数据漂移的事情。但是，数据漂移又确实存在。

 每几个月（或至少每年一次），通过运行 `pt-table-checksum` 检查数据漂移。如果你发现一次数据漂移，不必担心：协调行，然后过一个月再次检查。如果数据继续漂移（这并不太可能发生），则你面临着一个非常奇特的问题，需要进行详细的调查来找出和修复根本原因。

9.3 不要信任 ORM

ORM（Object-Relational Mapping，对象关系映射）的目的是将数据访问抽象为编程术语和对象，从而为程序员提供帮助。ORM 并不是天生就不好或者低效，但你应该验证 ORM 库生成的查询，因为性能并不是它们的目的。例如，因为 ORM 将行视为对象，所以 ORM 库可能会选择所有列，这违反了前面给出的高效数据访问检查清单（表3-2）。另外一个例子，一些 ORM 库在实际的应用程序之前或之后会执行其他查询，如 SHOW WARNINGS。当努力实现最大性能时，每个查询都很重要；执行其他查询是不可接受的浪费。

有一些使用 ORM 的高性能应用程序，但工程师很小心，不会信任 ORM：他们会使用查询概要文件和查询报告（分别参见 1.3.3 节的"查询概要文件"和"查询报告"部分）验证 ORM 生成的查询。如果 ORM 生成的查询的效率太低，则可以阅读 ORM 库的文档，了解如何配置 ORM 库来生成更加高效的查询。

9.4 模式总会改变

你很可能已经知道这个挑战，但考虑到你可能新接触关系型数据库，这里明确指出：模式总会改变（更具体来说，表定义总会改变，而表组成了模式）。挑战在于进行在线模式修改（Online Schema Change，OSC）：在模式仍被使用的情况下修改模式，但不影响应用程序。如前面的章节所述，针对 MySQL 有 3 个优秀的解决方案：

- pt-online-schema-change（*https://oreil.ly/brtmM*）

- gh-ost（*https://oreil.ly/ZKQAd*）

- ALTER TABLE（*https://oreil.ly/GRQuf*）

每个解决方案以不同的方式工作，但它们都能够在线修改表定义，同时不影响应用程序。请阅读每个解决方案的文档，以决定哪个解决方案最适合你的需要。

这个挑战还有另外一个方面：将模式更改集成到软件开发过程中。你可以手动运行 OSC，但工程团队不会那么做，因为与其他代码更改一样，模式更改需要成为开发过程的一部分，以便能够审查这些更改、批准它们以及在暂存环境中测试它们等。因为开发过程跟具体团队有关，所以你的团队必须创建自己的解决方案。但是，现在有一个开源的解决方案：Skeema（*https://www.skeema.io*）。如果想详细了解著名 MySQL 专家 Shlomi Noach 在 GitHub 如何解决这个问题，可以阅读他的博客文章"Automating MySQL Schema Migrations with GitHub Actions and More"（*https://oreil.ly/9cEJi*）。

9.5 MySQL 扩展了标准 SQL

如果你只使用 MySQL，则可能可以跳过这个挑战。但是，如果你之前使用（或者以后将会使用）另外一种关系型数据库，那么需要知道，MySQL 对标准 SQL 做了许多扩展，MySQL 手册中的"MySQL Extensions to Standard SQL"（*https://oreil.ly/gLN1l*）一文列举了它们。而且，MySQL 不支持一些标准的 SQL 功能，如全外连接。另外还有一些限制和局限，"MySQL Restrictions and Limitations"（*https://oreil.ly/x3xro*）列出了它们。MySQL 手册的其他地方也提到了 MySQL 的一些不同寻常之处。

MySQL 有着漫长而丰富的历史，任何像它一样的数据库不可避免地会是兼容并蓄的。MySQL 有一个特别与众不同的地方：MySQL 手册（*https://oreil.ly/IXARN*）全面而权威。专家们已经十分熟悉和信任 MySQL 手册，以至于很少有人专门对它进行说明。软件文档可能稀少、过时甚至不存在，但 MySQL 手册不是这样。MySQL 有一些神秘的地方没有在手册中说明，但除它们之外，MySQL 专家严重依赖 MySQL 手册，你也应该一样。

9.6 吵闹的邻居

在物理服务器上，吵闹的邻居指的是使用了过多系统资源，导致其他程序的性能降级的程序。例如，如果一个服务器运行了 20 个单独的 MySQL 实例，但其中一个实例使用了全部 CPU 和磁盘 I/O，那么它就是一个吵闹的邻居。这是一种常见的挑战，因为共享服务器（或多租户）是常态：在一个物理服务器上运行多个虚拟环境 [与之相对的是专用服务器（或单租户），这种服务器很少见、费用很高，在云中尤其如此]。吵闹的邻居是一种令人困惑的挑战，因为它们对性能造成的影响不是你犯的错，但却是你需要解决的问题。

如果你的公司运行自己的硬件，那么这个问题容易处理：如果你怀疑共享服务器上存在吵闹的邻居，则测量共享服务器上的每个程序或虚拟环境的资源使用情况。吵闹的邻居会造成很大的噪声，所以很容易找出它们。找到之后，可以把吵闹的邻居（或你的数据库）移动到另外一个更加安静的服务器上。如果无法移动，就再购买一本此书，送给负责吵闹的邻居的工程师，让他们知道如何优化 MySQL 的性能。

在云中，无法看到或证明存在吵闹的邻居。安全起见，云提供商在共享服务器上严格隔离开租户（像你一样的客户）。他们也不大可能承认存在吵闹的邻居，因为那会意味着他们没能平衡服务器负载，而你为云服务支付的费用应该会包含负载平衡能力。因此，标准实践是在怀疑存在吵闹的邻居时，重新置备一个云数据库。一些公司在使用一个云资源之前，会先对其进行基准测试，只有性能满足了基线时，才保留该云资源；否则，就销毁该云资源，置备另外一个云资源，再重复这个过程，直到偶然在一个安静的服务器上置备了资源。

9.7 应用程序不会优雅地失败

Netflix 创造了混沌工程：故意在系统中引入问题和失败，以测试其弹性，并使得工程师必须针对可能发生的失败进行设计。这种思想和实践很大胆，因为它真正测试了应用程序的耐力。编写软件时，让软件在周围的其他东西都正确工作时也正确工作，是一种非常基础、非常明显的期望，所以没什么价值。当周围的东西失败时，让编写出的软件在一定程度上仍然能够工作，这才是一个挑战。作为工程师，我们常常认为自己在软件中考虑到了可能发生的失败，但除非真正发生失败，否则我们又怎么真正知道呢？另外，并不是所有失败都是二元的：能够工作，或者不能工作。最狡猾的问题不是彻底失败，而是边缘用例和异常情况：这种问题需要用一个故事来解释，而不简单地用一个失败语句来表达，如"硬盘坏了"。

从使用 MySQL 的角度来说，上述说明也适用于应用程序。但是，在 MySQL 业界，混沌工程并不是标准实践，因为随意摆弄数据库是有风险的，很少有工程师会这么大胆。但是，幸运眷顾勇敢的人，所以下面列举了 12 种数据库的混沌场景，可用于测试你的应用程序的耐力：

- MySQL 离线

- MySQL 的响应缓慢

- MySQL 是只读的

- MySQL 刚启动（冷缓冲池）

- 读副本离线或非常慢

- 相同地区的故障转移

- 不同地区的故障转移

- 数据库备份正在运行

- DNS 解析非常慢

- 网络缓慢（高时延）或饱和

- RAID 阵列中的一个硬盘驱动器降级

- SSD 上的空闲磁盘空间小于 5%

在这 12 种数据库混沌场景中，一些场景可能不适用于你的基础设施，但大部分是标准场景，取决于具体的应用程序，可能会产生有趣的结果。如果你从来没有制造过混沌，那么我鼓励你去制造混沌，因为它们不会等待你做好准备才出现。

9.8 高性能 MySQL 很难

如果你认真应用本书介绍的所有最佳实践和技术，我相信你会实现卓越的 MySQL 性能。但是，这并不意味着这个过程会很快、很容易。高性能 MySQL 需要不断实践，因为资源——图书、博客、视频、会议等——能够教会你理论，但理论与现实是不同的。因此，当你开始把本书介绍的最佳实践和技术应用到你的应用程序时，可能会遇到下面两个挑战。

第一个挑战是，本书中使用了小而精简的例子来帮助解释，但真实应用程序中的查询可能是——并且通常是——更加复杂的。不只如此，同时记住并应用这么多的知识也很困难：查询指标、索引和编制索引、EXPLAIN 输出、查询优化、表定义等。一开始可能会感到应接不暇，但你可以一次处理一个查询，并记住 1.2 节和 2.3 节的介绍。哪怕是专家，也需要时间来分析和理解查询的完整故事。

第二个挑战是，真实应用程序的性能很少取决于工作负载的一个方面。修复慢查询无疑有帮助，但可能还不够。从 MySQL 需要的性能越高，就越需要优化整个工作负载：每个查询、所有数据和每种访问模式。最终，你需要应用从本书所有章节学到的知识（如果你不是在云中使用 MySQL，则不需要应用第 10 章的知识）。从小处入手（第 1~4 章），但努力去学习和应用本书介绍的知识，因为你会需要用到它们的。

关于 MySQL 性能，除了本书介绍的知识，还有许多要学习的地方，但我向你保证：本书这些章节讲解的知识是全面而有效的。另外，并不存在只有解锁卓越的 MySQL 性能的专家才知道的秘密。从我自己的经验和我与多位全世界最好的 MySQL 专家一同工作的经历，我知道了这一点。而且，开源的软件也很难保守秘密。

9.9 练习：识别阻止发生脑裂的防护措施

本练习的目的是识别阻止发生脑裂的防护措施。这分为两个部分：详细说明防护措施，使每个工程师都理解它们是什么、在什么地方（可能在工具中）以及如何工作；然后仔细审查管理或修改 MySQL 实例的工具，特别是故障转移工具。

如果你不管理 MySQL，则与管理 MySQL 的工程师约定一个时间，让他们详细解释如何在运行 MySQL（特别是故障转移）时阻止发生脑裂。这应该是一个很容易被满足的请求，因为阻止发生脑裂是管理 MySQL 的基础操作。

如果你在云中使用 MySQL，则细节会有变化。云提供商公开了一些方法，可以根据 MySQL 的内部设置和管理来阻止发生脑裂。例如，理论上，在 Amazon RDS for MySQL 的标准多可用区实例中，是不会发生脑裂的，因为尽管它是一个多可用区，但 MySQL 的多个实例不会同时运行。它是一个可用区（Availability Zone，AZ）中运行的单个 MySQL 实例，如果该实例失败，会在另一个可用区中启动另外一个实例。但是，如果你添加了读副本，就在相同的复制拓扑中有了多个 MySQL 运行实例，Amazon 不保证在存在读副本时不会发生脑裂。在云中，应该假定你自己负责阻止发生脑裂的防护措施，但也要知道云提供商何时会以及何时不会阻止发生脑裂。

如果你在自己的硬件上管理 MySQL，则我建议你聘用一位 MySQL 专家来帮助你识别阻止发生脑裂的防护措施（这应该不会需要太长时间，所以可以签订一个时间短且你可以负担得起的合同）。有一个基础防护措施是必须实现的，配置 MySQL（在它的 *my.cnf* 文件中进行配置），使其总是在只读模式下启动：read_only=1。总是在只读模式下启动

MySQL。在这个基础上，其他防护措施详细说明了如何切换只读模式，以便任何时候，这个变量只在一个实例上是关闭的（MySQL 是可写的）。

总是在只读模式（read_only=1）下启动 MySQL。

当工程师理解了防护措施后，下一个步骤就是仔细审查管理或修改 MySQL 实例的工具，特别是故障转移工具，以确保正确实现了防护措施，并且它们按照期望的那样工作。所有代码都应该经过单元测试，但阻止发生脑裂极为重要，所以在单元测试的基础上，还应该进行代码审查。代码中可能有在识别防护措施时没有浮现的问题，例如，争用条件、重试和错误处理。最后一项——错误处理——尤为重要：在发生错误时，工具能够（或应该）回滚更改吗？记住：数据完整性比数据可用性更重要。当切换 MySQL 的只读状态时，工具应该偏向于保持谨慎：如果一个操作有可能导致发生脑裂，就不要执行该操作，让 MySQL 保持在只读模式下，在失败时让人来找出问题。

关键在于：要彻底理解阻止发生脑裂的防护措施。

9.10 练习：检查数据漂移

本练习的目的是使用 pt-table-checksum（*https://oreil.ly/mogUa*）检查数据漂移。你很幸运：这个工具被专门设计为易于使用，并能够自动执行工作。只需下载并运行该工具，在大部分情况下它就能够自动完成剩余工作。如果不是这样，可以快速阅读它的文档，其中应该回答了你的任何问题。

大部分 MySQL 工具都需要特殊配置，才能用于云中的 MySQL。

pt-table-checksum 只做一项工作：检查并报告数据漂移。取决于数据大小和访问负载，它可以运行几小时或几天。默认情况下，它运行缓慢，以避免干扰生产环境的访问。因此，一定要在 screen 或 tmux 会话中运行它。

当 pt-table-checksum 检查完一个表后，会为该表输出一行结果。输出如下所示：

```
            TS ERRORS  DIFFS  ROWS  DIFF_ROWS CHUNKS SKIPPED    TIME TABLE
10-21T08:36:55       0      0   200          0      1       0   0.005 db1.tbl1
```

```
10-21T08:37:00      0      0    603      0      7      0   0.035 db1.tbl2
10-21T08:37:10      0      2   1600      3     21      0   1.003 db2.tbl3
```

输出的最后一行揭示了存在数据漂移的一个表，因为 DIFFS 列有一个非零值。如果任何表存在数据漂移，则使用 --replicate-check-only 选项来重新运行该工具，输出与源不同的副本和块。块是被索引（通常是主键）的上界值和下界值限定的一个行范围。pt-table-checksum 按块验证行，因为检查单独的行太慢、太低效。你需要设计一个计划来隔离和协调不一致的行。如果这种行很少，可能可以手动隔离和协调它们。否则，我建议你与一位 MySQL 专家合作，确保正确完成这个过程。

9.11 练习：混沌

本练习的目的是测试你的应用程序的耐力。混沌工程不适合胆子小的人，所以可以从暂存数据库开始。

 本练习会导致停机。

对于下面的混沌场景，MySQL 和应用程序应该在有一些负载的情况下正常运行，并且你应该在 MySQL 和应用程序中都有很好的指标和观察工具，以记录和分析它们的响应方式。

我建议测试下面的混沌场景，但是你可以根据自己能够承担的风险级别进行选择：

重启 MySQL

重启 MySQL 能够测试应用程序在 MySQL 离线时如何响应，以及当 MySQL 缓冲（具体来说是 InnoDB 缓冲池）冷的时候如何响应。冷缓冲池需要进行磁盘 I/O，以便把数据读取到内存中，这会导致响应时间比正常情况下更慢。这还会告诉你 3 条信息：MySQL 需要多长时间才能关闭，MySQL 需要多长时间才能启动，以及缓冲池需要多长时间才能热起来。

启用只读模式

在源实例上执行 SET GLOBAL read_only=1，以启用只读模式，测试应用程序如何响应能读数据但不能写数据的情况。工程师常常认为，对于读取，应用程序将继续工作，而对于写入，将会优雅地失败，但混沌场景充满了意外。这实际上也模拟了一种失败的故障转移。从来不应该发生故障转移失败（因为这意味着高可用性失败），但"从来不应该发生"也在混沌的影响范围下。

停止 MySQL 一小时

大部分应用程序能够在几秒或几分钟——甚至几十分钟——的时间内抵御冲击，但在某个时间点，队列会填满，重试次数会耗尽，指数补偿变得非常长，比率限制被重置，用户会放弃，转而投向你的竞争对手。在恰当管理时，MySQL 的离线时间不应该超过几秒，但同样，混沌可能造成意外。

2004 年，我在一个数据中心工作。有一次，在我开始下午 2 点到午夜的值班之前，一个工程师不小心按下了数据中心的紧急电源关闭按钮。冷静是面对混沌的唯一答案，所以我先喝了一杯咖啡，然后坐下来，帮助重启数据中心。

## 第 10 章

云中的 MySQL

云中的 MySQL 在根本上与你熟悉并喜爱（或者熟悉并忍受）的 MySQL 是相同的。在云中，本书前 9 章介绍的最佳实践和技术不仅仍然成立，而且你更加应该运用它们，因为云提供商对每个字节和每毫秒的工作都收费。在云中，性能就等于费用。首先回顾前 9 章的内容：

- 性能是查询响应时间（第 1 章）。

- 索引是性能的关键（第 2 章）。

- 数据越少越好——对于存储和访问都是如此（第 3 章）。

- 访问模式帮助或者妨碍性能（第 4 章）。

- 分片用于横向扩展写入和存储（第 5 章）。

- 服务器指标揭示了工作负载如何影响 MySQL（第 6 章）。

- 复制延迟意味着数据丢失，必须避免复制延迟（第 7 章）。

- 事务影响行锁和回滚日志（第 8 章）。

- 存在其他挑战，在云中也一样（第 9 章）。

如果你拥抱并应用所有这些知识，那么无论 MySQL 位于什么地方（云中还是本地），都将以卓越的性能执行应用程序的工作负载。

为了节省你的时间，我也希望就这么简单：优化工作负载，然后工作就完成了。但是，云中的 MySQL 有一些特殊的考虑因素。本章的目标是理解并减轻这些考虑因素，使你能够专注于 MySQL，而不是云。毕竟，云并没有什么特殊的，在幕后，它就是数据中心中的物理服务器，运行着 MySQL 等程序。

本章介绍在云中使用 MySQL 时需要知道的信息，主要分为 4 节。10.1 节重点提出兼容性问题：MySQL 什么时候不是 MySQL。10.2 节快速讨论云中各种级别的 MySQL 管理。10.3 节讨论网络时延及其与存储 I/O 的关系。10.4 节讨论性能和费用。

10.1 兼容性

云中的 MySQL 可能不是 MySQL，也可能是高度修改的专有 MySQL 版本。云中 MySQL 的兼容性分为两方面：代码兼容性和功能兼容性。

 我提到 MySQL 时，指的是 Oracle 发布的 MySQL：官方开源的 MySQL 源代码。也指 Percona 发布的 Percona Server，以及 MariaDB Foundation 发布的 MariaDB Server：它们都是广泛使用的、安全且稳定的，并且一般被认为是 MySQL。

代码兼容性指的是 MySQL 是否与 Oracle、Percona 或 MariaDB 发布的开源代码相同。产品说明和文档中常使用下面的 9 个词语或短语，指出 MySQL 不是代码兼容的，而是稍微有所区别（或者有重要区别）：

- 基于

- 模拟

- 兼容

- 客户端兼容

- 协议兼容

- 有线兼容

- 替代

- 直接替代

- 能够用于现有

代码兼容性很重要，因为 MySQL 很复杂、很微妙，而我们把存储宝贵数据的责任委托给了它。在本书中，我有针对性地进行讨论，以降低 MySQL 复杂性的范围，但从 6.5.11 节的"页面刷新"部分和 8.1 节等地方还是能够看出它有多么复杂。当任何公司修改 MySQL 的源代码时，都存在 4 重风险：数据丢失、性能回归、bug 和不兼容性。修改越大，风险越大。我在云中见到过后面 3 种风险，好消息是，我还没有见到过云提供商会丢失数据。

如果你不确定云中的 MySQL 是不是代码兼容的，那么可以询问云提供商：
"这是 Oracle 发布的开源 MySQL 吗？"

为了呈现完整的论点，而不只是负面信息（风险），还需要指出，云提供商修改 MySQL 是为了提供额外的价值：改进性能、修复 bug 和添加客户需要的功能。一些修改很宝贵，面对风险也是值得的。但是，如果你在云中使用代码不兼容的 MySQL，就需要理解修改的程度。对于在云中使用 MySQL 的专业工程师来说，这是尽职尽责的基本表现。

> 眼睛多了，bug 就无处躲藏了。
> ——Eric S. Raymond

功能兼容性是指 MySQL 是否包含在云提供商或 MySQL 发行版之外不可用的功能。例如，Oracle 发布了两个发行版：MySQL Community Server 和 MySQL Enterprise Edition。前者是开源的，后者包含专有的功能。Oracle Cloud Infrastructure（OCI）（*https://www.oracle.com/cloud*）使用后者，这很好：为云支付的费用获得了更多的价值。但是，这也意味着如果你依赖 MySQL Enterprise Edition 独有的功能，就无法直接迁移到另外一个云提供商或 MySQL 发行版。对于 Percona Server 和 MariaDB Server 也一样：MySQL 的这些发行版具有独特的功能，这是好消息，但也让迁移到另外一个云提供商或 MySQL 发行版变得复杂。

功能兼容性很重要，这与开源软件很重要的原因是一样的：自由修改。软件——包括 MySQL 在内——应该为工程师和用户赋能，而不是把我们限制到特定的云提供商或供应商。这个原因更偏向于哲学而不是技术，所以我再次提出整体论点：一些功能很有帮助，应该保留，而不应该修改。但是，如果你选择使用的某种功能在云提供商或者 MySQL 发行版外部不可用，就需要记录原因，以便将来的工程师能够理解，如果他们想使用另外一个云提供商或者 MySQL 发行版，可能存在什么样的风险（以及需要替换什么）。对于在云中使用 MySQL 的专业工程师来说，这也是尽职尽责的基本表现。

10.2 管理

从本书的第一页开始，我们就成功地避开了 MySQL 管理（DBA 的工作），所以现在也不会改变这一点。但是，云中的 MySQL 提出了一个你需要知道和应对的问题：谁在管理 MySQL？表面上，云提供商管理 MySQL，但并没有这么简单，因为管理 MySQL 涉及许多操作。做好准备：为了进行解释，接下来的内容会很接近 DBA 的工作。

表 10-1 是关于 DBA 操作和谁在管理它们——是你还是云——的一个部分列表。

表 10-1：DBA 操作

操作	你	云
置备		✓
配置		✓
MySQL 用户	✓	
服务器指标	✓	
查询指标	✓	
在线模式修改（OSC）	✓	
故障恢复		✓
灾难恢复（DR）	✓	
高可用性（HA）	✓	†[a]
升级		✓
备份和恢复		✓
更改数据捕捉（CDC）	✓	
安全性	✓	
帮助	✓	
成本	✓	

[a] 表示需要一些管理

接下来简单说明表 10-1 中的 15 个操作，因为了解完整范围——哪怕是在高层面上了解——有助于你避免在 MySQL 管理中出现漏洞，不处理的时候，这些漏洞会造成问题。这也被称为 CYA（Cover Your Administration，覆盖你的管理）。

置备 MySQL 当然是云提供商必须提供的操作：这是在计算机上运行 MySQL 时最低级的操作。云提供商使用不错的 MySQL 配置，但仍然要进行复核，因为默认配置不会适合每个客户的需要。除了必须要有一个根用户，以便你能够开始控制 MySQL 服务器之外，云提供商不管理 MySQL 用户。收集和报告服务器和查询指标也是你的责任。诚然，一些云提供商提供了一些基本的服务器指标，但它们都不会接近第 6 章介绍的完整指标光谱。OSC——在不影响工作负载的前提下运行 ALTER 语句——完全是你的责任，但在云中，考虑到本书不讨论的一些技术原因，进行 OSC 通常会困难一些。云提供商会负责故障转移：当硬件或 MySQL 失败时，云提供商将进行故障转移，以恢复可用性。但是，云提供商不处理灾难恢复：当整个地区失败时，必须通过在另一个地理位置运行 MySQL 来恢复可用性。由于前述两种操作，高可用性（High Availability，HA）具有混合的管理（所以"云"列中包含†）。关于 MySQL 在云中的高可用性，由于涉及太多细节，这里不做完整讨论，我们只需知道，云提供了一定程度的高可用性。云提供商会升级 MySQL，这一点很有帮助，因为规模化的升级操作很乏味。云提供了备份 MySQL，并且长期保留备份，另外还提供了还原备份的方法，这些操作非常重要。你负责更改数据捕捉（Change Data Capture，CDC），这通常需要使用另外一个工具或服务，它们就像副本一样，将 MySQL 的二进制日志转储（或流传输）到另一个数据存储（通常是一个大数据存储或数据湖）。MySQL 在云中的安全性是你的责任——云并不是天生安全的。云提供商为运行 MySQL 提供了一些帮助，但不要期望它们在 MySQL 性能方面提供太大（或任何）帮助，除非你的公司为那种级别的支持支付了费用。最后，你必须管理成本：云的成本高出工程师的预期是众所周知的。

 3 个主流云提供商——Amazon、Google 和 Microsoft——为 MySQL（作为一种托管服务）提供 99.95% 或 99.99% 的可用性 SLA，但你要阅读细则——完整的法律细节。例如，维护时间窗口通常不计算在 SLA 内。或者，如果你没有恰当配置 MySQL，SLA 可能会作废。云提供商的高可用性和 SLA 总是存在细节和警告。

表 10-1 是描述性的，而不是规定性的，因为不同的云提供商和第三方公司在云中提供不同级别的 MySQL 管理。例如，一些公司在云中（或本地）完全管理 MySQL。作为使用 MySQL 而不是管理 MySQL 的工程师，你只需知道，所有操作都是托管的——所有方框都已被勾选——所以它们不会干扰你的工作。知道这一点后，请忘记你在本节读到的内容，否则你不知不觉间就会成为一位 MySQL DBA，20 年的时间就这么过去了，新加入你的团队的工程师，还是当你在一次无害的小版本升级后，处理一次费解的多范围读取性能回归时诞生在这个世界上的——时间过得真快啊。

10.3 网络和存储时延

在本地（在你的公司租用的数据中心空间中）运行 MySQL 时，本地网络应该从来不会需要你关心，当然前提是它们是由能干的专业网络工程师设计和连接的。本地网络极快，极其稳定，具有次毫秒级时延。本地网络应该比数据库更加枯燥（参见 6.2 节）。

但是，云是全球分布的，而广域网的时延更高、稳定性更差（时延和吞吐量存在更大的波动）。例如，旧金山和纽约市之间的网络往返时间（Round-Trip Time，RTT）大约是 60 ms，加减 10 ms。如果你在旧金山（或美国西海岸的任何地方）运行 MySQL，而应用程序位于纽约市（或美国东海岸的任何地方），那么最小查询响应时间大约是 60 ms。这比本地网络慢 60 倍[注1]。你能够注意到这种慢，但它不会显示在查询响应时间中，因为延

注 1：从技术上讲，所有网络是同样快的：光的速度。问题在于地理距离和长距离时的中间路由。

迟发生在 MySQL 外部。例如，查询概要文件（参见 1.3.3 节的 "查询概要文件" 部分）显示一个查询用了 800 μs 来执行，但你的应用程序性能监控（Application Performance Monitoring，APM）工具显示，该查询用了 60.8 ms 的执行时间：MySQL 使用了 800 μs，两个海岸之间的网络时延用了 60 ms。

长距离的网络时延受到光速的物理限制，中间路由则加剧了这种时延。因此，你无法克服这种时延，而只能绕开它。例如，请参见 4.5.3 节的内容：本地加入队列，在远程写入——远程指的是任何会导致高网络时延的进程。

回到本地网络，它们的优势在于很快、很稳定，因为云提供商通常在网络附属存储（network-attached storage）——通过本地网络连接到服务器的硬盘——上存储 MySQL 数据。与之相对，本地附属存储（或本地存储）是直接连接到服务器的硬盘。考虑到不在本书讨论范围内的多种原因，云提供商使用网络附属存储。重点要知道的是，相比本地存储，网络附属存储更慢、更不稳定。对于网络附属存储（使用 SSD），3 个主流云提供商——Amazon、Google 和 Microsoft——发布了 "单数位毫秒时延" [注2]，但有一个例外：Amazon io2 Block Express 具有次毫秒级时延。关键在于，在云中使用 MySQL 时，应该期望存储有单数位毫秒时延，这相当于旋转磁盘的时延。

网络附属存储比本地存储（使用 SSD；不要使用旋转磁盘）慢一个数量级，但这是一个你应该解决的问题吗？如果你从具有高端本地存储的裸机硬件把 MySQL 迁移到云中，并且应用程序大量且一贯地使用本地存储 IOPS（参见 6.5.11 节的 " IOPS" 部分），那么答案是肯定的：验证网络附属存储增加的时延不会造成性能降级的连锁反应（因为 IOPS 会带来时延）。（大量且一贯地使用 IOPS 是侧重写的工作负载的特征，参见 4.4.1 节。）但是，如果你已经在使用云，或者要在云中开始运行一个新的应用程序，那么答案是否定的：不要担心或者考虑云中的存储时延。相反，如果使用高度优化的查询（索引）、数据和访问模式——分别在本书的第 2 章、第 3 章和第 4 章进行了讨论——打下了基础，那么云中的存储时延可能从来不会成为问题。

如果云中的存储时延是一个问题，那么你需要进一步优化工作负载、进行分片（参见第 5 章）或者购买更好（更贵）的云存储。记住：Netflix 是在云中运行的，其他一些很大、很成功的公司也是在云中运行的。MySQL 在云中的性能潜力几乎是无限的。问题在于，你负担得起吗？

注 2： 参见 Amazon EBS 特性（*https://oreil.ly/NIly1*）、Google 的块存储性能（*https://oreil.ly/7Zxaj*）和 Microsoft Azure 的 Premium 存储（*https://oreil.ly/LMg03*）。

10.4 性能就是金钱

本书的开关（1.1 节）与最后要介绍的内容相互映衬。但是，在云中，客户通过购买更多的 RAM 来"修复"MySQL 的性能。在 3 个主流云提供商中的一家公司工作的一位工程师告诉我，大部分 MySQL 实例都是过度置备的：客户购买的能力要比应用程序需要或者使用的能力更多[注3]。

难道这个行业兜了个圈子，随着现在在云中很容易实现可伸缩性，好性能就意味着使用更大的实例吗？当然不是，性能是查询响应时间。在云中，性能的每一个字节和每一毫秒都是按小时计费的，这让本书介绍的所有最佳实践和技术比以往任何时候都更加重要。

如果你使用过云中的任何服务，那么下面的信息可能不会让你感到惊讶。但是，如果你刚接触云，那么我要告诉你：云的定价很复杂，令人难以理解，并且很多时候会低估它们（这意味着超出预算）。当工程师共同努力来估测和控制云的成本时，可能只是低估；但当他们没有付出这种努力时，我见到过超出预算 100 000 美元。下面列出了在云中使用 MySQL 时需要知道的最重要的 3 点，它们可以帮助你避免收到意外的账单。

首先要知道的是，对于底层计算资源（运行 MySQL 的虚拟服务器）的每个级别，价格会加倍，因为每个级别提供的资源（vCPU 数和内存大小）加倍了。例如，如果最低级别的计算资源是 2 个 vCPU 和 8 GB 的 RAM，那么下个级别是 4 个 vCPU 和 16 GB 的 RAM——价格也会加倍。存在一些例外，但是你要预期价格会加倍。其结果是，你无法逐渐增加成本，对于你扩展到的每个级别的计算资源，成本都会加倍。从工程的角度看，从 2 个 vCPU 伸缩到 8 个 vCPU，仍然只是很小的计算资源，但价格却增加了 4 倍。为了帮助理解，想象一下，你的月供或者租金费用加倍，你的车贷加倍，或者你的助学贷款还款额加倍。你很可能会感到不高兴，这很合理。

第二点要知道的是，云中的每个东西都需要付费。计算资源的成本只是个开始。下面的列表包含除了计算资源成本之外，云中的 MySQL 常涉及的收费项目：

- 存储类型（IOPS）
- 数据存储（大小）
- 备份（大小和保留时间）
- 日志（大小和保留时间）
- 高可用性（副本）

注 3：由于保密协定，我不能援引来源。

- 跨地区数据转移（大小）

- 加密密钥（用于加密数据）

- 秘密（用于存储密码）

而且，这些费用是针对单个实例的。例如，如果你创建了 5 个读副本，每个副本都需要为数据存储、备份等付费。我希望会更加简单，但现实就是这样：在云中使用 MySQL时，你需要调查、理解和估测所有成本。

 MySQL 在云中的一些专有版本（参见 10.1 节）有一些额外的费用，或者使用完全不同的计费模型。

第三点，也是最后要知道的一点是，云提供商会提供优惠。不要支付原价。至少，签订 1 年或 3 年的合约，而不是按月付费，能够大大降低成本。其他折扣随着云提供商不同而有所变化：寻找（或者咨询）关于保留实例、保证使用率和总量的折扣。如果你的公司依赖于云，那么很可能已经与云提供商就合约进行了谈判。确认是不是有这样的合约，以及合约的定价细节是否会影响云中 MySQL 的成本。如果你很幸运，合约可能会降低和简化成本，这让你能够把注意力放在使用 MySQL 上。

10.5 小结

本章重点讨论了在云中使用 MySQL 时需要知道的知识。本章要点如下：

- 在云中，MySQL 的代码兼容性和功能兼容性会发生变化。

- 知道相比开源 MySQL，云中的 MySQL 存在哪些代码或功能的不兼容性是你的责任。

- 取决于云提供商或第三方公司，MySQL 可能是部分或者完全托管的。

- 广域网上的网络时延会使查询响应时间增加几十到几百毫秒。

- 云中的 MySQL 的数据通常存储在网络附属存储上。

- 网络附属存储具有单数位毫秒时延，这相当于一个旋转磁盘。

- 云为每个东西收费，成本可能会（并且常常会）超出预算。

- 云提供商提供优惠，不要支付原价。

- 性能是云中的查询响应时间。

这是本书的最后一章，但请不要合上本书，我们还有最后一个练习。

10.6 练习：在云中试用 MySQL

这个练习的目的是在云中试用 MySQL：只是看看它的工作方式，不需要做 DBA 的工作。一方面，我不想为下面的 5 个云提供商做免费宣传，本书只想讲技术。但另一方面，在云中使用 MySQL 是越来越常见的做法，所以我希望你能够做好准备，并取得成功。而且，这种试用是免费的：下面的 5 个云提供商都提供了免费等级或者新用户免费额度。现在还不要为任何东西付费：云提供商要想得到你的使用和付费，必须证明他们的服务对你有价值。

试着在下面的云提供商服务中创建和使用 MySQL：

- Oracle 提供的 MySQL Database Service（*https://oreil.ly/Z7ZA8*）

- MariaDB 提供的 SkySQL（*https://oreil.ly/tn1KY*）

- Amazon 提供的 Relational Database Service（RDS）（*https://oreil.ly/yNPfc*）

- Microsoft 提供的 Azure Database for MySQL（*https://oreil.ly/Tj3Y1*）

- Google 提供的 Cloud SQL（*https://oreil.ly/pnsVt*）

如果你发现其中任何一个容易使用，并且可能会带来价值，则可以调查其定价模型和附加成本。我专门使用了"调查"这个词，因为如 10.4 节所述，云的定价很复杂，让人很难理解，并且很多时候会低估它们（这意味着超出预算）。

 在免费试用期结束或者新用户免费额度降为 0 之前，不要忘记在云中销毁你的 MySQL 实例。

这是本书的最后一个练习，但我鼓励你继续学习和实践，因为 MySQL 仍在不断发展——云也一样。考虑到这个原因，即使 MySQL 专家也需要继续学习和实践。

作者简介

Daniel Nichter 是一位 DBA,拥有超过 15 年的 MySQL 管理和使用经验。他在 2004 年就职于一家数据中心时开始优化 MySQL 性能。之后不久,他创建了 *https://hackmysql.com* 网站来分享关于 MySQL 的信息和工具。Daniel 最为人熟知的地方是他在 Percona 就职的 8 年间发布的工具,其中一些仍然是事实上的标准,被世界上一些大型技术公司使用。他还是 MySQL Community Award 获奖者、会议发言人和多个领域的开源贡献者。Daniel 目前在 Square(一家金融科技公司,拥有几千个 MySQL 服务器)担任 DBA 和软件工程师。

封面简介

本书封面上的鸟是南非拟啄木鸟。因其羽毛色彩斑斓,并且主要以水果为食,所以常被称作"水果沙拉"。南非拟啄木鸟主要原产于南非,通常栖息于林地、郊区的花园和果园以及河床上,它们是非迁徙鸟类。

成年南非拟啄木鸟的彩色羽毛使其很容易辨别。它们有一个红黄相间的头和一个大而厚壮的浅黄绿色的喙,其脸部有灰黑色的点。它们背部、双翼、尾部和胸部的带状羽毛为黑色,带有白色的新月形或点。南非拟啄木鸟的下背部为黄色,上尾部覆羽为红色。其腹部有更多的黄色和红色,腿和爪子为灰色。

南非拟啄木鸟的叫声高亢,它们发出尖锐的、类似击鼓的叫声,可以持续几分钟。它们具有领地意识,并且攻击性强,在繁殖季节尤其如此。尽管体形小,并且飞行笨拙,但它们很强壮,并且会骚扰甚至攻击接近它们巢穴的其他鸟类、哺乳动物和爬行动物。它们是单配偶鸟类,通常成对出现。配偶双方共同在腐烂的树上挖出孔洞制作鸟巢,如果条件适合,全年都可以繁殖。

由于南非拟啄木鸟捕食小昆虫和蜗牛,因此住宅区欢迎它们,但在商业化农场中,它们会对农作物造成严重破坏。为了减少这种破坏,并且由于宠物贸易,存在捕捉南非拟啄木鸟的行为,但它们尚未处于濒危状态。O'Reilly 的封面上的许多动物都是濒危动物,它们对于这个世界很重要。

封面图片由 Karen Montgomery 根据 *English Cyclopaedia* 中的黑白版画绘制。